디지털포렌식 이론

디지털포렌식 개론
디지털포렌식 기초실무
디지털포렌식 관련 법률

(사)한국포렌식학회

DIGITAL
FORENSIC

미디어북

머 리 말

    디지털포렌식의 사회적 수요는 날로 커지고 있다. 단순히 과학수사의 영역에서 머무르지 않고, 실체적 진실을 규명하기 위한 사회적 활동 즉, 선거, 국방, 공정거래 등 공공기관은 물론 회사 내의 개인 비리, 직무감찰, 회계부정, 개인정보침해, 침해사고대응 등 민간 영역에 이르기까지 다양하게 활용되고 있다.

    우리 사회에 큼지막한 사건 사고에는 여지없이 포렌식 전문조사팀이 가동되고 있다. 그러나 수사과정은 물론 특히 감찰조사, 행정조사 과정에서도 광범위한 영역에 걸쳐 증거를 접하다보니 적정절차보장이나 인권침해, 개인정보보호라는 새로운 위험성을 지적하는 목소리가 높다. 전자적 증거가 갖는 제반 특성에 비추어 사소한 실수로 증거로 사용할 수 없게 되지만 위법수집증거배제법칙, 전문법칙, 개인정보우선보호원칙 등 증거법상의 제 원칙을 자칫 소홀히 한다면 진실 자체가 왜곡되어 버린다는 점을 잊어서는 안 된다.

    본 책자는 제1권 디지털포렌식 이론과 제2권 디지털포렌식 기술로 구성하였다. 제1권에서는 디지털포렌식 기초실무와 관련 법률을 수록하여 디지털 증거를 적정하게 수집하고, 분석하는 기본 틀에 관한 내용을 담았다.

    먼저, 기초실무는 디지털포렌식 관련 서적에서 각기 상이하게 기술하고 있는 내용을 통합 및 정리하였으며, 혼용하고 있는 용어를 정리·통일하여 디지털 포렌식을 처음 접하는 사람들에게 혼동을 주지 않도록 하였다. 특히 국내외 다양한 최신 디지털 포렌식 분석 도구 및 장비를 추가하고 설명도 달았다.

    법률부분은 새로운 판례와 법률의 새로운 동향을 정리하였고, 특히 전자적 증거의 압수·수색방법, 원격지(역외) 압수·수색 등과 관련해서는 상세한 해설도 담았다. 형사소송법의 개정방향이나 개인정보보호법, 정보통신망법, 민사소송법 등 적정절차와 증거법에 관한 내용을 상세히 설명하고, 관련 판례를 망라하여 정밀 분석하였다. 이를 통해 기본적인 행동요령과 보고서 작성요령도 첨언하였다.

제2권 기술편에서는 새로운 디지털포렌식 기술을 수록하였다.

컴퓨터 구조는 새로운 기술 동향을 반영하고, 가독성과 이해력을 제고시키기 위해 그림과 도표를 많이 첨가하였다. 해시 개념과 디지털포렌식에서의 활용방법도 해설과 함께 설명하였다.

운영체제와 파일시스템은 실무 사진을 많이 추가하면서 새로운 아티팩트를 다수 보완하였고, 응용프로그램은, 직접 책을 보고 따라서 실습해볼 수 있도록 구성을 변경하였으며, 응용 프로그램의 발전 동향 및 발전에 따른 각 응용 프로그램 별 분석 가능한 내용을 체계적으로 정리하였다.

데이터베이스는 최신 버전 내용을 반영하였고, SQL Injection, 데이터베이스 암호화를 다루었고, 네트워크는 네트워크 개요, 분류, 토폴로지를 첨언하고, TCP 주요 기능 추가 및 방화벽/악성코드 관련 최신 동향을 반영하였다. 네트워크 특징에 따른 증거 수집 방법론도 잘 정리하였다.

새로운 4차 산업혁명 시기의 도래로 사물인터넷 상황 하에서 디지털포렌식 전문가를 꿈꾸는 젊은이들의 새로운 참여와 도전을 바라면서, 아무쪼록 본 책자가 독자 분들에게 보탬이 되기를 기대해 본다.

2018. 12.

(사)한국포렌식학회

CONTENTS

디지털포렌식 개론

디지털포렌식 기초실무

제1편 | 디지털포렌식 일반

디지털포렌식 관련 법률

제1편 | 형사소송법 상 증거법칙

제1장 증거의 의의와 분류

디지털포렌식 개론

제1편

디지털포렌식의
의의와 유용성

제1장 디지털포렌식의 의의

1. 배 경

사실 디지털포렌식(Digital Forensic)[1]은 아직까지 완벽하게 정립된 개념은 아니다. 포렌식이라는 개념은 전통적으로 법의학 분야에서 가장 먼저 사용되었다고 알려져 있다. 원래 포렌식(Forensic) 이라는 단어는 '법정의', '재판에 관한' 또는 '법의학적인' 또는 '범죄 과학 수사의'라는 뜻의 형용사[2]이다. 범죄를 수사하기 위해서는 범인이 범죄를 저지르는 과정에서 남긴 흔적을 수집하여 분석하는 것이 필수적이다. 로카르드의 교환 법칙(Locard's Exchange Principle)에 따라 접촉하는 두 물체 간에는 반드시 흔적이 남기 때문이다. 이런 흔적들은 보통 지문, 혈흔, 발자국, 탄흔, 상흔, 모발, DNA, 스키드 마크(Skid Mark)[3], 사진, 영상, 기록, 디지털 데이터(Digital Data) 등 다양한 형태로 존재한다. 과학적 제반 지식과 기술을 이용하여 이런 흔적들을 수집 및 분석하는 것을 일컬어 '법 과학(Forensic Science)'이라고 한다.

로카르드의 교환 법칙

프랑스의 범죄심리학자 로카르드[4]가 만든 법칙으로, 접촉하는 두 물체 간에는 반드시 흔적이 남는다는 법칙이다. 다시 말해 물리적 세계에서 범죄자가 범죄현장을 드나들 때 범죄자는 흔적을 남기고 무엇인가 가지고 간다는 것이다. 예를 들자면, DNA, 숨은 지문, 머리카락, 섬유 등이 있으며, 디지털포렌식 관점에서는 레지스트리 키(Registry Key)나 로그 파일(Log File)이 유사한 역할을 한다고 볼 수 있다.

---

1) 'Digital Forensic'을 두 단어로 보아 우리 말로 '디지털포렌식'이라고 표기하는 경우가 많으나, 2016년 형사소송법 개정에 따라, 현행 형사소송법 제313조 제2항에 '디지털포렌식 자료'라는 표현을 빌려, '디지털포렌식'이라고 표기되었다. 따라서 그 표기를 따르도록 하겠다.

2) Oxford Advanced Learner's English-Korean Dictionary

3) 블랙 마크(Black Mark)라고도 불리며, 급 브레이크 또는 스핀에 의해 노면 상에 생긴 타이어 자국을 말한다.

4) "Every Contact Leaves a Trace", Dr. Edmond Locard(1877~1966)

[그림 1] Dr. Edmond Locard(1877~1966)

　법 과학 분야 중 컴퓨터 내에 남아 있는 디지털 데이터를 대상으로 하고 있는 분야
가 바로 컴퓨터 포렌식(Computer Forensic)이다. 컴퓨터 포렌식은 1990년 초반 개인
용 컴퓨터(Personal Computer, PC)의 개발 및 보급과 함께 대두되었으며, 컴퓨터 포
렌식이라는 용어가 처음 등장한 것은 1991년 오레곤(Oregon)주 포틀랜드(Portland)에
서 열린 국제컴퓨터전문가협회(International Association of Computer Specialists,
이하 IACIS) 총회다. 하지만 IACIS에서 컴퓨터 포렌식이라는 용어가 처음 사용하였을
뿐, 정부 차원에서는 그 보다 앞서 컴퓨터 내에 남아있는 디지털 데이터에 대해 관심
을 갖고 오랜 기간 연구를 진행해왔다. 1984년 미국의 연방수사국(Federal Bureau of
Investigation, FBI)의 법 과학 연구실을 비롯한 법 집행기관(Law Enforcement)에서 컴
퓨터 증거(Computer Evidence)에 대한 다양한 프로그램(Program)의 개발에 착수하면
서, 컴퓨터 포렌식에 대한 본격적인 연구가 시작되었다. 이후 FBI에서 컴퓨터 분석 대응
팀(Computer Analysis Response Team, CART)을 설립하면서 컴퓨터 증거 분석에 대한
토대를 마련하였다.

[그림 2] IACIS(International Association of Computer Specialists)

컴퓨터를 중심으로 연구되던 디지털포렌식은 1998년부터 디지털 증거 그 자체에 주목하기 시작하였고, 전세계적으로 디지털포렌식이라는 용어가 사용되기 시작하였다. 2007년 포렌식 매거진(Forensic Magazine)에서 켄 자티코(Ken Zatyko)는 디지털포렌식을 "정식 수색 기관, 연계보관성, 수학을 통한 검증, 검증된 툴의 사용, 반복가능성, 보고 그리고 가능하다면 전문가의 설명 등을 통해 디지털 증거와 관련하여 컴퓨터 공학과 수사절차를 법적인 목적에 사용하는 것"이라고 정의하였다. 현재는 법정에서 증거로 사용된다는 전제 하에, 디지털 자료의 수집과 분석에 관한 일련의 절차 및 기술을 통칭하여 디지털포렌식이라고 지칭하고 있다.

IT 기술의 발전 및 급격한 정보화 사회로의 변화는 정보의 디지털화를 가속시켰다. 컴퓨터 관련 범죄뿐만 아니라 일반 범죄에서도 중요 증거 또는 단서가 컴퓨터를 포함한 디지털 정보기기 내에 존재하는 경우가 증가함에 따라, 증거수집 및 분석을 위한 전문적인 디지털포렌식 기술이 요구된다. 디지털포렌식은 정보기기에 저장된 디지털 정보를 근거로 삼아 그 정보기기를 매개체로 하여 발생한 어떤 행위의 사실 관계를 규명하고 증명하는 신규 법률서비스 분야라고 할 수 있다.

디지털포렌식은 검찰, 경찰, 국세청, 선거관리위원회, 공정거래위원회, 저작권위원회 등 각종 국가 기관에서 범죄 수사 및 조사에 활용되고 있으며, 일반 기업체 및 금융회사 등의 민간분야에서도 디지털포렌식 기술의 필요성이 증가하고 있다. 예로서, 포렌식 기술은 회계감사 및 부정조사, 보험사기 및 인터넷뱅킹 피해보상에 대한 법적 증거 자료 수집 및 내부 정보 유출 방지 등의 내부 보안 강화에 활용이 가능하다.

1980년대에는 군 또는 정보부에서 전자정보를 수집하였다. 수사 과정에서 전자적 증거의 중요성이 부각되면서 IACIS가 출범하고 처음으로 디지털포렌식이라는 용어를 사용하였다. 그 이후에 경찰청 사이버범죄수사대, 경찰청 사이버 테러대응센터, 대검찰청 산하의 디지털포렌식센터 등 전자적 증거를 수집·분석하기 위한 기관들이 생겨났다.

[그림 3] 대검찰청 산하 국가디지털포렌식센터(NDFC)

2000년 이후 특히 검찰과 경찰 등의 국가 수사기관에서는 그 동안 2009년 7.7. DDoS 사건, 2011년 3.4. DDoS사건, 해킹에 의한 농협전산망 마비사건, 각종 개인정보유출 사건, 범죄수익 은닉사건, 한국수력원자력 해킹사건, 세월호 침몰사건 등 중요사건 사고발생 시마다 포렌식 전문조사관의 현장지원을 확대하고, 해킹 사건이나 스미싱, 피싱 등에 의한 피해사례, 개인정보 유출사례 등 수사를 위한 디지털포렌식 전문조사관의 지속적인 양성은 물론, 악성코드 분석시스템의 고도화 사업을 통하여 스미싱 범죄에 사용되는 악성코드에 대한 자동 분석 기능 구현과 추출된 범죄자원의 연관정보 분석·관리 등, 신종 사이버범죄에 대한 효과적 분석 환경을 구축하고 있다.

현재 디지털포렌식은 정보매체에 존재하는 디지털 증거를 자료로 삼아 과거 어떤 행위의 사실 관계를 역으로 규명하고 증명하는 새로운 절차로서 자리매김해 가고 있다. 우리 형사소송법 제313조 제2항에 '디지털포렌식'이라는 용어를 법적으로 사용하고 있다. 특히 사이버범죄에 대한 법적 증거자료 수집, 내부 정보의 유출방지, 회계감사 등의 내부 보안강화에의 활용이 주목받으면서 기업의 새로운 보안 솔루션까지 디지털포렌식의 영역이 확대되고 있는 상황이다.

최근에는 이러한 포렌식 기술에 대응하는 안티 포렌식(Anti Forensics) 이론마저 등장하고 있다. 그럼에도 통일적인 압수·수색 기준, 분석 기준이 마련되지 않은 점이나 포렌식 도구(Forensic Tool)의 개발, 각 기관 간의 정보 공유 등 협력체계 미비는 아쉬운 부분이 있다.

2. 디지털포렌식의 의의와 유용성

(1) 의 의

전통적으로 포렌식(Forensic)이라는 개념은 법의학 분야에서 주로 사용되었다. 즉, 지문, 모발, DNA 감식, 변사체 검시 등의 분야에 사용되었다. 그러나 최근 다양한 정보기기들의 활용으로 포렌식 개념은 물리적 형태의 증거뿐만 아니라 특수매체에 저장된 전자적 증거(Electronic Evidence)를 다루는 분야에도 포렌식이라는 용어가 적용되게 되었다.

전자적 증거란 흔히 「컴퓨터 시스템 또는 그와 유사한 장치에 의해 전자적으로 생성되고 저장되며 전송되는 일체의 증거」라고 한다. 이러한 전자적 증거는 문서, 도화, 사진, 녹음, 동영상 등 다양한 형태로 존재하는 것이어서 전자적 증거(Digital Evidence), 컴퓨터 증거(Computer Evidence), 전자기록(Electronic Evidence) 등으로 혼용되고 있다. 그러나 전자적 저장방식은 전기와 자기신호를 저장하는 방식을 총체적으로 표현한 것이고, 디지털화 되어있지 않은 존재형식도 포함하는 것이어서 넓은 의미로 '전자적 증거'라고 표기하는 것이 상당하다.[5]

---

5) 노명선/이완규, 형사소송법, Skkup(2015), 233면; 한대일, 「전자적 증거의 진정성 입증에 관한 연구」, 성균관대학교 박사학위논문, 15면 이하

이와 같이 특수저장매체인 컴퓨터에 기억된 전자적 정보를 정확히 식별하여 수집하고, 분석을 통해 관련된 정보를 특정하여 보전하고 법정에 증거로 제출하여, 언제든지 검증이 가능한 형태로 자료를 준비하는 절차를 디지털포렌식이라고 한다.

(2) 디지털포렌식의 유용성

컴퓨터 및 네트워크를 대상으로 한 디지털포렌식은 이제까지 범죄의 증거를 법정에 제출하는 것에 초점을 두고 진화되어 왔다. 포렌식 도구와 기술 또한 따라서 컴퓨터 보안사고 처리와 범죄의 수사라는 맥락에서만 고려된 것이 보통이다. 하지만 포렌식 도구 및 기술은 그 외에도 여러 가지 분야의 업무를 수행하는 데에 있어서 굉장히 유용할 수 있는데, 예를 들면 다음과 같다.

로그기록 감시

다양한 도구와 기술을 사용하여 시스템 로그를 감시할 수 있다. 예를 들어 다수의 시스템으로부터 로그를 추출하고 분석하여 상호 연관성을 판단하고, 이로써 사고처리, 정책 위반사실 적발·감사 등에 활용할 수 있다.

최근 꾸준히 문제가 되고 있는 피싱이나 해킹 등의 문제를 해결하는 데에 이러한 로그기록의 감시기법 또한 도움이 될 수 있다. 스마트폰에서 즉시 인터넷에 접속할 수 있는 환경이 잘 갖추어져 있으므로, 흔히 사용되는 피싱 방법으로는 이메일이나 문자메시지로 "보안승급이 필요하다."라는 허위의 보안경고를 보내어 스마트폰으로 위조된 사이트에 접속되도록 한 후, 주민등록번호와 계좌번호, 보안카드번호의 입력을 유도함으로써 사용자가 이를 송신하면 바로 예금을 인출하고 있다. 이러한 피싱 사건에 사후적인 범죄 수사로서 대응할 수도 있을 것이지만, 피싱 사이트로의 관문역할을 하는 피싱 메시지를 사전 차단하는 방식으로 대응할 가능성을 생각해 볼 수 있다. 이를 위해서는 포렌식 절차를 활용하여 메시지 서버의 로그를 분석하여 데이터베이스화하고, 피싱 메시지의 패턴을 파악하여 차단 시스템을 구축할 필요가 있을 것이다. 또한, 포렌식 관점에서 정보의 흐름을 추적하여 웹사이트의 설계를 분석, 혐의를 입증할 수도 있다.

[그림 4] 파밍 사이트 사례

데이터 복구

포렌식 툴 중에는 시스템에서 소실된 데이터를 복구할 수 있는 능력을 갖춘 것들이 많다. 또한 의도적으로 삭제하였거나 변조된 데이터도 복원이 가능하다. 물론 상황에 따라 복구율에는 많은 차이가 있을 수 있지만, 일부 강력한 포렌식 도구는 심각하게 훼손된 컴퓨터나 디스크에서도 소실·삭제된 데이터를 복구해낼 수 있다.

데이터의 추출 및 파기

일부 기관은 포렌식 도구를 사용하여 재배치 또는 폐기하는 시스템으로부터 데이터를 추출하여 보관하기도 한다. 예를 들어 사용자가 퇴사하는 경우 그 사용자의 컴퓨터로부터 정보를 추출하여 나중에 활용할 수 있는 형태로 별도 저장하는 데 사용할 수 있다.

[그림 5] 폐기된 저장매체

대부분의 포렌식 도구는 어떠한 파일이 언제 생성되고 수정되었는지 시계열별로 표시하는 기능을 가지고 있기 때문에 업무의 흐름을 파악하는 데 큰 도움이 된다. 이러한 형태로 데이터가 정렬된다면 보관된 데이터의 가용성이 크게 증대될 수 있다.

이와는 별개로, 포렌식 절차는 반드시 삭제되어야 하는 민감데이터(Sensitive Data)가 확실히 파기되었는지 여부를 검사하는 데에도 활용할 수 있다. 회사의 업무과정에서는 필연적으로 민감데이터가 발생하고, 이러한 데이터를 파기해야 할 필요성이 제기될 수 있다. 실제로 데이터를 파기한 후 해당 컴퓨터 시스템에 포렌식 절차를 수행하여 복구를 시도해 보고, 복구에 실패하면 그만큼 데이터가 안전하게 파기되었다고 판단하는 지표로 활용할 수 있다.

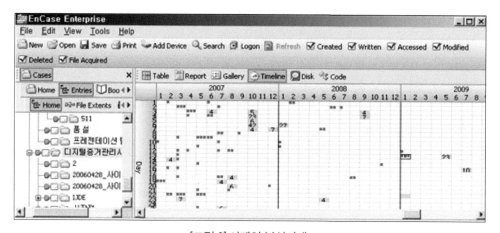

[그림 6] 시계열 분석사례

법적 책임 이행 태세 확립

다양한 법령과 규정에 의하여 각 기관들에게는 추후 감사에 활용할 수 있도록 민감한 데이터를 보호하고 특정한 기록을 보존할 책임이 부여된다.[6][7] 또한 보호된 민감정보가 자칫 유출된 경우 다른 국가기관이나 피해당사자에게 이를 통지할 의무가 있을 수 있다.[8] 포렌식 절차가 수립되어 있는 경우 이러한 정보유출 등 사고에 원활하게 대응할 수 있고, 법적 책임과 의무를 수행하는 데에 큰 도움이 된다.

[그림 7] 정보 유출 사례

---

6) 「개인정보보호법」 제21조(개인정보의 파기)

① 개인정보처리자는 보유기간의 경과, 개인정보의 처리 목적 달성 등 그 개인정보가 불필요하게 되었을 때에는 지체 없이 그 개인정보를 파기하여야 한다. 다만, 다른 법령에 따라 보존하여야 하는 경우에는 그러하지 아니하다.

7) 「개인정보보호법」 제23조(민감정보의 처리 제한)

① 개인정보처리자는 사상·신념, 노동조합·정당의 가입·탈퇴, 정치적 견해, 건강, 성생활 등에 관한 정보, 그 밖에 정보주체의 사생활을 현저히 침해할 우려가 있는 개인정보로서 대통령령으로 정하는 정보(이하 '민감정보'라 한다)를 처리하여서는 아니 된다. 다만, 다음 각 호의 어느 하나에 해당하는 경우에는 그러하지 아니하다. 〈개정 2016.3.29.〉

1. 정보주체에게 제15조 제2항 각호 또는 제17조 제2항 각호의 사항을 알리고 다른 개인정보의 처리에 대한 동의와 별도로 동의를 받은 경우

2. 법령에서 민감정보의 처리를 요구하거나 허용하는 경우

② 개인정보처리자가 제1항 각호에 따라 민감정보를 처리하는 경우에는 그 민감정보가 분실·도난·유출·위조·변조 또는 훼손되지 아니하도록 제29조에 따른 안전성 확보에 필요한 조치를 하여야 한다. 〈신설 2016.3.29.〉

8) 「개인정보보호법」 제34조(개인정보 유출 통지 등)

① 개인정보처리자는 개인정보가 유출되었음을 알게 되었을 때에는 지체 없이 해당 정보주체에게 다음 각 호의 사실을 알려야 한다.

1. 유출된 개인정보의 항목

2. 유출된 시점과 그 경위

3. 유출로 인하여 발생할 수 있는 피해를 최소화하기 위하여 정보주체가 할 수 있는 방법 등에 관한 정보

4. 개인정보처리자의 대응조치 및 피해 구제절차

5. 정보주체에게 피해가 발생한 경우 신고 등을 접수할 수 있는 담당부서 및 연락처

기업활동에서의 포렌식

회사 내에서의 부정행위는 직원의 영업비밀 누설에서부터 회계부정에 이르기까지 다양한 형태로 이루어진다. 이러한 경우 조사는 구체적인 절차가 정해져 있지 않아 초동단계에서 신속히 조사대상자와 조사범위를 정하고, 적정절차를 갖추어 진행하되 특히 조사상황에 따른 유연성이 필요하다. 구체적으로는 조사목적, 조사대상자, 대상기간, 사내 관계부서와의 연락, 직원면담, 회계 데이터 및 직원 컴퓨터의 분석, 포렌식 전문가와의 접촉, 조사결과의 보고 등 순으로 이루어진다. 특히 디지털 포렌식 절차는 개략적으로 관계자와의 인터뷰, 조사대상자, 관여자의 특정, 특정 직원으로부터 확인서 징구, 포렌식 조사실시, 증거인멸행위 유무조사, 증거복구, 분석 및 보고서 순이다.

포렌식 조사는 이러한 사후 부정행위에 대한 조사만이 아니라, 기업이 보유하는 데이터를 이해하고, 기업의 수요와 환경에 맞추어 다양한 데이터를 분석함으로써 이상한 거래를 특정하고 계속적으로 모니터링함으로써 부정거래를 조기에 탐지하고 이를 예방할 수도 있다.

3. 디지털포렌식의 일반원칙

디지털포렌식에 있어, 디지털 증거가 증거 능력(Admissibility of Evidence)을 갖게 하기 위해서는 작업 수행자(분석관 또는 수사관)가 디지털포렌식의 몇 가지 특성을 이해할 필요가 있다. 작업 수행자는 디지털 증거 처리 시 해당 증거가 이런 특성을 유지하도록 주의를 기울여야 한다. 이 특성을 가리켜 '디지털포렌식의 기본 원칙'이라고 한다. 일반적으로 디지털포렌식의 기본 원칙이라고 하면 정당성의 원칙을 시작으로, 무결성의 원칙, 연계보관성의 원칙, 재현성의 원칙, 신속성의 원칙까지 다섯 가지의 원칙[9]을 말한다. 이 외에 검증가능성의 원칙, 동일성의 원칙 등을 추가로 이야기하는 경우도 있으나, 일반적인 경우는 아니다. 디지털포렌식의 기본 원칙과 디지털 증거의 증거능력 요건이나 디지털 증거의 특성과는 구분하여야 한다. 디지털포렌식의 다섯 가지 기본원칙과 그 내용은 다음 표와 같다.

---

9) 디지털 증거의 무결성 유지를 위한 절차와 사례에 관한 연구, 4면, 2006, 대검찰청, 다섯 가지 원칙으로 정당성의 원칙, 무결성의 원칙, 진정성의 원칙, 동일성의 원칙, 신뢰성의 원칙을 꼽는 책들도 있다.

원 칙	설 명
정당성	디지털포렌식 과정에서 획득된 증거는 적법한 절차를 거쳐서 정당하게 획득된 것이어야 함
무결성	디지털포렌식의 증거가 법정에 제출되기까지 변경이나 훼손 없이 보호되어야 함
연계보관성	디지털포렌식에서 증거가 획득되고 난 뒤, 이송, 분석, 보관, 법정 제출의 일련의 과정 및 각 과정마다의 담당자가 명확하여야 함
재현성	동일한 조건과 동일한 상황 아래에서의 디지털포렌식 분석 결과는 항상 같은 결과가 나와야 함
신속성	디지털포렌식의 전 과정은 지체없이 신속하게 진행되어야 함

[표 1] 디지털포렌식의 기본원칙

(1) 정당성의 원칙

정당성(Legitimacy)의 원칙이란, 디지털포렌식 과정에서 획득된 모든 증거는 적법한 절차를 거쳐서 정당하게 획득한 것이어야 한다는 원칙이다. 다른 말로는 적법절차의 원칙이라고 부른다. 우리나라에서는 현행 형사소송법 제308조의2(위법수집증거의 배제)에 따르면 적법한 절차에 따르지 아니하고 수집한 증거는 증거로 할 수 없다고 하여, 위법수집증거의 증거능력을 원천적으로 배제하고 있다. 이를 이른바 '위법수집증거 배제법칙'이라고 부른다. 예를 들어 피의자가 자신이 저지른 범죄의 증거를 가지고 있을 경우, 이를 절도 등의 위법한 방법으로 획득한다면 증거로 사용할 수 없다는 얘기다. 여기서 말하는 위법은 고의에 의한 법률 위반은 물론이고, 과실로 인한 절차 위반도 포함한다. 만약 범죄 용의자를 체포하는 과정에서 수사관의 실수로 미란다 원칙(Miranda Warning)[10]을 고지하지 않았다면, 해당 체포 행위는 위법한 것이 되며 체포 과정에서 압수[11]한 증거물 또한 증거능력을 잃게 된다. 디지털포렌식 수사관 또는 분석관이 현장에

---

10) 수사기관이 범죄 용의자를 체포할 때 체포의 이유와 변호인의 도움을 받을 수 있는 권리, 진술을 거부할 수 있는 권리 등이 있음을 미리 알려주어야 한다는 원칙으로 1966년 선고된 미국의 미란다 애리조나 판결(Miranda v. Arizona 384 U.S. 436)에서 유래되었다.

11) 형사소송법 제216조(영장에 의하지 아니한 강제처분) 제1항에 따라 검사 또는 사법경찰관은 제200조의2(영장에 의한 체포)·제200조의3(긴급체포)·제201조(구속) 또는 제212조(현행범인의 체포)의 규정에 의하여 피의자를 체포 또는 구속하는 경우에 필요한 때에는 영장없이 체포 현장에서의 압수·수색·검증을 할 수 있다.

서 디지털 증거를 수집·분석하는 경우에도 마찬가지다. 실수로 절차적 위반을 하였다면, 해당 디지털 증거물은 증거능력을 잃게 된다. 증거가 증거능력을 잃는다면 해당 증거의 증명력은 다툴 필요조차 없게 된다. 따라서 정당성의 원칙을 지키는 것, 다시 말해 적법절차를 준수하는 것이 디지털포렌식의 대원칙이라고 할 수 있다.

위법수집증거 배제의 법칙은 해당 증거에만 한정되어 적용되지 않는다. 만약 위법하게 수집된 증거에서 파생된 증거(Derivative Evidence)가 있다면, 해당 증거의 증거능력 역시 배제된다. 이를 '독수독과(毒樹毒果, Fruit of the Poisonous Tree) 이론' 또는 '독수의 과실 이론'이라고 부른다. 말 그대로 독 나무에서는 독 열매가 열린다는 이론이다. 독수독과이론은 이른바 제주도지사 공직선거법 위반 사건 판결에 잘 나타나고 있다.

〈독수독과 원칙 수용〉[12]

| 판결요지 |

수사기관의 위법한 압수·수색을 억제하고 재발을 방지하는 가장 효과적이고 확실한 대응책은 이를 통하여 수집한 증거는 물론 이를 기초로 하여 획득한 2차적 증거를 유죄 인정의 증거로 삼을 수 없도록 하는 것이다.

일반적으로 디지털포렌식 절차 단계 중에서 가장 중요한 단계로 증거물 획득(Acquire) 단계를 꼽는다. 그 이유는 획득 단계가 디지털포렌식 절차 중 가장 첫번째 단계이기 때문이다. 만약 증거물 획득 단계에서 절차 위반이 있었다면, 해당 증거물의 분석 결과 및 파생된 증거물 역시 증거능력을 인정받지 못하게 된다. 따라서 작업수행자는 획득 단계에서의 적법절차 준수에 가장 주의를 기울여야 한다. 대검찰청의 디지털 증거의 수집·분석 및 관리 규정 제12조(과잉금지원칙 준수)에도 "디지털 증거를 압수·수색·검증할 때에는 수사에 필요한 범위에서 실시하여야 하고, 모든 과정에서 적법절차를 엄격히 준수하여야 한다."라고 명시[13]하고 있다.

하지만 모든 경우에 독수독과이론이 적용되는 것은 아니다. 상황에 따라 위법수집증거에서 파생된 증거의 증거능력을 예외적으로 인정하는 경우도 있다. 대표적인 예외로는 '독립된 근거(Independent Source)에 의한 예외', '해독(Purged Taint)에 의한 예외', '불가피한 발견(Inevitable Discovery)에 의한 예외'가 있다. 그 내용은 다음과 같다.

---

12) 대법원 2007. 11. 15. 선고 2007도3061 전원합의체 판결
13) 2016. 12. 26. 개정

- 독립된 근거에 의한 예외: 위법하게 수집된 증거가 아니라, 별도의 독립된 근거에 의하여 수집된 증거라는 것을 입증하는 경우
- 해독에 의한 예외: 피고인의 자발적인 후속 행위가 최초의 위법 행위의 위법성을 순화시켰을 경우
- 불가피한 발견에 의한 예외: 위법한 행위와 관계 없이 합법적인 방법을 통하여서도 결국 발견할 수 있는 증거였다는 사실을 입증한 경우

　　제주도지사 공직선거법 위반 사건 판결 내용에 따르면, 위법수집증거를 배제하는 가장 큰 목적은 수사기관의 위법한 영장집행을 방지하는 것이라고 할 수 있다. 따라서 사인(私人)이 위법하게 수집한 증거는 위법수집증거 배제 법칙의 적용을 엄격하게 받지 않는다고 할 수 있다. 우리나라는 독일법계를 계수하였기 때문에, 사인이 위법하게 증거를 수집한 경우, 위법한 절차에 의해 침해되는 사익(私益)과 증거로 사용함에 따른 공익(公益)을 비교하여 후자가 우월한 경우에 한하여 예외적으로 증거능력을 인정하고 있다. 사인이 위법하게 수집한 증거의 증거능력을 인정한 대표적 사례로는 사찰 편취 소송사기 사건을 들 수 있다.

〈사인에 의한 위법수집증거〉[14]

| 판결요지 |

업무일지가 제3자에 의해서 절취된 것으로서 위 소송사기 등의 피해자 측이 이를 수사기관에 증거자료로 제출하기 위하여 대가를 지급하였다 하더라도, 공익의 실현을 위해서는 이 사건 업무일지를 범죄의 증거로 제출하는 것이 허용되어야 하고, 이로 말미암아 피고인의 사생활 영역을 침해하는 결과가 초래된다 하더라도 이는 피고인이 수인하여야 할 기본권의 제한에 해당된다.

　　이 사건에서 법원은 제3자에 의하여 절취되었으며, 피해자 측이 대가를 지급하고 입수하여 제출한 업무일지의 증거능력을 인정하였다. 하지만 우리 법원에서는 수사기관이 위법하게 수집한 증거에 대해서는 일관되게 증거능력을 부인하고 있다.

---

14) 대법원 2008. 6. 26. 선고 2008노1584 판결

(2) 무결성의 원칙과 연계보관성의 원칙

무결성(Integrity)의 원칙이란, 말 그대로 결함이 없는 것, 다시 말해 해당 증거가 법정에 제출되기까지 변경이나 훼손 없이 보호되어야 한다는 것을 의미한다. 일부 서적에서는 동일성이라고 표현하기도 한다. 그리고 연계보관성의 원칙(Chain of Custody)이란, 'Chain of Custody'의 우리 말로, 말 그대로 보관(Custody)의 사슬(Chain)이라고 해석할 수 있다. 보통 'CoC'라고 표현한다. 증거가 획득되고 난 뒤 이송, 분석, 보관, 법정 제출이라는 일련의 과정 및 각 과정마다의 담당자가 명확해야 한다는 것을 의미한다. 무결성의 원칙과 연계보관성의 원칙을 같이 설명하는 이유는, 두 원칙이 서로 상당히 밀접한 관계를 맺고 있기 때문이다. 무결성은 해당 증거물이 훼손 또는 위·변조되지 않았다는 것을 증명하며, 만약 무결성이 깨졌을 경우 연계보관성을 통해 어느 단계에서 문제가 발생하였는지 확인할 수 있다. 따라서 연계보관성의 원칙이 무결성의 원칙을 뒷받침하고 있다고 말할 수 있다.

1) 무결성

일반적으로 유체물(有體物, Materiality)[15]의 무결성을 위해서는 봉인과 연계보관성을 이용한다. 유체물의 경우 이송 및 불출의 매 단계마다 봉인이 정상적으로 유지되어 있는지 인수자와 인계자가 각각 확인한 후, 연계보관성 양식을 작성한다. 만약 작업 수행자가 해당 증거물을 받았을 때, 봉인이 훼손되어 있다면 연계보관성 양식에 있는 가장 최근 인수자 정보를 작성한 사람에게 봉인이 훼손된 사유를 확인하여야 하며, 원본 증거의 훼손 및 위·변조 여부를 반드시 확인하여야 한다.

한편 무체물(無體物, Intangibles), 특히 디지털 증거의 경우, 앞서 살펴본 바와 같이 유체물 증거에 비해 내용을 위·변조하기 쉬우며, 육안으로 훼손이나 위·변조 여부를 탐지하기 어렵다는 특징을 가지고 있다. 따라서 해당 증거가 최초 수집된 이후 법정에 제출될 때까지 위·변조되지 않았음을 별도의 방법을 이용해 입증할 필요가 있다. 대검찰청의 디지털 증거의 수집·분석 및 관리 규정 제4조(디지털 증거의 무결성 유지)에도 "디지털 증거는 압수·수색·검증한 때로부터 법정에 제출하는 때까지 훼손 또는 변경되지 아니하여야 한다."라고 명시하고 있다. 디지털 증거의 무결성을 입증하기 위해서는 해시 함수(Hash Function)을 이용하는 것이 일반적이다.

---

15) 공간의 일부를 차지하고, 사람의 오감에 의하여 지각할 수 있는 형태를 가지는 물질, 즉 고체·액체·기체를 말한다.

해시 함수란 임의의 길이를 갖는 메시지를 입력하여 고정된 길이의 해시 값(Hash Value)을 출력하는 함수이다. 암호 알고리즘과 달리 키(Key)가 없다는 특징이 있다. 임의의 길이를 고정된 길이로 변환하기 때문에, 반대 방향으로의 계산이 불가능하기 때문에 일방향 함수(1 Way Function)이라고도 부른다. 입력되는 메시지가 바뀌면 전혀 다른 해시 값이 출력되기 때문에 디지털 데이터의 무결성을 입증하는 데에 주로 사용된다. 다양한 표준 함수가 있으며, 디지털포렌식에서는 주로 MD5 또는 SHA-1 같은 표준 해시 함수를 사용한다.

디지털 증거의 무결성을 입증하기 위하여 해시 함수를 이용한다. 디지털 증거를 압수할 때에는 디지털 증거에 대하여 해시 값을 생성한 후, 해시 값 및 해시 함수가 기재된 확인서를 작성하여 피압수자 등의 확인을 거쳐 서명을 받아야 한다. 다만, 확인서는 디지털 포렌식 도구에 의해 자동 생성된 자료(현장조사보고서 등)로 갈음[16]할 수 있다. 이때 주의할 점은 피압수자에게 해시 값이 기재된 확인서만을 확인하고 서명하게 하여서는 안 된다는 점이다. 피압수자는 실제 디지털 증거를 대상으로 산출한 해시 값이 확인서 상의 해시 값과 같다는 사실을 확인하여야 한다. 따라서 반드시 디지털 증거의 해시 값 산출 결과 화면과 확인서를 비교한 뒤 서명을 하게끔 하여야 한다.

추후에 디지털 증거를 대상으로 산출한 해시 값이 기존에 산출했던 해시 값과 같으면 해당 디지털 증거는 그 내용이 달라지지 않았고, 무결성이 유지되었다고 할 수 있다. 하지만 반대로 해시 값이 달라졌다고 해서 해당 증거의 무결성이 깨졌다고 보는 것은 아니다. 우리나라는 자유심증주의를 택하고 있기 때문에 무결성의 입증은 소송법적인 사실에 관한 증명이므로 법관의 자유로운 증명으로 족하다. 따라서 기본적으로 법관이 무결성을 인정함에 있어 여러 가지 방법을 자유롭게 선택할 수 있다. 법원의 이러한 취지는 왕재산 사건 판결[17]이나 RO 내란음모 사건 판결[18]에 잘 나타나 있다.

---

16) 대검찰청 디지털 증거의 수집·분석 및 관리 규정 제15조(디지털 증거의 압수·수색·검증) 제3항
17) 대법원 2013. 7. 26. 선고 2013도2511 판결
18) 대법원 2015. 1. 22. 선고 2014도10978 판결

엄격한 증명과 자유로운 증명은 증거조사 방법에 차이가 있다. 엄격한 증명이라 함은 법률상 증거능력이 있고 또 공판정에서 적법한 증거조사를 거친 증거에 의한 증명을 말하며, 자유로운 증명이라 함은 그 이외의 증거에 의한 증명을 말한다. 자유로운 증명의 경우에는 증거의 증거능력이나 엄격한 증거조사를 요하지 않는다.

〈동일성 · 무결성 입증방법〉

| 판결요지 |

압수물인 컴퓨터용 디스크 그 밖에 이와 비슷한 정보저장매체(이하 '정보저장매체'라고 한다)에 입력하여 기억된 문자정보 또는 그 출력물(이하 '출력 문건'이라 한다)을 증거로 사용하기 위해서는 정보저장매체 원본에 저장된 내용과 출력 문건의 동일성이 인정되어야 하고, 이를 위해서는 정보저장매체 원본이 압수 시부터 문건 출력 시까지 변경되지 않았다는 사정, 즉 무결성이 담보되어야 한다. 특히 정보저장매체 원본을 대신하여 저장매체에 저장된 자료를 '하드카피' 또는 '이미징' 한 매체로부터 출력한 문건의 경우에는 정보저장매체 원본과 '하드카피' 또는 '이미징' 한 매체 사이에 자료의 동일성도 인정되어야 할 뿐만 아니라, 이를 확인하는 과정에서 이용한 컴퓨터의 기계적 정확성, 프로그램의 신뢰성, 입력·처리·출력의 각 단계에서 조작자의 전문적인 기술능력과 정확성이 담보되어야 한다. 이 경우 출력 문건과 정보저장매체에 저장된 자료가 동일하고 정보저장매체 원본이 문건 출력 시까지 변경되지 않았다는 점은, ① 피압수·수색 당사자가 정보저장매체 원본과 '하드카피' 또는 '이미징' 한 매체의 해쉬(Hash)* 값이 동일하다는 취지로 서명한 확인서면을 교부받아 법원에 제출하는 방법에 의하여 증명하는 것이 원칙이나, 그와 같은 방법에 의한 증명이 불가능하거나 현저히 곤란한 경우에는, ② 정보저장매체 원본에 대한 압수, 봉인, 봉인 해제, '하드카피' 또는 '이미징' 등 일련의 절차에 참여한 수사관이나 전문가 등의 증언에 의해 정보저장매체 원본과 '하드카피' 또는 '이미징' 한 매체 사이의 해시 값이 동일하다거나 정보저장매체 원본이 최초 압수 시부터 밀봉되어 증거 제출 시까지 전혀 변경되지 않았다는 등의 사정을 증명하는 방법 또는 ③ 법원이 그 원본에 저장된 자료와 증거로 제출된 출력 문건을 대조하는 방법 등으로도 그와 같은 무결성·동일성을 인정할 수 있으며, ④ 반드시 압수·수색 과정을 촬영한 영상녹화물 재생 등의 방법으로만 증명하여야 한다고 볼 것은 아니다.

* 맞춤법 상 '해시'가 맞는 표현이나 판결문에 기재된 대로 '해쉬'로 표기하였다.

참고로 과거에는 물리 이미징(Physical Imaging)[19] 방식으로 수집한 피압수자의 정보저장매체에서 압수 당시 수사관이 해당 정보저장매체에 접근한 흔적이 발견된 경우, 해당 물리 이미지의 무결성이 훼손되었다고 보는 경우가 있었다. 압수 당시 수사관이 해당 정보매체에 조작된 증거를 삽입할 가능성을 완전히 배제할 수 없기 때문에 상당히 합리적인 판단이라고 할 수 있다. 따라서 당시에는 정보저장매체 접근하기 전에 쓰기 방지(Write Block)를 철저히 적용할 것을 강조했었다. 하지만 종근당 판례 이후 더욱 강조된 선별 압수 원칙에 따라, 선별 압수로 압수의 목적을 달성하기 현저히 곤란한 경우에 한하여 물리 이미징을 수행할 수 있게 되었다. 다시 말해 선별 압수를 진행하다, 선별 압수를 진행하기 곤란하거나 정보저장매체 전체를 획득해야 하는 사유가 발생한 경우에 한하여 물리 이미징을 수행할 수 있는 것이다. 선별 압수를 하기 위해서는 수사관이 압수·수색용 디지털포렌식 도구[20]가 저장되어 있는 외장하드 등을 대상 컴퓨터에 연결하여 실행하거나, 대상 파일의 선정을 위하여 저장되어 있는 파일들을 열어서 내용을 확인해야만 한다. 이 과정에서 대상 정보저장매체에 있는 정보 등은 필연적으로 변경되게 된다. 이 이후에 물리 이미징을 결정하게 되므로, 대상 물리 이미지(Physical Image)에는 압수 당시 수사관이 접근한 흔적이 남을 수밖에 없게 된다. 따라서 최근에는 물리 이미지에 압수 당시의 흔적이 남아있는 것을 보고 무결성 훼손 여부를 판단하지 않는다. 무결성 유지는 물리 이미지를 획득한 이후(압수·수색의 종료)부터 법정에 제출될 때까지 해당 물리 이미지가 변경되지 않았음을 입증하면 족하다.

2) 연계보관성

증거의 연계보관성을 유지하기 위해서는 증거물을 이송 또는 불출 등을 통해 인수·인계할 때마다 인수자와 인계자가 해당 증거의 훼손 또는 위·변조여부를 확인(디지털 증거의 경우 해시 값을 계산하여 기존 해시 값과 동일한 값이 현출되는 것을 확인)하고 연계보관성 양식(Chain of Custody Form, CoC Form)에 각각 서명하여야 한다.

---

19) 획득 대상 정보저장매체의 처음부터 끝까지 비트 스트림(Bit Stream) 방식으로 복제하는 획득 방식
20) CFT(Computer Forensic Tool) Field 등

Description of Evidence		
Item #	Quantity	Description of Item (Model, Serial #, Condition, Marks, Scratches)

Chain of Custody				
Item #	Date/Time	Released by (Signature & ID#)	Received by (Signature & ID#)	Comments/Location

[그림 8] 연계보관성 양식 예시

디지털포렌식을 수행하는 각 기관 또는 회사마다 다양한 형태의 연계보관성 양식을 가지고 있다. 위 예시와 같은 연계보관성 양식의 경우 다음과 같은 방식으로 그 내용을 기재한다. 우선 증거물 획득 시 상단 'Description of Evidence' 테이블에 각 증거물의 명세 및 개수를 기록하고 각 증거물의 증거물 번호(Item Number)를 부여한다. 그리고 증거물을 이송 또는 불출할 때마다 대상 증거물의 훼손 및 위·변조 여부를 확인하고, 이상이 없으면 하단의 'Chain of Custody' 테이블에 대상 증거물 번호, 일시, 인계자(Released by) 정보 및 서명, 인수자(Received by) 정보 및 서명, 장소 및 비고사항(Comments)을 작성한다.

만약 정보저장매체를 이송하는 과정에 정보저장매체 자체에 물리적 손상이 발생했다면, 해당 단계의 담당자 및 책임자는 이를 확인하고 복구 작업을 수행하여 하자를 치유하여야 한다. 또한 이 과정을 보고서에 상세히 기록하여 인수인계 과정에서 인수자에게 전달하며, 이 내용을 연계보관성 양식에 기록하여야 한다.

일부 책에서는 무결성과 연계보관성을 같은 것으로 기술하거나, 연계보관성을 '절차의 무결성'을 보장하는 것이라고 표현하기도 한다.[21] 하지만 엄밀히 말하면 무결성이 훼손되었을 경우에 책임소재를 명확히 하기 위해 연계보관성을 이용하는 것일 뿐 무결성과 연계보관성은 엄연히 다른 것으로 이해하는 것이 바람직하다.

21) 이준형 외, 디지털포렌식의 세계, 7면, 인포더북스

(3) 재현성의 원칙

재현성(Reproducibility)의 원칙이란, 동일한 조건과 동일한 상황 아래에서의 디지털 포렌식의 분석 결과는 항상 같은 결과가 나와야 한다는 원칙이다. 예를 들어 A라는 분석관이 엔케이스(EnCase)[22]를 사용하여 얻은 분석 결과는, A라는 분석관이 에프티케이(Forensic Tool Kit, FTK)[23]를 이용하여 분석해도 동일한 결과가 나와야 하며, B라는 분석관이 EnCase를 사용하여 분석해도 같은 결과가 나와야 한다는 원칙이다. 일선에서는 재현성의 원칙을 고수하기 위해 주요 분석 결과에 대해서는 다른 분석관이 다른 도구로 검증 분석하는 교차분석(Cross-Analysis)를 수행하고 있다. 새로운 분석도구 또는 새로운 분석방법의 신뢰성 검증의 수단으로 재현성을 이용하는 경우도 있다.

재현성을 디지털포렌식 도구의 요건 중 하나인 반복 가능성(Repeatable)[24]과 혼동하기 쉬운데, 반복 가능성(또는 반복성)은 오류 내성(Fault Tolerance) 범위에서 도구가 반복적으로 실행될 수 있어야 한다는 의미로 여기서 말하는 재현성과는 구별되어야 한다.

(4) 신속성의 원칙

신속성(Immediacy)의 원칙이란, 디지털포렌식 수행의 전 과정은 지체없이 신속하게 진행되어야 한다는 원칙이다. 디지털포렌식의 전 과정은 외부 요인의 개입을 최소화하기 위해 신속성을 보장해야 한다. 신속성에 대한 다른 견해도 있다. 컴퓨터에 남아 있는 정보 중 메모리와 같은 일부 정보는 휘발성 데이터(Volatile Data)로 시간의 흐름에 따라 소멸되기 쉽다. 따라서 이러한 데이터 들이 소멸하기 전에 가급적 신속하게 디지털포렌식을 수행하여야 한다는 것이다. 하지만 일각에서는 특히 메모리(RAM)의 경우 획득 과정에서 필연적으로 발생하는 오염을 최소화하기 위해서 가장 적은 시도로 메모리 덤프(Memory Dump)를 획득해야 하며, 때문에 신속성 보다는 정확성에 초점을 맞추어야 한다는 또 다른 견해를 내놓기도 했다.

---

22) Opentext(전 Guidance Software, 2018년 Opentext에 인수 합병됨)에서 개발한 디스크 분석 도구

23) Forensic Tool Kit, AccessData에서 개발한 디스크 분석 도구

24) 래리 다니엘 외, 포렌식 전문가와 법률가를 위한 디지털포렌식, 44면, 비제이퍼블릭

제2장 디지털포렌식의 유형과 수행과정

1. 디지털포렌식의 유형

(1) 분석목적에 따른 분류

분석 목적에 따라서는 크게 두 가지로 디지털포렌식을 구분한다. 하나는 범행 입증에 필요한 증거를 찾기 위한 수사(Investigation) 관점의 디지털포렌식[25]이며, 다른 하나는 침해 사고에 대응하기 위한 사고 대응(Incident Response) 관점의 디지털포렌식[26]이다. 전자는 컴퓨터나 정보저장매체에 남아 있는 범행의 흔적이나 정보를 복구하거나 검색하는 과정을 거쳐 정보를 추출하는 데에 목적을 두고, 후자는 사고 내용을 분석하여 조치를 취해 추가적인 피해를 막고, 서비스를 재개하는 데에 목적을 두고 있다.

하지만 이 둘을 굳이 구분하는 것은 큰 의미가 없다. 사고 대응 관점에서도 피해 규모가 작거나 단발성 침해인 경우 보호와 속행(Protect and Proceed)을 그 목적으로 하지만, 피해 규모가 크거나 지속적인 경우 추적 및 기소(Purse and Prosecute)를 목적으로 하고 있다. 만약 침해 대응 이후 기소를 염두에 두고 있다면, 사고 대응 단계에서도 수사 관점의 디지털포렌식으로의 전환을 고려하고 디지털포렌식을 수행해야만 한다.

(2) 분석대상에 따른 분류

전통적으로 디지털포렌식은 분석 대상에 따라서 그 유형을 구분해 왔다. 대검찰청의 국가디지털포렌식센터(National Digital Forensic Center, NDFC) 역시 담당하는 디지털포렌식 분야를 컴퓨터 포렌식(Computer Forensic), 데이터베이스 포렌식(Database Forensic), 모바일 포렌식(Mobile Forensic)으로 구분하고 있으며, 일부 백신 개발 업체에서는 악성코드(Malicious Code) 분석을 위하여 디스크 포렌식(Disk Forensic) 팀과 네트워크 포렌식(Network Forensic) 팀 그리고 메모리 포렌식(Memory Forensic) 팀을 두고 있는 경우도 있다.

디지털포렌식 관련 서적을 살펴보면 윈도우 레지스트리 포렌식(Windows Registry Forensic), 운영체제 포렌식(Operating System Forensic, OS Forensic), 파일시스템

---

25) 정보추출형 포렌식(Information Extraction Forensics)이라고 부르는 경우도 있다. 김봉수, 디지털 증거(Digital Evidence)와 포렌식(Forensic), 8면

26) Digital Forensics and Incident Response, DFIR

포렌식(File System Forensic), 네트워크 패킷 포렌식(Network Packet Forensic), 멀웨어 포렌식(Malware Forensic), 클라우드 포렌식(Cloud Forensic), 안드로이드 포렌식(Android Forensic), 인터넷 포렌식(Internet Forensic)이라는 표현까지 등장했다. 최근에는 그 분석 대상을 제4차 산업혁명의 영역까지 확대하여, 드론 포렌식(Drone Forensic)이니, IoT 포렌식(IoT Forensic)이니 하는 새로운 장르의 포렌식이 등장하기도 했다.

[그림 9] 다양한 분석 대상을 목적으로 하는 디지털포렌식 서적

하지만 일선에서는 분석 대상을 구분하는 기준이 통일되지 않아, 중구난방으로 디지털포렌식 유형이 등장했다는 의견이 지배적이다. 컴퓨터 포렌식의 영역에는 디스크 포렌식과 네트워크 포렌식, 메모리 포렌식이 포함되는 것이 당연하며, 디스크 포렌식의 영역에는 파일시스템 포렌식 및 멀웨어 포렌식이 포함되는 것이 당연할 것이다. 또, 모바일 포렌식의 분석 대상이 명확하지 않다는 의견도 있다. 모바일 포렌식이라면 이동성(Mobility)이 강조된 디지털 디바이스(Digital Device)를 대상으로 한 포렌식을 일컫는 단어일 것이다. 그렇다면 랩탑(Laptop) 또는 서피스(Surface)와 같은 윈도우 운영체제 기반의 태블릿(Tablet)은 모바일 포렌식의 대상이 되는 것이 맞지 않냐는 의견이 일부에서 제기되기도 했다. 현재는 모바일 포렌식의 대상으로 피쳐폰(Feature Phone) 및 스마트폰(Smart Phone) 그리고 iOS나 안드로이드(Android), WebOS와 같은 스마트폰 운영체제를 사용하는 기기를 보는 것이 일반적이다. 각 포렌식 분야의 간략한 소개는 다음과 같다.

디스크 포렌식

디스크 포렌식은 물리적인 저장장치인 하드디스크, 플로피디스크, CD-ROM 등 각종 보조 기억장치에서 증거를 수집하고 분석하는 포렌식 분야이다. 1980년대 말부터 디스크에 데이터를 보존하고 분석하기 위한 기법이 개발되기 시작하여 현재는 포렌식 분야에서 가장 발전된 분야이다.

시스템 포렌식

시스템 포렌식은 컴퓨터의 운영체제, 응용 프로그램 및 프로세스를 분석하여 증거를 확보하는 포렌식 분야이다. 컴퓨터 시스템은 Windows, Linux, OSX 등 여러 가지 운영체제를 사용한다. 각 운영체제별 파일시스템의 이해가 중요하다.

네트워크 포렌식

네트워크 포렌식은 네트워크를 통하여 전송되는 데이터나 암호 등을 분석하거나 네트워크 형태를 조사하여 단서를 찾아내는 포렌식 분야이다. 대부분의 네트워크는 사용자를 감시하기 위하여 추적을 위한 기능을 지원한다. IP헤더는 발신지 IP, 목적지 IP 정보를 포함하고 있으며, 데이터 링크헤더는 하드웨어 주소(MAC Address)를 포함하고 있다. 네트워크의 관문 역할을 하는 라우터(Router)에는 라우팅 테이블, ARP 캐쉬 테이블, 로그인사용자, TCP 연결 관련 정보, NAT(Network Address Translation) 관련 정보가 존재하기 때문에 침해 시스템을 조사 할 때 라우터의 분석도 필요하다.

인터넷 포렌식

인터넷 포렌식은 인터넷으로 서비스되는 월드와이드웹(WWW), FTP 등의 인터넷 응용 프로토콜을 사용하는 증거를 수집하는 포렌식 분야이다. 인터넷은 기술의 편리성을 넘어서 부도덕한 익명의 사용자 폭주 및 그들의 무분별한 인터넷 남용으로 인해 수 많은 역기능을 초래하였다. 따라서 인터넷 포렌식은 이러한 역기능 중 불법행위를 한 용의자를 추적하기 위해 사용되는 웹브라우저 히스토리 분석, 전자우편 헤더분석, IP추적 등의 기술들을 이용하여 증거를 수집한다. 분석대상 별로 디스크 포렌식, 네트워크 포렌식, 시스템 포렌식, 모바일 포렌식 등이 있다.

모바일 포렌식

모바일 포렌식은 휴대폰, PDA, 스마트폰, 디지털카메라 등 휴대용 기기에서 필요한 정보를 수집하여 분석하는 포렌식 분야이다. 유비쿼터스 컴퓨팅 시대의 도래와 이동성 기기의 확대 보급으로 다양한 종류의 멀티미디어 기기가 개발되어 보급되고 있다. 소형 휴대용 기기의 데이터에 대한 범죄 증거의 확보는 매우 중요하다. 특히 휴대용 기기는 작고 휴대가 간편하여 은닉이 편리하다는 장점이 있으므로, 증거확보가 필요한 경우 은닉 여부를 세심히 확인할 필요가 있다.

모바일 포렌식의 대부분의 대상은 휴대전화라고 해도 전혀 과언이 아니다. 휴대전화는 1996년 국내에서 세계 최초로 CDMA(Code Division Multiple Access) 기술의 상용화 이후 급속한 발달과 폭발적인 확산으로 인하여, 개인 디지털 기기 중에서 최고의 보급률을 보이며 사실상 '1인 1 휴대전화' 시대를 열었다. 범용 컴퓨터나 다른 디지털 기기와는 달리 휴대전화가 가지는 정보의 개인 종속성은 범죄수사에 직접적인 도움을 줄 수 있을 정도로 크기 때문에, 이와 같은 정보를 범죄수사에 이용하고자 하는 시도들이 2000년대 중반에서 부터 국내외에서 본격적으로 행하여져 왔다. 따라서 휴대전화에 저장된 디지털 자료를 근거로 삼아, 그 휴대전화를 매개체로 하여 발생한 어떤 행위의 사실관계를 규명하는 모바일 포렌식에 대한 관심이 급속도로 확산되었다.

2011년을 전후 하여 모바일 포렌식에서는 큰 변화가 있었다. 국내 군, 경, 검 수사기관의 디지털 증거물 분석 건수를 보면 모든 디지털 증거 분석 건수 중 모바일 포렌식 분석이 과반 수 이상을 차지하게 되며, 2015년에는 분석 건수 기준으로 그 비중이 75%까지 이르게 되고 그 비중은 점점 더 커질 것이다. 그 이유는 스마트폰의 보급과도 밀접한 관계를 가지고 있다. 스마트폰은 1년에 15억대 이상 출하되며, 인간이 하루 중에서 가장 오랜 시간 사용하는 디지털 기기가 되었기 때문이다.

모바일 포렌식은 요즘 수사기관으로부터 가장 큰 관심을 받고 있는 스마트폰 포렌식을 포함하고 있다. 스마트폰 포렌식은 기존의 모바일 포렌식이 통화내역, 문자 수발신 내역, 카메라 등 이동전화 기본 정보를 추출하여 복원하여 증거로 이용하는 것에 더하여 GPS, 메신저 앱, SNS 앱, 메모, 인터넷 등 다양한 디지털 정보를 이용한다. 특히, 스마트폰을 사용하는 대부분의 사용자가 이용하는 메신저 앱은 스마트폰 포렌식에서 빠질 수 없는 중요한 부분을 차지하게 되었다.

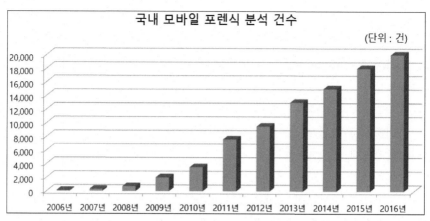

[그림 10] 국내 모바일 포렌식 분석 건수[27]

데이터베이스 포렌식

데이터베이스 포렌식은 데이터베이스로부터 데이터를 추출·분석하여 증거를 획득하는 포렌식 분야이다. 기업의 모든 데이터는 개인 PC와 정보 시스템 부서의 대형 시스템 내에 저장되어 있으므로 기업의 정보 시스템에 저장되어 있는 데이터베이스를 분석하는 것은 필수적인 과정이 되었다. 또한 기업의 대형 전산 시스템으로부터 증거 데이터를 확보하기 위하여 적절한 기법들이 연구되어야 한다. 이러한 연구는 데이터베이스를 압수·수색하는 분야와 압수된 데이터베이스를 복구하여 SQL을 이용해 분석하는 분야에서 모두 요구된다.

암호 포렌식

암호 포렌식은 문서나 시스템에서 암호를 찾아내는 포렌식 분야이다. 증거 수집에서 비인가자의 접근을 막기 위해 문서나 각종 시스템에 암호를 설정해 놓는 경우가 흔히 있다. 이러한 문서나 시스템을 열어보는 것은 쉽지 않지만, 이러한 문서나 시스템은 아주 중요한 내용을 담고 있는 경우가 많이 때문에 절대로 소홀히 할 수 없다.

침해사고 대응 포렌식

침해사고란 해킹, 컴퓨터바이러스, 논리폭탄, 메일폭탄, 서비스 거부 또는 고출력 전자기파 등의 방법으로 정보통신망 또는 이와 관련된 정보시스템을 공격하는 행위를 하여

---

27) 한컴지엠디, 모바일 포렌식 연구소, http://www.hancomgmd.com

발생한 사태를 말한다. 침해사고를 조기에 탐지하여 신속대응의 기반을 마련하고, 피해 확산을 차단하여 피해를 최소화하고, 침해사고의 원인에 대한 근본적인 조치를 통하여 사고의 재발을 방지하기 위해서는, 피해시스템에 대한 자료수집과 악성코드 감염여부 조사 및 해킹 침입경로 파악 등 디지털포렌식 조사과정이 요구된다.

사물인터넷 포렌식

최근 디지털포렌식은 PC 및 서버 등 전통적인 기기와 같은 저장매체의 범위를 넘어서 스마트폰, 태블릿과 같은 휴대용 스마트 단말기는 물론 자동차 시스템, 가정용 셋탑박스(Set-top Box), 스마트TV, 스마트시계, 산업용기기, 스마트 등산복과 같은 웨어러블 기기(Wearable device) 등 사물인터넷(IoT) 기기를 대상으로 그 범위가 빠르게 확대될 필요성이 요구되고 있다. 심지어 모든 디지털기기가 고성능·소형화 되면서 인간이 사용하는 디지털 장비의 대부분이 IoT 기기화 되고 있어서 이러한 IoT 기기에서 수집된 디지털 증거물이 이용자의 행위에 대한 사실관계를 규명하고 증명하는데 사용되는 사례가 급증할 것으로 예상된다. 이러한 시대적 과제를 해결하기 위해서는 포렌식 기법과 도구의 개발이 필요하다. 그러나 무엇보다도 체계적인 인재양성, 직무교육이 선행되어야 함은 물론이다.

2. 디지털포렌식의 수행과정

포렌식에서 증거를 처리하는 절차는 증거물을 획득하고, 이를 분석한 후에 보관을 하는 것이다. 증거물 보고서의 경우 증거물과 같이 제시되어야 하며, 각각의 증거물에는 꼬리표를 붙여 일련의 과정에 문제가 없음을 증명하여야 한다.

증거의 획득

조사할 디지털 저장매체와 기록정보를 식별하고, 이를 증거로서 수집하는 절차이다. 이 절차는, 범죄에 사용된 대상 컴퓨터를 압수하여 원본 데이터에서 사본 데이터를 생성하거나 휘발성 메모리의 내용을 저장하고, 백업 데이터를 찾는 등의 다양한 행위를 포함하고 있다. 증거의 획득은 디지털포렌식 수행과정 중에 가장 중요한 과정이라고 할 수 있다. 앞서 언급했듯이 위법하게 수집된 증거는 증거능력이 없을 뿐만 아니라, 해당 위법수집증거에서 파생된 증거의 증거능력도 인정받을 수 없다. 증거의 획득은 가장 먼저 수행되는 디지털포렌식 과정이기 때문에 이 과정에서 정당성의 원칙을 위반하여 위법한 행위를 할 경우, 해당 증거의 분석을 통해 확보할 수 있는 모든 증거의 증거능력이 부정되게 된다. 개별 파일의 수집 시에도 마찬가지로 주의를 기울여야 한다. 일례로 문서 파일을 잘못 클릭, 파일의 마지막 접근 시간이 변경되어 해당 증거의 증거능력을 부인한 사례도 있었다.

증거물의 획득 과정에서는 증거물 획득 절차의 무결성을 유지하기 위해서 데이터 이미징의 절차나 범죄에서 사용된 컴퓨터의 시간 확인 및 모니터 화면 사진, 실행 중인 프로세스 확인하는 경우도 있다. 특히 컴퓨터의 시간 확인에 주의를 기울여야 하는데, 실제 대상 시스템이 외국에서 사용된 경우 시간대(Time Zone)를 고려하지 않으면 정상적인 타임라인을 구성할 수 없는 경우가 생길 수도 있다. 대상 시스템의 시간을 확인하는 방법은 많으나, 일반적으로 수사관 또는 분석관의 휴대전화의 시간과 대상 시스템의 시간이 한 장의 사진에 나오도록 촬영하는 방법을 이용한다.

이러한 작업이 원활히 진행되기 위해서는 현장에 대한 정확한 사전 진단을 토대로 현장에서 수집할 데이터의 유형과 이에 적절한 행동 요령에 대해 사전 숙지하여 체계화된 디지털 증거수집 절차를 수립하고, 신뢰성이 보장되는 디지털포렌식 도구와 이를 활용할 수 있는 검증된 디지털 증거분석관의 확보가 필요하다. 사건과 관련된 디지털 증거를 수집하고 분석하는 임무를 담당하는 디지털 증거분석관은 일반 범죄를 수사하는 수사관과는 차별화된 자격조건이 요구된다. 디지털포렌식의 전 과정에 대해 이해하고 있어야 하고, 결과물인 디지털 증거에 대한 올바른 해석을 제공할 수 있어야 하며, 기본적으로 디지털포렌식 도구를 능숙하게 다룰 수 있어야 한다.

증거 분석

현장에서 획득한 증거물에 대해 분석실(Forensic Lab)로 이송하여 분석함에 있어서는 다양한 기법이 활용된다. 일반적으로 포렌식에 사용되는 프로그램들은 증거물 획득 및 분석 기능을 제공하고 있다. 분석을 수행하기 위해 우선 획득 과정에서 생성한 증거분석용 이미지 파일을 이용하여 실제 원본증거물에 존재하던 내용을 조사한다. 조사 과정에서 범죄 증거를 발견하면 파일의 분석과 확인 과정이 어떻게 되었는지 문서화가 필요하고, 이 과정에서도 원본 데이터의 무결성을 유지하면서 분석하고 분석 결과물의 신뢰성을 보장하는 것이 무엇보다 중요하다. 이러한 분석에는 범죄자의 삭제파일 복구, 은닉 및 암호화되어 있는 데이터 찾기, 파일 시스템 분석, 키워드 검색, 파일 콘텐츠 조사, 로그 분석, 통계 분석 등이 포함되어 있다.

다만 현장에서의 압수·수색과 저장매체를 압수 후 분석실로 옮겨 관련성 여부를 따져 증거화하는 과정을 압수·수색의 연장선으로 볼 것인지, 아니면 분석의 일환으로 볼 것인지 문제가 된다. 이른 바 종근당 판례 이후 선별 압수가 강조되면서, 정보저장매체 자체를 압수(하드카피 또는 이미징 등의 방법으로 압수한 경우도 동일하게 본다)한 경우, 압수한 정보저장매체에서 사건 관련 파일을 선별하는 과정도 압수·수색의 연장으로 간주하기 때문에 분석실에서 관련 부분을 식별해 내는 과정에서도 압수 현장과 마찬가지로 참여권 등이 보장되어야 할 것이다.

증거 보관
증거물로 채택되었다면 증거물의 무결성을 보증할 수 있는 환경에서 보관 및 관리하여야 한다. 일반 범죄의 경우에도 유체물 증거물의 보관 관리 과정에서도 교차 오염 등으로 인해 증거물의 훼손되어 증거능력 및 증거력을 인정받기 어려운 경우가 발생하는 일이 있듯이, 전자적 증거물도 보관 도중 물리적으로 훼손이 되거나 바이러스에 의한 파괴되거나 혹은 다른 이유로 무결성을 유지하지 못하여 조작의 의심 등을 받을 수 있는 경우가 발생할 수 있다. 그러므로 증거물의 보관을 위해 운반하는 경우 충격이나 물리적인 공격에 안전한 케이스를 이용하여야 하며, 보관할 때는 적합한 보관 장소에 보관하여야 한다. 만약 대상 시스템 자체를 압수한 경우 대상 시스템에 전원을 공급하거나 네트워크에 연결하는 경우 철저히 통제된 환경에서 수행하여야 한다. 특히 SSD(Solid State Disk)의 경우 최근 장시간 전원을 공급하지 않을 경우 내부의 전자 방출로 인해 기록된 데이터에 손상이 온다는 연구 결과[28]도 있으니 보관에 각별한 주의를 기울여야 한다.

증거 제출과 증거조사
증거물의 획득·분석 및 보관까지의 일련의 과정을 거치는 증거물에는 꼬리표를 각각 달아 어떠한 과정을 거쳤는지 문서화하여야 한다. 이러한 문서화 작업은 증거물의 획득 과정을 알 수 있도록 하여 증거물로 채택되었을 때 증거물로서의 타당성을 제공해야 한다. 특히 증거 획득, 분석과정을 전문가가 검증할 수 있는 방안으로 증거가 조작되지 않은 것을 증명할 수 있어야 한다. 전자적 증거물은 수정이 용이하기 때문에 실수가 있는 경우 정당한 증거물임에도 불구하고 의심을 받을 수 있기 때문이다. 그러므로 일련의 과정을 명백히 확인할 수 있어야 하며, 제3자의 전문가가 검증했을 때도 신뢰성을 보장할 수 있는 문서화 작업은 꼭 필요하다고 할 수 있다.

---

28) http://www.jedec.org/sites/default/files/Alvin_Cox%20%5BCompatibility%20Mode%5D_0.pdf

위 과정을 거쳐 증거로 수집된 전자적 증거물은 법정에서 범죄의 사실을 증명하는데 유용하게 사용될 것이다. 다양한 정보가 저장되어 있는 컴퓨터의 데이터에서 범죄의 사실을 증명하는 증거를 찾기는 매우 힘들 수도 있다. 특히 범죄자가 컴퓨터에 대하여 해박한 지식을 가지고 있는 경우 자신의 범죄 행위를 은닉하기 위해 다양한 기법을 이용할 것이기 때문이다. 따라서 포렌식을 연구하거나 교육을 받는 사람은 기본적인 컴퓨터의 이해와 폭넓은 사고, 그리고 증거로서의 역할을 할 수 있는 방안 등을 연구하여야 할 것이다.

제3자의 검증

전자적 증거에 대해서는 제출자가 진정성에 대해 입증하여야 한다. 진정성은 법정의 증거물이 원본과 동일하고 위·변조되지 않은 무결하다는 점을 포함하여야 한다. 진정성에 대해서는 자유로운 증명으로 족하지만 가능하면 포렌식 전문가 또는 (사)한국포렌식학회의 감정 또는 법원의 검증과정에서의 제3자의 재생·재현도 필요하다. 이를 위해 당해 전문조사관이 법정 증언을 하거나 외부 포렌식 전문가 등 제3자가 동일성을 증언할 수 있을 것이다.

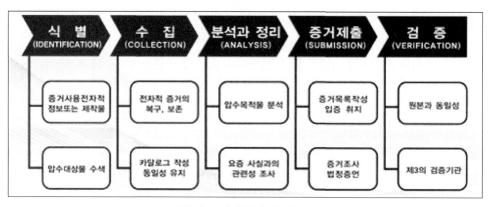

[표 2] 전자적 증거의 흐름도

미국에서는 일찍부터 이러한 포렌식 절차는 당사자의 의무라는 의식이 강해서 법정화의 필요성을 제기해 왔다. 즉, 미국의 주 법원은 Gates Rubber Co. v. Bando Chemical Industries. Ltd.[29] 사건을 통해 컴퓨터 포렌식의 중요성을 인정하면서, 포렌식에 의한 컴퓨터의 조사를 소송당사자의 법적의무라는 점을 분명히 하고 있다.

---

29) Gates Rubber Co. v. Bando Industries, Ltd., 167 F.R.D.90(D.Colo.1996)

제3장 Anti-Forensic과 형사처벌

1. 처벌의 필요성

최근 디지털포렌식 기술의 발전에 상응하여 이를 방해하는 안티 포렌식의 기술도 발전하고 있다. 이러한 안티 포렌식이라는 용어는 ① 데이터를 완전히 삭제하거나 암호화하고 은닉하는 행위, ② 데이터를 복구 불가능하게 하거나 찾을 수 없게 만드는 행위, ③ 자신에게 불리할 수 있는 증거물을 훼손하거나 차단하는 행위 등 널리 사용되고 있으나 특히 수사기관의 수사를 방해하기 위해 디지털 흔적을 숨기거나 없애는 이러한 일체의 행위를 안티 포렌식이라고 한다.

형사재판에서 공판중심주의로의 이동에 따라 법정에서 제출되는 증거의 중요성은 점차 커지고 있으며 그 증거를 수집하는 압수·수색 역시 중요성이 커지고 있다. 반면 피의자가 다양한 기술을 동원하여 자신에게 불리한 증거를 찾을 수 없도록 은닉하거나 파괴한다면 실체적 진실이 왜곡될 수 있다. 이러한 피의자의 권리는 방어권의 일환일 수는 있으나 그대로 방치할 수는 없을 것이다.

사이버 공간에서 발생하는 범죄행위에 대해 그 결과를 가지고 형사처벌하기 보다는 예방하는 것이 우선이다. 형벌은 가장 강력한 억제수단인만큼 최후수단이어야 하고, 꼭 필요한 경우에만 개입하여야 한다. 즉 형벌이외 민사적인 제재나 행정적인 규제, 경제질서벌 등으로 해결할 수 없는 상황에 개입하는 것이 상당하다. 향후 이러한 안티 포렌식에 대해서는 교육명령이나 사회봉사명령 등의 보안처분을 활용할 수도 있지만 이하에서는 증거인멸죄와 예방적 차원의 형사사법방해죄의 신설을 검토하는 정도로 그친다.

2. 증거인멸죄의 적용

(1) 내용

증거인멸·은닉·위조(변조)죄라 함은 타인의 형사사건 또는 징계사건에 관한 증거를 인멸, 은닉, 위조 또는 변조하거나, 위조 또는 변조한 증거를 사용함으로써 성립하는 범죄이다(형법 제155조 제1항). 증인을 은닉 또는 도피하게 한 자도 같이 처벌하고 있다(동법 제2항).

보호법익은 추상적 위험범이다. 무형적 방법으로 증거의 증명력을 해하는 위증죄와 달리 유형적 방법으로 증거의 증명력을 해하여 국가의 심판기능을 방해하는 범죄에 해당한다.

행위태양은 증거의 인멸·은닉·위변조하거나 위변조한 증거를 사용하는 행위다.[30] 증거의 인멸은 물질적 멸실 뿐만 아니라 그 가치와 효용을 멸실·감소시키는 일체의 행위를 말한다. 예를 들면, 안티포렌식 프로그램을 사용하여 디지털 정보를 복구할 수 없게 삭제하는 경우가 이에 속한다. 증거의 은닉은 증거를 숨기거나 그 발견을 곤란하게 하는 일체의 행위를 말한다. 증거의 위조는 타인의 형사사건 또는 징계사건에 관한 증거자체를 새로이 만들어 내는 행위이다.[31] 증거의 변조는 기존의 증거에 변경을 가하여 허위의 증거를 만들어 변작하는 것을 말한다. 위조·변조된 증거의 사용이란 위조 또는 변조된 증거를 법원 수사기관 또는 감독 기관에 진정한 증거인 것처럼 임의로 또는 요구에 따라 제공하는 행위를 말한다.

친족 또는 동거의 가족이 본인을 위하여 증거인멸행위를 범한 때에는 처벌하지 아니한다고 하여 친족 간 특례를 인정하고 있다(제155조 제4항).

(2) 본인 또는 공범자의 증거를 인멸한 경우

판례는 자기의 이익을 위한 증거인멸인 동시에 공범자에게 이익이 되는 경우에도 증거인멸죄를 부정하는 태도를 취하고 있다.

〈자신의 범죄와 공범의 증거인멸〉[32]

| 판결요지 |

증거인멸죄는 타인의 형사사건 또는 징계사건에 관한 증거를 인멸하는 경우에 성립하는 것으로서, 피고인 자신이 직접 형사처분이나 징계처분을 받게 될 것을 두려워한 나머지 자기의 이익을 위하여 그 증거가 될 자료를 인멸하였다면, 그 행위가 동시에 다른 공범자의 형사사건이나 징계사건에 관한 증거를 인멸한 결과가 된다고 하더라도 이를 증거인멸죄로 다스릴 수 없고, 이러한 법리는 그 행위가 피고인의 공범자가 아닌 자의 형사사건이나 징계사건에 관한 증거를 인멸한 결과가 된다고 하더라도 마찬가지이다.

----

30) 대법원 1998. 2. 10. 선고 97도2961 판결
31) 대법원 1995. 4. 7. 선고 94도3412; 대법원 1998. 2. 10. 선고 97도2961 판결
32) 대법원 1995. 9. 29. 선고 94도2608 판결

안티 포렌식 기법을 사용하여 자기의 이익을 위하여 증거를 인멸하였다면 설령 그 자료 안에 타인의 형사사건이나 징계사건에 관한 증거가 포함되어 있었다고 하더라도 증거인멸죄가 성립하지 아니한다고 할 것이다.

(3) 타인을 교사하여 자기의 형사사건에 관한 증거를 인멸하게 한 경우

타인을 교사하여 본인의 전자적 저장장치에 보관된 증거를 인멸하도록 하는 경우, 판례는 증거인멸죄의 교사범으로 처벌을 하고 있다.

〈자신의 범행 증거를 타인을 교사하여 인멸한 경우 교사죄 성부〉[33]

| 판결요지 |

본법 제155조 제1항의 증거인멸죄는 국가형벌권의 행사를 저해하는 일체의 행위를 처벌의 대상으로 하고 있으나 범인 자신이 한 증거인멸의 행위는 피고인의 형사소송에 있어서의 방어권을 인정하는 취지와 상충하므로 처벌의 대상이 되지 아니한다. 그러나 타인이 타인의 형사사건에 관한 증거를 그 이익을 위하여 인멸하는 행위를 하면 본법 제155조 제1항의 증거인멸죄가 성립되므로 자기의 형사사건에 관한 증거를 인멸하기 위하여 타인을 교사하여 죄를 범하게 한 자에 대하여도 교사범의 죄책을 부담케 함이 상당할 것이다.

안티 포렌식의 경우 고도의 기술을 요하는 행위여서 대부분 포렌식 전문가에게 의뢰하고 있는 실정이다. 아나로그식 증거의 경우에는 누구나 쉽게 이를 인멸할 수 있지만 안티 포렌식의 경우에는 대다수 전문가인 타인의 도움을 필요로 한다는 점에서 증거인멸죄의 교사범으로 처벌될 여지가 크다.

3. 사법방해죄의 신설

사법방해죄는 미국연방법(United State Code: U.S.C)제18장(범죄와 형사절차에 관한 규정) 제1503조는 적법한 법집행에 대한 사법방해 행위에 관한 일반조항을 두고 있다. 그 이외 증인, 피해자 또는 정보제공자에 대한 회유, 보복행위 등 연방행정부, 입법부, 사법부의 업무에 속하는 사항에 관한 방해 행위에 대해 형사처벌하는 규정을 두고 있다. 특정사건에 대하여 수사기관의 수사활동을 의도적으로 방해하거나 참고인 등의 출석 진술을 방해하거나 허위나 기망으로 수사기관을 혼란에 빠뜨리는 등의 행위도 처벌이 가능

---

33) 대법원 1965. 12. 10. 선고 65도826 전원합의체 판결; 대법원 2000. 3. 24. 선고 99도5275 판결

하다. 안티 포렌식은 형사사법의 공정한 집행에 중대한 위해가 되는 행위이다. 증거인멸죄를 구성하기 이전 단계에서 수사여부 및 수사방향 설정에 중대한 위협이 되는 이러한 안티 포렌식 행위에 대해 사법방해죄의 도입을 통해 사전예방할 필요가 있다.

제2편
전자적 증거와 법률

제1장 전자적 증거의 특성

1. 의 의

디지털포렌식의 대상은 디지털 증거(Digital Evidence)이다. 외국에서는 디지털 증거라는 표현보다 전자 증거(Electronic Evidence) 또는 전자적으로 저장된 정보(Electronic Stored Information, ESI)라는 표현을 더 많이 사용하며, 두 개의 용어를 같은 용어로 취급하기도 한다.[34] 따라서 우리나라에서도 디지털포렌식을 이야기할 때 디지털 증거와 전자 증거라는 용어를 혼용해서 사용하는 경우가 종종 있다. 하지만 엄밀히 구분하면 전자 증거라는 개념은 디지털 증거를 포괄하는 상위 개념이라고 할 수 있다. 전자적 증거에 관한 국제 조직 IOCE(International Organization on Computer Evidence)에서는 '2진수 형태로 저장 혹은 전송되는 것으로서 법정에서 신뢰할 수 있는 정보'라 하고, 전자적 증거에 관한 과학실무 그룹 SWGDE(Scientific Working Group on Digital Evidence)에서는 '디지털 형태로 저장 전송되는 증거가치 있는 정보'라 정의하고 있다.

전자적 증거라 함은 전자적으로 기록되거나 그 내용이 현출되고 있는 증거를 통틀어 말한다. 일반적으로 전자 증거는 컴퓨터의 입력장치, 연산·제어·기억장치, 출력장치 등 컴퓨터의 기본구조에 관련된 증거방법, 컴퓨터 통신에 관련된 증거방법, 디지털 방식에 의한 전자적 기억매체에 수록된 전자정보나 그 전자기억매체 내지 그 전자정보의 출력물 등을 총칭하며, 그 전자정보 전부나 일부를 복제한 자기디스크, 그 데이터를 새로이 가공처리한 데이터 내지 그와 같이 가공처리된 데이터를 저장한 자기디스크, 컴퓨터 모니터에 떠 있는 문자나 화상, 동화상, 컴퓨터 스피커에 출력되는 소리 또는 음악, 전선이나 광섬유를 통해 전자적 방식으로 이동되거나 무선방식으로 이동하는 컴퓨터 통신 데이터나 음성, 데이터베이스, 전자우편, 전자게시판에 있는 데이터 등을 일컫는 용어[35]이다. 이 범주에는 자기 테이프와 같은 매체에 기록 된 아날로그 데이터(Analog Data)도 포함된다. 때문에 전자 증거와 디지털 증거를 엄격히 구분할 필요가 있지만, 아직까지 두 용어를 혼용해서 사용하는 것이 일반적이기 때문에 이 책에서는 더 넓은 범주인 '전자적 증거'라는 용어를 사용하였다.

---

34) https://en.wikipedia.org/wiki/Digital_evidence, "Digital evidence or electronic evidence is any probate information stored or transmitted in digital form that a party to a court case may use at trial."이라고 정의하고 있다.

35) 오기두, 전자증거법, 5면, 박영사

전자적 증거의 구분

 이러한 전자적 증거는 그 특성에 따라 다양한 기준으로 구분할 수 있다. 우선, 전자적 증거 수집 차원에서 해당 증거가 전원이 꺼지면 사라지는 휘발성 증거(Volatile Evidence)인지, 전원이 꺼져도 잔존하는 비휘발성 증거(Non-volatile Evidence)인지 구분할 수 있다. 휘발성 증거로는 보통 대상 시스템의 메인 메모리(Main Memory, RAM)에 존재하는 데이터와 시스템의 구성에 관한 임시 정보 등이 있다. 메인 메모리에는 실행 중인 프로세스, 예약작업 등이 존재하며, 시스템 구성에 관한 임시 정보로는 인터넷 연결정보, 네트워크 공유정보와 같은 정보들이 있다. 휘발성 증거는 전원이 차단되면 사라지기 때문에 현장에서 바로 수집을 하지 못한다면, 아예 수집을 할 수 없게 된다. 대상 시스템이 켜져 있는 상태에서 수집을 진행하기 때문에, 휘발성 증거를 수집하는 것은 이른 바 라이브 포렌식(Live Forensic)이라고 부르기도 한다. 따라서 현장에서는 우선적으로 휘발성 증거 수집 필요성을 따져보고, 그 결과에 따라 휘발성 증거 수집 여부를 결정해야 한다.

 전자적 증거는 생성 주체가 누구인지에 따라 컴퓨터가 생성한 증거(Computer Generated Evidence, CGE)와 컴퓨터에 기록된 증거(Computer Stored Evidence, CSE)로 구분[36]하기도 한다. 이 둘을 구분하는 이유는 전문증거배제법칙(또는 전문법칙)과 관련이 있다. 전문증거(Hearsay Evidence)는 원칙적으로 증거능력이 없으며, 성립의 진정이 있는 경우에 한하여 예외적으로 그 증거능력을 인정받는다. 컴퓨터 내에 저장된 전자적 증거의 경우 해당 증거의 기록 주체가 사람인 경우 전문증거에 해당할 수 있으며, 정확하게는 진술증거 중 경험사실에 대한 기록인 경우에 한해 전문증거이고, 단순히 의사표시의 기록인 경우에는 전문증거가 아니다.[37] 기록 주체가 컴퓨터 자체인 경우에는 원본증거에 해당되어 진정 성립을 필요로 하지 않는다.

형사소송법 제310조의2(전문증거와 증거능력의 제한)

제311조 내지 제316조에 규정한 것 이외에는 공판준비 또는 공판기일에서의 진술에 대신하여 진술을 기재한 서류나 공판준비 또는 공판기일 외에서의 타인의 진술을 내용으로 하는 진술은 이를 증거로 할 수 없다.

- -

---

36) 김영철, 디지털 전문증거의 진정성립을 위한 디지털 본래증거 수집 방안 연구, 7면, 형사법의 신동향 제58호(2018. 3.)
37) 노명선/이완규, 형사소송법, 475면 참조

① 피고인이 아닌 자(공소제기 전에 피고인을 피의자로 조사하였거나 그 조사에 참여하였던 자를 포함한다. 이하 이 조에서 같다)의 공판준비 또는 공판기일에서의 진술이 피고인의 진술을 그 내용으로 하는 것인 때에는 그 진술이 특히 신빙할 수 있는 상태하에서 행하여졌음이 증명된 때에 한하여 이를 증거로 할 수 있다.

② 피고인 아닌 자의 공판준비 또는 공판기일에서의 진술이 피고인 아닌 타인의 진술을 그 내용으로 하는 것인 때에는 원진술자가 사망, 질병, 외국거주, 소재불명 그 밖에 이에 준하는 사유로 인하여 진술할 수 없고, 그 진술이 특히 신빙할 수 있는 상태하에서 행하여졌음이 증명된 때에 한하여 이를 증거로 할 수 있다.

만약 증거로 사용하고자 하는 것이 전자적 증거의 내용이 아닌, 전자적 증거의 존부 여부라면, 해당 전자적 증거는 기록 주체와 상관없이 전문증거배제법칙의 적용을 받지 않는다.

2. 전자적 증거의 특성

(1) 매체독립성

전자적 증거는 '유체물'이 아니고 각종 디지털 저장매체에 저장되어 있거나 네트워크를 통하여 전송 중인 정보 그 자체를 말한다. 즉, 전자적 증거는 매체와 독립된 정보 내용이 증거로 되는 특성을 지니고 있다. 어떠한 정보든 내용이 같다면 어느 매체에 저장되어 있든지 동일한 가치를 가진다. 즉, 컴퓨터 하드디스크에 저장되어 있는 특정한 한글 파일은 이를 USB 저장장치나 다른 하드디스크에 복사를 하더라도 동일한 가치를 가진다.

현행 형사소송법은 이러한 전자적증거의 압수·수색 방법으로 원칙적으로 이를 출력하거나 가져간 정보저장매체에 복제하는 방법으로 하고, 현저히 불가능하거나 사실상 곤란한 경우 예외적으로 이를 저장하고 있는 특수저장매체를 압수하는 방법에 의하도록 하고 있다(제106조 제3항). 그러나 전자적 상태의 정보는 저장매체와는 독립성을 가지므로 저장매체를 압수한 것만으로는 불충분하다. 매체를 압수하여 반출한 이후의 수사기관에서의 수색에 대해서는 설명하기 곤란하기 때문이다. 판례는 제3의 장소에 반출하여 수색하는 것을 압수·수색의 일련의 행위라고 하여 현장의 연장이라고 해석하고 있다.

따라서 현행 형사소송법 제106조 제3항에서 압수의 방법으로 ① 원칙적으로 관련성이 있는 부분만을 출력한 출력물 또는 ② 가져간 정보저장매체에 당해 정보를 복제하거나 ③ 예외적으로 매체 자체를 압수하는 방법만을 규정하는 것으로는 부족하다. 선별압수가 현저히 곤란한 경우 일단 제3지에 이동 후 '수색·검증' 하는 등의 다양한 형태의 증거수집 방법이 검토되어야 한다.[39]

(2) 비가시성(非可視性), 비가독성(非可讀性)

디지털 저장매체에 저장된 전자적 증거 그 자체는 사람의 지각으로 바로 인식할 수 없고, 반드시 일정한 변환절차를 거쳐 모니터 화면으로 출력되거나 프린터를 통하여 인쇄된 형태로 출력되었을 때 비로소 가시성과 가독성을 가지게 된다. 예를 들어 종이 문서의 경우 이를 제시하는 방법으로 곧바로 시현해 보일 수 있는데 반하여, 전자적 증거의 경우 컴퓨터 하드디스크를 제시하는 것만으로는 증거 내용을 인지할 수 없고, 그 내용을 판별해서 모니터 상에 나타나게 하거나 인쇄를 통하여 제시될 때 비로소 가시성·가독성을 가지게 된다.

영장의 집행과정에서 영장범죄사실과 관련성 여부를 따져보기 위해 이와 같이 컴퓨터를 작동하여 화면에 디스플레이해 보는 것은 압수·수색에 필요한 조치로서 가능하다고 한다(제120조).

---

38) 대법원 2015. 7. 16. 자 2011모1839 전원합의체 결정
39) 노명선/이완규, 형사소송법, 235면 참조

(3) 변경·삭제의 용이성(취약성)

전자적 증거는 삭제·변경 등이 용이하다. 하나의 명령만으로 하드디스크 전체를 포맷하거나 특정 파일을 삭제할 수도 있다. 또한 특정 파일을 열어보는 것만으로도, 비록 의도하지는 않았다 하더라도 파일 속성이 변경된다. 수사기관에 의한 증거조작의 가능성도 배제할 수 없으므로 여기에서 전자적 증거에 대한 무결성의 문제가 대두된다. 반면 압수·수색하는 과정에서 피압수자가 관련 정보를 삭제할 우려도 있으므로 이에 예방하기위한 신속한 조치가 필요하다. 또한 작동중인 컴퓨터에서 전원을 끄면 저장되지 않은 정보, 인쇄출력중인 정보 등은 삭제되므로 사진촬영 해 놓지 않으면 증거로 사용할 수 없게될 수도 있다. 긴급보전의 필요성에서 상당한 방법으로 사진 촬영하는 것은 적법하다는것이 판례의 입장이다.

(4) 대용량성

저장기술의 비약적 발전으로 인하여 방대한 분량의 정보를 하나의 저장매체에 모두 저장할 수 있게 되었다. 회사의 업무처리에 있어 컴퓨터의 사용은 필수적이고, 회사의 모든자료가 컴퓨터에 저장된다. 그 결과 수사기관에 의하여 컴퓨터 등이 압수되는 경우 그 업무수행에 막대한 지장을 받게 된다. 나아가 범죄사실과 관련성이 없는 사람들의 개인정보가 포함되어 있을 수가 있다는 점에서 압수수색의 범위에 대한 다툼의 여지가 항상 존재하고 있다. 압수·수색의 대상, 장소에 대한 특정의 문제, 영장범죄사실과의 관련성 심사에 있어서 종래의 일반영장과는 다른 특성을 인정할 수밖에 없을 것이다.

〈관련성 유무 판단기준〉[40]

| 판결요지 |

「압수의 대상을 압수·수색 영장의 범죄사실자체와 직접적으로 연관된 물건에 한정할 것은 아니고 압수·수색 영장의 범죄사실과 ① 기본적 사실관계가 동일한 범행 또는 ② 동종유사의 범행과 관련된다고 의심할만한 상당한 이유가 있는 범위 내에서 압수할 수 있다」고 한다.

판례는 위 판결 이후 「단순히 동종유사의 범행과 관련된다는 이유만으로 관련성이 있다고 할 수 없다」는 취지의 판결[41]을 하고 있어 주의를 요한다.

---

40) 대법원 2013. 7. 26. 선고 2013도2511 판결
41) 대법원 2017. 12. 5. 선고 2017도13458 판결

(5) 전문성

디지털 방식으로 자료를 저장하고 이를 출력하는데 많은 컴퓨터 기술과 프로그램이 사용된다. 전자적 증거의 수집과 분석에도 전문적인 기술이 사용되므로, 전자적 증거의 압수·분석 등에 있어 포렌식 전문가의 도움이 필수적이다. 여기에서 전자적 증거에 대한 신뢰성 문제가 대두된다. 특히 전문조사관의 증언능력, 사용된 포렌식 도구의 신뢰성이 문제된다.

〈조작자의 전문적 기술능력 요구〉

| 판결요지 |

속칭 '일심회 국가보안법위반' 사건 판결[42] 「법원의 검증절차에 참여하여 이를 주도적으로 진행한 증인 정○무의 전자적 정보 분석능력과 그 증언은 신뢰할 수 없으므로, 위 문건들은 독립적인 증거로 사용할 수 없다」는 변호인 측의 주장에 대해서 「이 법원의 검증조서, 증인 정○무의 증언 및 기타 이 사건 변론에 나타난 제반 사정을 종합하면, --- 피고인들 및 검사, 변호인들이 모두 참여한 가운데 이 법원의 전자법정시설 및 EnCase프로그램을 이용하여 법원의 검증절차가 이루어졌는바, 검증 당시 규격에 적합한 컴퓨터와 EnCase 프로그램을 이용하여 적절한 방법으로 검증절차가 진행되었으므로, 컴퓨터의 기계적 정확성, 프로그램의 신뢰성, 입력, 처리, 출력의 각 단계에서의 컴퓨터 처리과정의 정확성, 조작자의 전문적 기술능력 등의 요건이 구비되었다고 보이고, 달리 그 요건의 흠결을 의심하거나 신뢰성을 배척할 만한 사정은 보이지 아니하며, 위와 같은 검증절차를 거쳐, 디지털 저장매체 원본을 이미징한 파일에 수록된 컴퓨터파일의 내용이 압수물인 디지털 저장매체로부터 수사기관이 출력하여 제출한 문건들에 기재된 것과 동일하다는 점이 확인되었으므로, 앞서 본 '증거의 요지' 란에 거시된 문건들은 증거능력이 적법하게 부여되었다고 할 것이어서 변호인들의 이 부분 주장은 이유 없다」

---

(6) 네트워크 관련성

현재의 디지털 환경은 각각의 컴퓨터가 고립되어 있는 것이 아니라 인터넷을 비롯한 각종 네트워크를 통하여 서로 연결되어 있다. 전자적 증거는 공간의 벽을 넘어 전송되고 있는데, 그 결과 국내의 토지관할을 넘어서는 법집행을 어느 정도까지 인정할 것인지의 문제와 국경을 넘는 경우 국가의 주권문제까지도 연관될 수 있다. 따라서 압수수색의 장소에 관한 특정의 문제가 있고, 이를 해결하기 위해 원거리에 있는 정보를 한정된 범위에서 다운로드 받아 압수하는 제도적 정비가 필요한 부분이다.

---

42) 대법원 2011. 5. 26. 자 2009모1190 결정; 서울중앙지법 2009. 9. 11. 자 2009보5 결정

최근 우리나라 판례[43]는 원격지 압수·수색과 관련하여 전자정보의 소유자 내지 소지자를 상대로 압수·수색하는 대물적 강제처분으로서 형사소송법 해석상 허용된다고 하면서 영장에 의한 원격지, 특히 서버가 국외에 있는 경우에도 허용된다고 한다.

이와 관련하여 미국의 주목할 만한 판결을 소개하면 다음과 같다.

관할 이외의 지역의 서버 압수 방법에 관한 사례 (U.S. v. Gorshkov 2001 WL 1024026*1)

| 사실관계 |

1999년 말부터 2000년 초까지 시애틀의 인터넷 서비스 제공업체인 Speakeasy에 고난이도의 침입 및 데이터 해킹과 강도 높은 DoS공격이 이루어졌다. FBI 시애틀 지부는 이러한 공격을 제보받고 Speakeasy 외에 피해를 입은 기업이 더 있음을 파악한 후 전국적인 수사작전을 개시하고, 러시아 첼랴빈스크 지역의 '바실리 고르시코프', '알렉세이 이바노프'를 용의자로 지목하였다. 이들을 유인할 목적으로 워싱턴 대학 근처에 'Invita'라는 이름의 위장회사를 세우고, 별도의 회사인 'Sytex'와 계약하여 해킹 미끼로 쓸 네트워크 시스템을 마련한 후 이들에게 연락하여 채용을 제안하였다.

채용을 제안받은 고르시코프와 이바노프는 추후 면접에서 쉽게 해킹 시연을 할 요량으로 2000년 10월 비밀리에 완벽한 로깅 시스템을 갖춰 둔 Sytex의 시스템을 사전 공격하였다. 공격은 수 분만에 성공하여 Sytex의 시스템은 순식간에 무력화되었지만, 동시에 공격 내용은 모두 기록되었다. 이 공격 로그를 확인하여 분석한 결과 Speakeasy 등 서비스 회사들에 일전에 가해진 공격과 그 패턴이 거의 일치함을 확인할 수 있었다.

확증을 갖게 된 FBI는 이들을 시애틀의 Invita 회사로 초청하여 면접을 거쳤다. 면접에서 이들은 FBI 요원들이 보는 앞에서 해킹 시연을 실시하였고, 그 외중에 Invita에 준비된 랩탑 컴퓨터에서 러시아에 있는 자신들의 서버 tech.net.ru에 텔넷으로 접속하였다. tech.net.ru에서는 또다시 freebsd.tech.net.ru로 FTP 연결을 수립하였으며, 이를 통해 몇 개의 해킹 공격용 파일을 다운로드하는 것을 확인할 수 있었다. 해킹 시연 과정에서 이들은 tech.net.ru에 접속할 수 있는 ID(kvakin)와 패스워드(cfvlevfq)를 입력하였고 이 또한 비밀리에 설치된 키로거를 통해 기록되었다. 해킹 시연이 끝난 후 FBI는 이들을 체포하였다. 이들을 기소하기 위해서는 추가 증거가 필요하였고, FBI 특수요원은 면접 당시에 확보한 ID와 패스워드를 사용하여 tech.net.ru와 freebsd.tech.net.ru로 영장 없이 접속하여 약 2.3GB 분량의 데이터를 다운로드하였다. 하지만 영장이 없는 점을 감안하여 다운로드된 데이터는 CD-ROM에 구워서 봉인하였고 조사하지 않았으며, 다운로드가 끝나고 10일이 경과하여 영장이 발부되자 이를 개봉하여 포렌식 조사를 수행하였다. 다운로드한 데이터를 분석한 결과 각종 공격용 스크립트가 대량으로 발견되었고, 그 외에 Speakeasy를 비롯하여 다수의 인터넷 서비스 회사를 공격한 기록도 모두 확보되었다.

---

43) 대법원 2017. 11 .29. 선고 2017도9747 판결

| 판결요지 |

본건 FBI의 행위는 위급한 상황을 고려할 때 합리적이었다. Illinois v. MacArthur, 531 U.S. 326(2001)에서 판결한 것과 같이, 상당한 이유가 있었고 영장 없는 압수의 목적이 합리적인 기간 이내에 영장을 발부받으려는 동안 증거가 소실되는 것을 방지할 목적이었다면 이는 적법하다. 본건에서 FBI 요원들은 러시아의 공조가 이루어지기 전에 현지의 공범들이 증거를 파기하거나, 적어도 입수하지 못하게 할 가능성이 있으며, 간단히 현지에서 전원 케이블을 뽑거나 패스워드를 변경하는 것만으로도 데이터의 입수를 할 수 없게 될 것이라고 믿을 합리적인 이유가 있었기 때문이다. 변조용이성·취약성 등 디지털증거의 특성에 따라 증거수집을 위해 신속한 증거보전 절차의 마련이 필요하고 이를 반영한 외국의 입법례를 참조할 필요가 있고, 해당 데이터를 보관 하고 있는 사람이 범죄와 무관한 경우 그 데이터를 현존 상태 그대로 보존하게 하는 것이 데이터의 완전·무결성을 보다 빠르게 확보할 수 있고, 영업활동과 기업의 명성에 덜 침해적인 수단이 될 수 있다는 점에서 정보에 대한 보전명령제도의 도입이 절실하다. 특히 서버가 외국에 있는 경우와 같이 디지털 증거의 특성 상 현장에서 신속한 응급조치를 하지 않으면 증거인멸 등에 의해 다른 방법으로 증거수집이 어려운 경우 등 긴급한 압수·수색의 필요성이 있는 때에는 체포·구속을 전제로 하지 않는 독자적인 긴급 압수·수색 제도 마련이 필요하다고 본다.

3. 전자적 증거의 진정성

앞서 설명한 바와 같이 전자적 증거는 기존의 증거물과 달리 매체독립성(원본과 사본의 구별 곤란), 변경, 삭제의 용이성, 전문성 등을 특성으로 하고 있다. 이러한 전자적 증거의 본질적 특성과 수집 및 분석 단계에서의 특성으로 말미암아 기존의 물리적 증거물에서는 생각할 수 없는 원본성의 문제, 무결성 및 진정성의 문제 그리고 과학적인 증거인 만큼 신뢰성의 문제가 있다. 즉, 이와 같은 기술적인 문제가 해결되지 않으면 전자적 증거는 증거능력을 인정받을 수 없다.

(1) 원본성(Best Evidence)

전자적 증거는 그 자체로는 가시성, 가독성이 없으므로 가시성 있는 인쇄물로 출력하여 법원에 제출할 수밖에 없다. 미국에서는 "서면, 녹음, 사진의 내용을 증명하기 위해 다른 법률에 의하지 아니하고는 원본에 의하여 입증되어야 한다."는 최량증거원칙(The Best Evidence Rule)이 확립되어 있다. 다만, 미국 연방증거규칙 제1001조 제3호에서는 "데이터가 컴퓨터 또는 동종의 기억장치에 축적되어 있는 경우에는 가시성을 가지도록 출력한 인쇄물 또는 산출물로서 데이터의 내용을 정확히 반영하고 있다고 인정되는 것은 원본으로 본다."고 규정하고 있어 전자적 증거를 출력한 인쇄물의 원본성을 입법적으로 인정하고 있다.

우리나라에서는 전자적 증거의 출력물을 원본으로 인정할 수 있는지에 대하여 여러 학설이 나뉘어 있다. 입력되기 전의 문서인 원문서를 원본이라고 하고, 전자적 증거 및 컴퓨터에서 출력된 문서를 등본이라고 할 것인지, 전자적 증거는 원본을 추인하는 자료에 불과하고 출력된 문서가 원본이라고 볼 것인지 아니면 전자적 증거와 출력된 문서 모두가 원본이라고 할 것인지 의문이다.

다만, 현행 형사소송법은 미국과 같이 최량증거원칙을 채택하고 있지 않으므로 전자적 증거의 원본성에 대하여 다툴 실익은 많지 않다고 본다. 결국 압수한 하드디스크 등 저장매체의 원본에 저장된 내용과 출력한 문건이 동일한지 여부가 문제될 뿐이다.

(2) 동일성(Authenticity)

전자적 증거는 다른 증거와 달리 훼손·변경이 용이한 특성으로 인하여 최초 증거가 저장된 매체에서 법정에 제출되기까지 변경이나 훼손이 없어야 한다. 현재 국내 수사기관에서는 전자적 증거의 무결성을 증명하기 위하여 하드디스크 등의 저장매체를 압수한 다음 피압수자의 서명을 받아 봉인하고, 서명, 봉인과정을 비디오카메라로 녹화하고 있다. 나아가 작성자, 수신자, 생성일시 등 부가정보는 물론 증거수집단계에서부터 법원에 증거제출단계에 이르기까지 연계보관 기록(Chain of Custody)를 기록해 놓고 있다.[44]

피의자가 재판과정에서 무결성을 부정하는 경우, 이를 입증하는 것은 증거제출자인 검사의 몫이다. 우리 형사소송법은 이를 '진정성'이라고 표현하고 있다(제318조 제2항). 압수한 저장장치의 해시(Hash) 값과 이미지 파일의 해시 값을 비교하거나 영상녹화물에 의한 입증, 디지털포렌식 조사관의 법정증언 또는 법원에 검증을 신청하는 등 여러 가지 방법이 가능하다.

동일성이나 무결성 등 전자적 증거의 진정성에 관한 입증은 소송법적인 사실에 관한 증명이므로 법관의 자유로운 증명으로 족하다. 따라서 기본적으로 법관이 진정성을 인정함에 있어서 위와 같이 여러 가지 방법을 자유롭게 선택할 수 있다는 점에서 판례는 정당하다. 동일한 취지의 판례는 이어서 이른 바 'RO 사건' 판결[45]에서도 이어지고 있다.

---

44) 무결성은 디스크 또는 저장매체에 어떠한 위해도 가하지 않았다는 의미이고 동일성은 파일의 내용이 동일하다는 의미이다. 따라서 무결성은 동일성을 포함하는 넓은 개념으로 이해하고 있다.

45) 대법원 2015. 1. 22. 선고 2014도10978 판결

(3) 신뢰성(Reliability)

전자적 증거는 수집에서 분석까지의 모든 단계에서 신뢰할 수 있어야 한다. 우선 전자적 증거를 수집하고 분석하는데 사용되는 하드웨어 및 소프트웨어의 신뢰가 이루어져야 한다. 만일 소프트웨어를 통해 분석한 결과가 매번 다르다면 그 소프트웨어를 통해 나온 결과를 신뢰할 수 없을 것이다. 다음으로는 전자적 증거를 수집·분석하는 사람이 전문적인 지식을 갖추고 있어야 한다는 것이다. 전자적 증거를 수집·분석에 따른 결과는 분석하는 하드웨어나 소프트웨어보다는 분석하는 자의 전문성에 따라 분석 결과의 수준이 차이가 있을 수 있기 때문이다. 우선 전자적 증거를 수집·분석하는데 사용되는 컴퓨터는 정확하고, 프로그램은 신뢰할 수 있어야 한다.

미국 판례(United States v. Liebert, 519 F.2d 254, 547 (3rd Cir. 1975)

| 판결요지 |

미국 법원들은 EnCase 소프트웨어는 쉽게 검증되고 실증되는 상업상으로 통용되는 프로그램이라고 인정하고 있다. 이것은 상업상으로 통용되지 않는 도구이나 쉽게 시험할 수 없는 애매한 명령라인 기능을 갖는 도구와는 대조된다. 컴퓨터로 생성된 증거와 관련해서 상업상으로 통용되고 표준인 소프트웨어를 더 신뢰한다는 것은 명백하다.

많은 기관들이 EnCase 소프트웨어를 그들의 조사용 소프트웨어로 사용하기 전 그들의 연구소에서 검증하였다. 컴퓨터 포렌식 분야에서 광범위하게 사용된 EnCase 소프트웨어는 그 분야에서 광범위한 사용을 통하여 프로그램의 능력과 정확성을 검증받는 것은 진정함을 확정하는데 매우 중대한 요소로 도움이 된다.

한편 디지털포렌식 전문가는 거짓말탐지기 검사의 경우에서와 같은 정도로 검사자에게 높은 수준의 자질을 요구할 것은 아니다. 전자적 증거 분석결과는 증거의 객관적 존재를 증명하는 것임에 반하여 거짓말탐지기 검사결과는 조사자의 주관적인 판단에 의존하는 경향이 강하기 때문이다.

| 판결요지 |

거짓말탐지기의 검사 결과에 대하여 사실적 관련성을 가진 증거로서 증거능력을 인정할 수 있으려면, 첫째로 거짓말을 하면 반드시 일정한 심리상태의 변동이 일어나고, 둘째로 그 심리상태의 변동은 반드시 일정한 생리적 반응을 일으키며, 셋째로 그 생리적 반응에 의하여 피검사자의 말이 거짓인지 아닌지가 정확히 판정될 수 있다는 세 가지 전제요건이 충족되어야 할 것이며, 특히 마지막 생리적 반응에 대한 거짓 여부 판정은 거짓말탐지기가 검사에 동의한 피검사자의 생리적 반응을 정확히 측정할 수 있는 장치이어야 하고, 질문사항의 작성과 검사의 기술 및 방법이 합리적이어야 하며, 검사자가 탐지기의 측정내용을 객관성 있고 정확하게 판독할 능력을 갖춘 경우라야만 그 정확성을 확보할 수 있는 것이므로, 이상과 같은 여러 가지 요건이 충족되지 않는 한 거짓말탐지기검사 결과에 대하여 형사소송법상 증거능력을 부여할 수는 없다.

---

46) 대법원 2005. 5. 26. 선고 2005도130 판결

제2장 전자적 증거의 규제법률의 동향

1. 배 경

현대생활에서 컴퓨터는 필수적인 생활수단이 되어 있다. 그런 만큼 컴퓨터를 이용하거나 이를 수단으로 하여 범행을 저지르는 경우가 있고, 권한 없이 네트워크에 접속하는 방법 이외에도 사이버 공간에서의 새로운 형태의 범죄도 등장하고 있다. 이러한 컴퓨터 범죄는 컴퓨터가 갖는 제반 특성 즉, 대량성, 익명성, 변조용이성, 네트워크성, 전문성 등을 갖고 있으므로, 기존의 수사방식으로는 해결할 수 없는 일정한 한계가 있다고 할 것이다. 특히 컴퓨터는 네트워크로 연결되어 있어서 관할의 문제, 국경의 문제 등도 제기되고 있다. 현행 법률은 이러한 컴퓨터 범죄의 특성에 맞도록 실체법적, 절차법적 양면에서 기존의 법률을 수정, 보완해 가고 있다.

2. 실체법적인 규제

먼저, 실체법적인 측면에서 새로운 범죄 유형을 법률로 처벌하는 규정을 마련하고 있다. 컴퓨터, 모바일 등 특수매체를 통해 이루어지는 네트워크는 일상생활에서 통신수단을 넘어 거의 모든 법률 행위의 수단이 되고 있다. 최근에는 통신 수단으로서 대화 내용을 권한 없이 침해하는 등 통신내용의 완전성을 침해하는 행위(무단 접속, 전자기록 파괴 등), 통신 내용이 음란성을 띠거나 폭력의 매개체로 이용되는 통신 내용의 건전성을 침해하는 행위(음란물 유포, 도박 행위, 협박 메일의 계속적인 발신 행위, 사이버 명예훼손 등), 경제 거래의 안전성을 침해하는 행위(컴퓨터이용사기) 등에 대해 새로운 범죄구성 요건과 처벌 규정을 신설해 가고 있다.

이와 같이 특수기록매체나 전자정보를 공격의 수단으로 이용하거나 대상으로 하는 범죄를 흔히 사이버 범죄[47]라고 통칭하고 있다. 이러한 사이버 범죄에는 다음의 4종류의 범죄가 있다.

---

47) 고도정보통신 네트워크를 이용한 범죄나 컴퓨터 또는 전자적 기록을 대상으로 한 범죄 등의 정보기술을 이용한 범죄를 말한다.

첫 번째는 악성프로그램의 전달·유포에 관한 범죄이다.

정당한 사유 없이 정보통신시스템, 데이터 또는 프로그램 등을 훼손·멸실·변경·위조하거나 그 운용을 방해할 수 있는 프로그램을 '악성프로그램' 또는 컴퓨터 바이러스라고 한다. 이러한 악성프로그램을 전달·유포하는 범죄가 이에 해당한다. 예를 들면, 타인의 컴퓨터의 데이터를 파괴하기 위하여 컴퓨터 바이러스를 전달하거나 인터넷에 사정을 모르는 사람에게 바이러스를 유포하는 행위 등이다. 사이버 범죄의 가장 기본이 되는 행위라고 할 수 있다. 다만 이러한 악성프로그램을 작성하는 그 자체 행위에 관한 처벌규정이 없는 점은 아쉽다.

두 번째는 정보통신망에의 침입하는 범죄이다.

정당한 접근권한 없이 또는 허용된 접근권한을 넘어 정보통신망에 침입하는 범죄이다. 예를 들면, 타인의 ID·패스워드를 악용하거나 컴퓨터 프로그램의 결함을 이용하여 본래 접근 권한이 없거나 그 권한을 넘어 컴퓨터를 사용하는 범죄이다. ID·패스워드의 부정 취득을 위해 피싱행위[48], 피싱 메일의 송신행위, 악성바이러스 유포 등은 금지된다.

세 번째는 컴퓨터 및 전자적 기록을 공격대상으로 하는 범죄이다.

컴퓨터손괴 등 업무 방해죄·컴퓨터사용사기 범죄 등이다. 예를 들면, 정보통신망의 안정적 운영을 방해할 목적으로 대량의 신호 또는 데이터를 보내거나 부정한 명령을 처리하도록 하는 등의 방법으로 정보통신망에 장애를 발생하게 행위, 홈페이지의 데이터를 무단으로 재 작성하는 행위, 금융 기관 등의 온라인 단말기를 부정 조작하여 무단으로 타인의 계좌에서 자신의 계좌에 예금을 옮기는 행위 등을 말한다.

네 번째는 네트워크 이용 범죄를 말한다.

범죄구성요건에 해당하는 행위로서 인터넷 등을 통해 저지르거나 구성요건에 해당하는 행위는 아니지만, 범죄의 실행에 필수적인 수단으로 인터넷 등을 이용한 범죄이다. 예를 들면, ① 홈페이지에서 타인을 비방, 중상하는 명예 훼손 사건, ② 전자 게시판 등에서 범행을 예고하는 협박 사건, ③ 인터넷 경매사기 사건, ④ 전자 게시판에 판매 광고를 게시하고 마약을 불법 거래하는 사건, ⑤ 외설 도화·아동 포르노 등을 불특정의 사람에게 열람하게 하는 사건 등이다.

---

48) 피싱은 은행이나 신용 카드 회사 등의 기업을 가장하여 홈페이지와 이메일을 이용하여 개인 금융 정보를 알아내려고 하는 수법이다. 예시로는 ① ID·패스워드를 훔치기 위해 금융 기관 등을 가장하여 '고객회원정보 의 갱신에 관하여' 등의 사이트를 구축한다. ② 금융 기관 등을 가장하여 ID·패스워드 등을 입력시키는 내용 의 메일을 송신한다. ③ 금융기관 등으로부터의 정규 안내 메일로 오인 시켜서 ID·패스워드 등을 입력시켜 서 취득하는 행위 등이다.

기본적으로 현행 형법상 '전자정보'에 관한 형사 처벌 규정을 마련하고 있는 대상범죄를 정리해 보면 다음과 같다. 다만 개인정보보호관련 규정은 제2편에서 별도로 다룬다.

〈표 3〉 형법상 전자정보나 특수매체기록 관련 범죄

	대상범죄	조문 내용
전자기록 자체를 보호 대상으로 하는 범죄	공용서류 등의 무효, 공용물의 파괴죄(제141조)	공무소에서 사용하는 서류 기타 물건 또는 전자기록등 특수매체기록을 손상 또는 은닉하거나 기타 방법으로 그 효용을 해한 자는 7년 이하의 징역 또는 1천만원 이하의 벌금에 처한다.
	공전자기록 위작·변작죄 (제277조의2)	사무처리를 그르치게 할 목적으로 공무원 또는 공무소의 전자기록등 특수매체기록을 위작 또는 변작한 자는 10년 이하의 징역에 처한다.
	공정증서 원본 등의 부실기재죄 (제228조)	공무원에 대하여 허위신고를 하여 공정증서원본 또는 이와 동일한 전자기록등 특수매체기록에 부실의 사실을 기재 또는 기록하게 한 자는 5년 이하의 징역 또는 1천만원 이하의 벌금에 처한다.
	위조등 공문서의 행사 (제229조)	제225조 내지 제228조의 죄에 의하여 만들어진 문서, 도화, 전자기록등 특수매체기록, 공정증서원본, 면허증, 허가증, 등록증 또는 여권을 행사한 자는 그 각 죄에 정한 형에 처한다.
	사전자기록 위작·변작죄 (제232조의2)	사무처리를 그르치게 할 목적으로 권리·의무 또는 사실증명에 관한 타인의 전자기록등 특수매체기록을 위작 또는 변작한 자는 5년 이하의 징역 또는 1천만원 이하의 벌금에 처한다.
	위조사문서 등의행사죄 (234조)	제231조 내지 제233조의 죄에 의하여 만들어진 문서, 도화 또는 전자기록등 특수매체기록을 행사한 자는 그 각 죄에 정한 형에 처한다.
	업무방해죄 (제314조)	컴퓨터등 정보처리장치 또는 전자기록등 특수매체기록을 손괴하거나 정보처리장치에 허위의 정보 또는 부정한 명령을 입력하거나 기타 방법으로 정보처리에 장애를 발생하게 하여 사람의 업무를 방해한 자도 제1항의 형과 같다.
	재물손괴죄 (제366조)	타인의 재물, 문서 또는 전자기록등 특수매체기록을 손괴 또는 은닉 기타 방법으로 기 효용을 해한 자는 3년이하의 징역 또는 700만원 이하의 벌금에 처한다.

내용 자체를 보호 대상 으로 하는 범죄	공무상비밀표시 무효죄 (제140조)	공무원이 그 직무에 관하여 봉함 기타 비밀장치한 문서, 도화 또는 전자기록등 특수매체기록을 기술적 수단을 이용하여 그 내용을 알아낸 자도 제1항의 형과 같다.
	전자기록비밀침 해죄 (제316조제2항)	봉함 기타 비밀장치한 사람의 편지, 문서, 도화 또는 전자기 록등 특수매체기록을 기술적 수단을 이용하여 그 내용을 알 아낸 자도 제1항의 형과 같다.
	컴퓨터등 사용사기죄 (제347조의2)	컴퓨터등 정보처리장치에 허위의 정보 또는 부정한 명령을 입력하거나 권한 없이 정보를 입력·변경하여 정보처리를 하 게 함으로써 재산상의 이익을 취득하거나 제3자로 하여금 취 득하게 한 자는 10년 이하의 징역 또는 2천만원 이하의 벌금 에 처한다.

한편 이러한 형법전 이외 사이버 공간에서 이루어지는 각종 성범죄(음란물 유포, 인터 넷상 성매매 및 인신매매), 개인정보침해, 사이버 사기(온라인 타인사칭, 사이버카드 깡 등), 사이버 명예훼손, 사이버 폭력, 사이버 도박, 사이버테러(해킹, 스키밍, 악성프로 그램의 유포, 인터넷 피싱)등의 범죄가 계속되고 있고 이를 규정하고 있는 특별형법도 날 로 증가하고 있다.

정보통신망 상의 형사처벌 규정을 정리해 보면 대충 다음과 같다.

〈표 4〉특별 형법 개요

법률명			조문 내용		비고
정보 통신 망법	통신 수단의 완전성을 침해하는 범죄	제71조 제11호 (비밀 침해죄)	정보통신망을 통하여 타인의 정보를 훼손하거나 타인의 비밀을 침해·도용 또는 누설한 자.	5년 이하 징역 또는 5천만원 이하 벌금	
		제70조의2 (악성 프로그램 유포죄)	정당한 사유 없이 정보통신 시스템, 데이터 또는 프로그램 등을 훼손·멸실·변경·위조하거나 그 운용을 방해할 수 있는 프로그램(이하 '악성프로그램'이라 한다)을 전달 또는 유포한 자.	7년 이하 징역 또는 7천만원 이하 벌금	
		제71조 제1항 제9호 (정보통신 망불법 침입죄)	정당한 접근권한 없이 또는 허용된 접근권한을 넘어 정보통신망에 침입한 자.	5년 이하 징역 또는 5천만원 이하의 벌금	
		제74조 제1항 제6호 (스팸메일)	정보통신망을 이용하여 이 법 또는 다른 법률에서 금지하는 재화 또는 서비스에 대한 광고성 정보를 전송한 자.	1년 이하 징역 또는 1천만원 이하 벌금	
	통신 수단의 건전성 침해에 관한 범죄	제70조 (명예 훼손죄)	① 사람을 비방할 목적으로 정보통신망을 통하여 공공연하게 사실을 드러내어 다른 사람의 명예를 훼손한 자.	3년 이하 징역이나 금고 또는 2천만원 이하 벌금	반의 사불 벌죄 (제3항)
			② 사람을 비방할 목적으로 정보통신망을 통하여 공공연하게 거짓의 사실을 드러내어 다른 사람의 명예를 훼손한 자.	7년 이하 징역, 10년 이하 자격 정지 또는 5천만원 이하 벌금	

정보 통신 망법	통신 수단의 건전성 침해에 관한 범죄	제74조 제 1항 제2호 (음란물 배포죄)	정보통신망을 통하여 음란 한 부호·문언·음향·화상 또는 영상을 반복적으로 상 대방에게 도달하게 한 자.	1년 이하 징역 또는 1천만원 이하 벌금	
		제74조 제 1항 제3호 (스토킹· 사이버 폭력)	정보통신망을 통하여 공포 심이나 불안감을 유발하는 부호·문언·음향·화상 또는 영상을 반복적으로 상대방 에게 도달하게 한 자.	1년 이하 징역 또는 1천만원 이하 벌금	
성폭력범죄의 처벌 등에 관한 특례법		제13조 (통신매체 이용 음란행위)	자기 또는 다른 사람의 성적 욕망을 유발하거나 만족시 킬 목적으로 전화, 우편, 컴 퓨터, 그 밖의 통신매체를 통 하여 성적 수치심이나 혐오 감을 일으키는 말, 음향, 글, 그림, 영상 또는 물건을 상대 방에게 도달하게 한 자.	2년 이하 징역 또는 500만원 이하 벌금	친 고 죄
		제14조 (카메라 등 이용촬영)	① 카메라나 그 밖에 이와 유 사한 기능을 갖춘 기계장치 를 이용하여 성적 욕망 또는 수치심을 유발할 수 있는 다 른 사람의 신체를 그 의사에 반하여 촬영한 자.	5년 이하 징역 또는 3천만원 이하 벌금	
			② 촬영물 또는 복제물을 반 포·판매·임대·제공 또는 공공연하게 전시·상영한 자 또는 제1항의 촬영이 촬영 당시에는 촬영대상자의 의 사에 반하지 아니한 경우에 도 사후에 그 촬영물 또는 복 제물을 촬영대상자의 의사 에 반하여 반포 등을 한 자.		

성폭력범죄의 처벌 등에 관한 특례법	제14조 (카메라 등 이용 촬영)	③ 영리를 목적으로 촬영대상자의 의사에 반하여 「정보통신망 이용촉진 및 정보보호 등에 관한 법률」 제2조제1항제1호의 정보통신망(이하 '정보통신망'이라 한다)을 이용하여 제2항의 죄를 범한 자.	7년 이하의 징역
전기통신 사업법	제94조	1. 제79조제1항[49]을 위반하여 전기통신설비를 파손하거나 전기통신설비에 물건을 접촉하거나 그 밖의 방법으로 그 기능에 장해를 주어 전기통신의 소통을 방해한 자.	5년 이하 징역 또는 2억원 이하 벌금
		2. 제83조제2항[50]을 위반하여 재직 중에 통신에 관하여 알게 된 타인의 비밀을 누설한 자.	
		3. 제83조제3항[51]을 위반하여 통신자료제공을 한 자 및 그 제공을 받은 자.	

---

49) 제79조 ① 누구든지 전기통신설비를 파손하여서는 아니 되며, 전기통신설비에 물건을 접촉하거나 그 밖의 방법으로 그 기능에 장해를 주어 전기통신의 소통을 방해하는 행위를 하여서는 아니 된다.

50) 제83조 ② 전기통신업무에 종사하는 자 또는 종사하였던 자는 그 재직 중에 통신에 관하여 알게 된 타인의 비밀을 누설하여서는 아니 된다.

51) 제83조 ③ 전기통신사업자는 법원, 검사 또는 수사관서의 장(군 수사기관의 장, 국세청장 및 지방국세청장을 포함한다. 이하 같다), 정보수사기관의 장이 재판, 수사(「조세범 처벌법」 제10조제1항·제3항·제4항의 범죄 중 전화, 인터넷 등을 이용한 범칙사건의 조사를 포함한다), 형의 집행 또는 국가안전보장에 대한 위해를 방지하기 위한 정보수집을 위하여 다음 각 호의 자료의 열람이나 제출(이하 "통신자료제공"이라 한다)을 요청하면 그 요청에 따를 수 있다.
1. 이용자의 성명
2. 이용자의 주민등록번호
3. 이용자의 주소
4. 이용자의 전화번호
5. 이용자의 아이디(컴퓨터시스템이나 통신망의 정당한 이용자임을 알아보기 위한 이용자 식별부호를 말한다)

정보통신기반 보호법	제28조	제12조[52]의 규정을 위반하여 주요정보통신기반시설을 교란·마비 또는 파괴한 자.	10년 이하 징역 또는 1억 원 이하 벌금	
	제29조	제27조[53]의 규정을 위반하여 비밀을 누설한 자.	5년 이하 징역, 10년 이하 자격정지 또는 5천만원 이하 벌금	
물류정책 기본법[54]	제71조	① 제33조제1항[55]을 위반하여 전자문서를 위작 또는 변작하거나 그 사정을 알면서 위작 또는 변작된 전자문서를 행사한 자.	10년 이하 징역 또는 1억원 이하 벌금	

---

6. 이용자의 가입일 또는 해지일

52) 제12조 (주요정보통신기반시설 침해행위 등의 금지) 누구든지 다음 각호의 1에 해당하는 행위를 하여서는 아니된다.
 1. 접근권한을 가지지 아니하는 자가 주요정보통신기반시설에 접근하거나 접근권한을 가진 자가 그 권한을 초과하여 저장된 데이터를 조작·파괴·은닉 또는 유출하는 행위
 2. 주요정보통신기반시설에 대하여 데이터를 파괴하거나 주요정보통신기반시설의 운영을 방해할 목적으로 컴퓨터바이러스·논리폭탄 등의 프로그램을 투입하는 행위
 3. 주요정보통신기반시설의 운영을 방해할 목적으로 일시에 대량의 신호를 보내거나 부정한 명령을 처리하도록 하는 등의 방법으로 정보처리에 오류를 발생하게 하는 행위

53) 제27조 (비밀유지의무) 다음 각 호의 어느 하나에 해당하는 기관에 종사하는 자 또는 종사하였던 자는 그 직무상 알게 된 비밀을 누설하여서는 아니된다. 다만, 다른 법률에 특별한 규정이 있는 경우에는 그러하지 아니하다.
 1. 제3조에 따른 위원회 및 실무위원회
 2. 제9조제3항의 규정에 의하여 주요정보통신기반시설에 대한 취약점 분석·평가업무를 하는 기관
 3. 제13조의 규정에 의하여 침해사고의 통지 접수 및 복구조치와 관련한 업무를 하는 관계기관 등
 4. 제16조제1항 각호의 업무를 수행하는 정보공유·분석센터

54) 구화물유통촉진법

55) 제33조 ① 누구든지 종합물류정보망 또는 제32조제1항의 전자문서를 위작(위작) 또는 변작(변작)하거나 위작 또는 변작된 전자문서를 행사하여서는 아니 된다.

물류정책 기본법	제71조	② 제33조제2항[56]을 위반하여 종합물류정보망 또는 국가물류통합데이터베이스에 의하여 처리·보관 또는 전송되는 물류정보를 훼손하거나 그 비밀을 침해·도용 또는 누설한 자.	5년 이하 징역 또는 5천만원 이하 벌금	
		③ 제33조제5항[57]을 위반하여 종합물류정보망 또는 국가물류통합데이터베이스의 보호조치를 침해하거나 훼손한 자.	3년 이하 징역 또는 3천만원 이하 벌금	
전자무역 촉진에 관한 법률	제30조 제1항	1. 제20조제1항[58]의 규정을 위반하여 전자무역기반사업자·전자무역문서송수신업자·무역업자·무역관계기관의 컴퓨터파일에 기록된 전자무역문서 또는 데이터베이스에 입력된 무역정보를 위조 또는 변조하거나 위조 또는 변조된 전자무역문서 또는 무역정보를 행사한 자.	10년 이하 징역 또는 1억원 이하 벌금	미수범처벌

56) 제33조 ② 누구든지 종합물류정보망 또는 국가물류통합데이터베이스에 따라 처리·보관 또는 전송되는 물류정보를 훼손하거나 그 비밀을 침해·도용(도용) 또는 누설하여서는 아니 된다.

57) 제33조 ⑤ 누구든지 불법 또는 부당한 방법으로 제4항에 따른 보호조치를 침해하거나 훼손하여서는 아니 된다.

58) 제20조 ① 누구든지 전자무역기반사업자, 무역업자로부터 전자무역문서의 송수신 업무를 위탁받은 자(이하 "전자무역문서송수신업자"라 한다), 무역업자 및 무역관계기관의 컴퓨터파일에 기록된 전자무역문서 또는 데이터베이스에 입력된 무역정보를 위조 또는 변조하거나 위조 또는 변조된 전자무역문서 또는 무역정보를 행사하여서는 아니 된다.

전자무역 촉진에 관한 법률	제30조 제1항	2. 제20조제2항[59]의 규정을 위반하여 전자무역기반사업자의 컴퓨터 등 정보처리장치에 거짓 정보 또는 부정한 명령을 입력하여 정보처리가 되게 하는 등의 방법으로 제17조제1항[60]의 증명서가 발급되게 한 자.	10년 이하 징역 또는 1억원 이하 벌금	미 수 범 처 벌
	제31조	2. 제20조제3항[61]의 규정을 위반하여 전자무역기반사업자·전자무역문서송수신업자·무역업자·무역관계기관의 컴퓨터파일에 기록된 전자무역문서 또는 데이터베이스에 입력된 무역정보를 훼손하거나 그 비밀을 침해한 자.	5년 이하 징역 또는 5천만원 이하 벌금	
신용정보의이용 및보호에관한법률	제50조 제2항	5. 권한 없이 제19조제1항[62]에 따른 신용정보전산시스템의 정보를 변경·삭제하거나 그 밖의 방법으로 이용할 수 없게 한 자 또는 권한 없이 신용정보를 검색·복제하거나 그 밖의 방법으로 이용한 자.	5년 이하 징역 또는 5천만원 이하 벌금	

---

59) 제20조 ② 누구든지 전자무역기반사업자의 컴퓨터 등 정보처리장치에 거짓정보 또는 부정한 명령을 입력하여 정보처리가 되게 하는 등의 방법으로 제17조제1항의 증명서를 발급되게 하여서는 아니 된다.

60) 제17조 ① 전자무역기반사업자가 전자무역문서의 송수신 일시 및 그 당사자 등에 관한 증명서를 발급하는 경우 그 증명서에 적힌 사항은 진정한 것으로 추정한다.

61) 제20조 ③ 누구든지 전자무역기반사업자, 전자무역문서송수신업자, 무역업자 및 무역관계기관의 컴퓨터파일에 기록된 전자무역문서 또는 데이터베이스에 입력된 무역정보를 훼손하거나 그 비밀을 침해하여서는 아니 된다.

62) 제19조 ① 신용정보회사등은 신용정보전산시스템(제25조제6항에 따른 신용정보공동전산망을 포함한다. 이하 같다)에 대한 제3자의 불법적인 접근, 입력된 정보의 변경·훼손 및 파괴, 그 밖의 위험에 대하여 대통령령으로 정하는 바에 따라 기술적·물리적·관리적 보안대책을 수립·시행하여야 한다.

전자문서 및 전자거래 기본법	제43조 (벌칙)	1. 제31조의12제1항[63]을 위반하여 공인전자문서센터에 보관된 전자문서나 그 밖의 관련 정보를 위조 또는 변조하거나 위조 또는 변조된 정보를 행사한 자. 2. 제31조의12제2항[64]을 위반하여 공인전자문서센터의 정보처리시스템에 거짓 정보나 부정한 명령을 입력하는 등의 방법으로 제31조의7제2항[65]에 따른 증명서가 거짓으로 발급되게 한 자.	10년 이하의 징역 또는 1억원 이하의 벌금	
	제44조 (벌칙)	1. 제31조의12제3항[66]을 위반하여 공인전자문서센터에 보관된 전자문서나 그 밖의 관련 정보를 멸실 또는 훼손하거나 그 비밀을 침해한 자.	5년 이하의 징역 또는 5천만원 이하의 벌금	

---

63) 제31조의12 ① 누구든지 공인전자문서센터에 보관된 전자문서나 그 밖의 관련 정보를 위조 또는 변조하거나 위조 또는 변조된 정보를 행사하여서는 아니 된다.

64) 제31조의12 ② 누구든지 공인전자문서센터의 정보처리시스템에 거짓 정보나 부정한 명령을 입력하는 등의 방법으로 제31조의7제2항에 따른 증명서가 거짓으로 발급되게 하여서는 아니 된다.

65) 제31조의7 ② 공인전자문서센터가 해당 공인전자문서센터에 보관된 전자문서의 보관 사실, 작성자, 수신자 및 송신·수신 일시 등에 관한 사항에 대한 증명서를 대통령령으로 정하는 방법 및 절차에 따라 발급한 경우에 그 증명서에 적힌 사항은 진정한 것으로 추정한다.

66) 제31조의12 ③ 누구든지 공인전자문서센터에 보관된 전자문서나 그 밖의 관련 정보를 멸실 또는 훼손하거나 그 비밀을 침해하여서는 아니 된다.

| 전자문서 및 전자
거래 기본법 | 제44조
(벌칙) | 2. 제31조의12제4항[67]을 위반하여 직무상 알게 된 전자문서의 내용이나 그 밖의 관련 정보의 내용을 누설하거나 자신이 이용하거나 제3자로 하여금 이용하게 한 공인전자문서센터의 임원 또는 직원이거나 임원 또는 직원이었던 자.

3. 제37조의2[68]를 위반하여 직무상 알게 된 비밀을 타인에게 누설하거나 직무상 목적 외의 용도로 사용한 자. | 5년 이하의
징역 또는
5천만원
이하의 벌금 | |

앞서 언급한 대로 이러한 특별형법 중에서 형법에 편입할 수 있는 범죄는 무엇인지를 검토하고, 처벌의 공백이 생길 수 있는 행위에 대해서는 신설 규정을 마련하는 등으로 입법적 보완을 모색할 필요가 있다.

그러나 이러한 형사적 제재는 최후적인 수단으로서 필요최소한에 그쳐야 한다. 다른 행정 제재수단 등을 동원하되, 그럼에도 불구하고 시정되지 않는 단계에서 최종적으로 형법이 개입하여야 한다는 것이다. 이를 형벌의 보충성, 최소성이라 한다.

그렇다고 하여 언제든지 사후 책임만을 형사처벌하라는 것은 아니다. 형벌의 규범력을 강화하기 위해 사전적인 단계에서도 절차위배 등을 들어 형사 처벌하는 규정이 늘고 있는 것도 현실이다. 그래서 가능하면 최종적인 수단으로 하라는 정도로 이해하면 충분할

---

67) 제31조의12 ④ 공인전자문서센터의 임원 또는 직원이거나 임원 또는 직원이었던 사람은 직무상 알게 된 전자문서의 내용이나 그 밖의 관련 정보의 내용을 누설하거나 자신이 이용하거나 제3자로 하여금 이용하게 하여서는 아니 된다.

68) 제37조의2(비밀유지) 위원회의 분쟁조정 업무에 종사하는 자 또는 종사하였던 자는 그 직무상 알게 된 비밀을 타인에게 누설하거나 직무상 목적 외의 용도로 사용하여서는 아니 된다. 다만, 다른 법률에 특별한 규정이 있는 경우에는 그러하지 아니하다.

것이다. 형벌은 그 구성요건과 형벌의 내용을 사전에 법률로 엄하게 규정하여야 한다. 이를 죄형법정주의라고 한다. 이러한 죄형법정주의의 파생원칙으로서 관습형법금지의 원칙, 유추해석금지의 원칙, 소급효금지의 원칙, 명확성의 원칙, 적정성의 원칙 등이 거론되고 있다. 모든 부정행위를 형사 처벌할 수는 없다. 컴퓨터 범죄를 예방하기 위한 최선의 방법은 부정접속행위에 대한 직접적인 형사 처벌규정을 두는 것이다. 이에 대해서는 사이버범죄 방지조약에서 형사 처벌하도록 각국에 권고하고 있고, 우리도 이에 대한 처벌 규정을 두고 있다. 그 이전 단계라고 할 수 있는 해킹침해용 악성코드를 제작·유포하는 행위에 대해서는 각국의 입법 정책에 따라 각기 다른 입장을 취하고 있다. 우리나라는 악성코드 유포행위는 처벌하고 있지만 바이러스 제작 그 자체에 대해서는 처벌규정을 두고 있지 않다.[69]

EU사이버범죄 방지조약 원문   악성프로그램에 관한 조항

| 법조문 |

제6조 (장치의 남용)

1. 각 당사국은 다음의 행위가 권한 없이 고의로 이루어진 경우에는 국내법상 범죄로 하는데 필요한 입법 및 그 밖의 조치를 취해야 한다.

a. 제2조 내지 제5조의 범죄를 행할 목적으로 다음 ①과 ②에 기재된 장치 또는 데이터를 생산, 판매, 이용을 위한 조달, 수입, 배포 또는 이용 가능한 행위

① 주로 제2조 내지 제5조의 범죄를 행할 의도로 고안되고 개조된 컴퓨터프로그램을 포함하는 장치

② 컴퓨터 시스템의 전부 또는 일부에 접속할 수 있는 컴퓨터 비밀번호, 접속코드, 또는 유사한 데이터

b. 제2조 내지 제5조의 범죄를 행할 의도로 위의 전호의 ①과 ②에서 열거된 장치나 데이터를 소지하는 행위. 당사국은 형사책임을 부과하기 전에 그러한 장치나 데이터의 소지를 법으로 정할 수 있다.

2. 제1항에 열거된 장치나 데이터의 생산, 판매, 이용을 위한 조달, 수입, 배포 또는 이용 가능한 행위나 소지가 컴퓨터 시스템의 권한을 부여받은 점검이나 보호와 같이 조약 제2조 내지 제5조의 범죄를 행할 목적이 아닌 경우에는 제6조는 형사책임을 부과하는 것으로 해석되어서는 아니된다.

3. 각 당사국은 본조 제1항 a호 ②에 규정한 항목들의 판매, 배포 또는 이용 가능한 행위에 관계되지 아니한 경우에 한해서 동조 제1항을 적용하지 않을 권리를 유보할 수 있다.

---

69) 제48조(정보통신망 침해행위 등의 금지) 제2항 누구든지 정당한 사유 없이 정보통신시스템, 데이터 또는 프로그램 등을 훼손·멸실·변경·위조하거나 그 운용을 방해할 수 있는 프로그램(이하 "악성프로그램"이라 한다)을 전달 또는 유포하여서는 아니 된다. 제70조의2(벌칙) 제48조 제2항을 위반하여 악성프로그램을 전달 또는 유포하는 자는 7년 이하의 징역 또는 7천만원 이하의 벌금에 처한다.

바이러스 제작행위는 해킹의 예비단계에 불과하기 때문이라는 주장이 강하지만, 그것이 불법적인 목적성을 가질 때에는 비록 예비단계라도 처벌하는 규정을 두는 것이 바람직하다. 물론 학문 연구 목적이라면 처벌할 수 없다는 예외적인 조치도 필요함은 물론이다.

3. 절차법적인 규제

절차법적으로도, 국가기관이 강제 처분하는 경우에는 사전에 법률로 정한 요건과 절차에 따르지 않으면 안 된다. 이를 강제처분법정주의라고 한다. 강제처분과 임의처분의 구분에 관해서는 종래 물리적인 침해가 수반되는지 여부에 따라 일응의 기준이었다(물리적 침해기준설).

통신내용의 감청이나 은행계좌 내역의 추적 등은 영장을 요구하고 있다. 최근 물리적인 침입은 없더라도 법익을 침해하면 강제처분이라는 입장이 강력히 제기되고 있다(법익 침해설). 이러한 법익 침해설에 의하면 대화내용의 청취나 감청은 당연히 강제처분에 해당한다.

헌법상 이러한 국가기관의 강제처분에 대해서는 반드시 검사가 청구하고 판사가 허가한 영장에 의하도록 하고 있다(헌법 제12조). 이를 영장주의라고 한다. 이를 구체화하기 위한 법률로서 형사소송법은 사전 영장을 원칙으로 하고, 사후 영장 또는 영장주의의 예외 규정을 마련하고 있다(형사소송법 제215조 이하). 또한 영장에는 압수·수색의 대상, 장소를 명확히 특정하도록 요구하고(형사소송규칙 제107조 제1항), 범죄사실과 관련성이 인정되는 범위 내에서만 집행되어야 한다(형사소송법 제106조 제1항).

〈관련성의 의미〉[70]

| 판시사항 |

압수의 대상을 압수·수색 영장의 범죄사실자체와 직접적으로 연관된 물건에 한정할 것은 아니고 압수·수색 영장의 범죄사실과 ① 기본적 사실관계가 동일한 범행 또는 ② 동종유사의 범행과 관련된다고 의심할만한 상당한 이유가 있는 범위 내에서 압수할 수 있다.

---

70) 대법원 2015. 1. 16. 선고 2013도710 판결

| 판시사항 |

① 범죄사실과 직·간접적으로 관련성이 없거나 피의자와 관계가 없는 자들에 대한 정보가 기록되어 있는 플로피 디스크, 휴대전화 등 전자저장매체의 압수는 물론 수사기관 사무실에서 복제하거나 출력하는 과정에서 영장범죄사실과 무관한 것은 압수가 부정된다. [71]
② 피의자 甲에 대한 영장범죄사실로 발부받은 영장의 집행과정에서 甲의 혐의사실과 무관한 乙·丙사이의 대화가 녹음된 녹음파일을 압수한 것은 영장주의에 위반한 절차위법이 있다. [72]

| 판시사항 |

피고인을 전화사기죄로 긴급체포하면서 피고인의 지갑 속에 있던 타인의 주민등록증을 압수한 것에 대해서 압수 당시 전화사기죄의 수사에 필요한 범위 내의 것으로서 전화사기 범행과 관련된다고 의심할 만한 상당한 이유가 있었다고 보이므로 적법하다고 하여 이를 점유이탈물횡령죄의 증거로 사용할 수 있다고 한다.

한편 전자적증거의 압수·수색에 대해서는 형사소송법상 유일하게 1개 조문 만을 두고 있어 문제가 있다. 즉「법원은 압수의 목적물이 컴퓨터용디스크, 그 밖에 이와 비슷한 정보저장매체(이하 이 항에서 '정보저장매체등'이라 한다)인 경우에는 기억된 정보의 범위를 정하여 출력하거나 복제하여 제출받아야 한다. 다만, 범위를 정하여 출력 또는 복제하는 방법이 불가능하거나 압수의 목적을 달성하기에 현저히 곤란하다고 인정되는 때에는 정보저장매체등을 압수할 수 있다」(제106조 제3항)고 한다.

이러한 영장주의를 위반하여 수집된 증거는 위법수집증거로서 증거능력이 배제된다(위법수집증거배제법칙, 형사소송법 제308조의2).

---

71) 대법원 2011. 5. 26. 자 2009모1190 결정; 대법원 2014. 1. 16. 선고 2013도7101 판결
72) 대법원 2014. 1. 16. 선고 2013도7101 판결
73) 대법원 2008. 7. 10. 선고 2008도2245 판결

| 판시사항 |

절차조항에 따르지 않는 수사기관의 압수·수색을 억제하고 재발을 방지하는 가장 효과적인 대응책은 이를 통하여 수집한 증거는 물론 이를 기초로 하여 획득한 2차적 증거를 유죄의 증거로 삼을 수 없도록 하는 것이다.[74] 절차조항에 따르지 않는 수사기관의 압수·수색을 억제하고 재발을 방지하는 가장 효과적인 대응책은 이를 통하여 수집한 증거는 물론 이를 기초로 하여 획득한 2차적 증거를 유죄의 증거로 삼을 수 없도록 하는 것이다.[75]

컴퓨터 압수·수색의 경우에는 컴퓨터 증거가 갖는 제반 특성 즉, 대량성, 변조용이성, 전문성 등으로 인해 현장의 사정을 자세히 알지 못하는 수사기관의 입장에서는 미리 대처하기 어려운 국면이 발생하게 되고 때로는 임기응변적인 조치가 필요한 상황도 자주 발생한다.

이러한 경우 압수·수색의 장소나 대상을 사전에 엄격히 특정하지 못하거나 조사관의 사소한 실수로 증거능력을 배제하면 결정적인 단서가 증거로 사용할 수 없게 될 수도 있다. 그래서 현장 조사관의 재량을 폭넓게 인정하는 취지로 영장주의원칙을 대폭 수정해 갈 필요가 있다.

나아가 서버관리자에 대한 복사후제출명령제도, 원격지 정보의 다운로드 후 압수 방법, 플레인 뷰(Plain view) 이론의 도입, 긴급 대물처분 제도 등 새로운 압수수색 방법도 적극적으로 검토할 때가 되었다. 컴퓨터 범죄에 대해 효율적인 대처방안으로 실체법적 규율과 절차법적 방식이라는 양면에서 수사기관의 단속에 힘을 실어 줄 필요도 있다. 나아가 컴퓨터 공학은 물론 실체법과 절차법에 익숙한 전문적인 포렌식 조사관의 양성이 전제되어야 한다.

---

74) 대법원 2007. 11. 15. 선고 2007도3061판결

75) 대법원 2007. 11. 15. 선고 2007도3061판결

디지털포렌식 기초실무

제1편
디지털포렌식 일반

제1장 디지털포렌식 도구의 요구사항

넓은 의미의 디지털포렌식 도구라 함은 하드웨어 기반의 '디지털포렌식 장비'와 소프트웨어 기반의 '디지털포렌식 도구'를 총칭하는 말로, 디지털포렌식 분석 도구와 수집 도구를 통틀어 일컫는 말이다. 법정에서 디지털 증거가 증거능력을 갖기 위해서는 디지털 증거를 도출한 디지털 증거 분석 및 수집 도구의 신뢰성이 보장되어야 하며, 해당 디지털 증거 분석 및 수집 도구가 정확하고 객관적인 결과를 일관되게 산출한다는 것이 보장되어야 한다.

1. 우리나라

우리나라에서는 2008년 12월 19일 한국정보통신기술협회[1]에서는 『컴퓨터 포렌식을 위한 디지털 증거 분석도구 요구사항(Digital Evidence Analysis Tool Requirements for Computer Forensics)』을 제정하여 운영 중이다. 해당 정보통신단체표준에서 이야기하는 디지털 증거 분석도구의 일반적 요구사항은 유용성(Usability), 포괄성(Comprehensive), 정확성(Accuracy), 동일성(Deterministic), 입증 가능(Verifiable), 읽기 전용(Read-Only), 건전도 검사(Sanity Check)의 일곱 가지이다. 각 요구사항에 대한 간략한 설명은 다음과 같다.

(1) 유용성

복잡도 문제를 해결하기 위해 분석 도구는 추상화 계층에서 데이터와 조사관에게 도움을 주는 포맷을 제공해야 한다. 최소한 조사관은 경계 계층으로 정의된 추상화 계층에 엑세스해야 한다. 분석 도구는 조사관이 데이터를 부정확하게 해석하지 않도록 평문으로 그리고 정확한 포맷으로 데이터를 제시해야 한다.

(2) 포괄성

모든 증거를 식별하기 위해 조사관은 모든 출력 데이터에 접근할 수 있어야 한다.

(3) 정확성

오류 문제를 해결하기 위해 분석 도구는 출력 데이터가 정확하고 결과가 적절하게 해석될 수 있도록 오류 한계가 계산된다는 것을 보장해야 한다.

---

1) www.tta.or.kr

(4) 동일성

분석 도구의 정확성을 보장하기 위해 변형 규칙 집합과 입력이 주어지면 항상 동일한 출력을 산출해야 한다.

(5) 입증 가능

분석 도구의 정확성을 보장하기 위해 결과를 입증하는 것이 가능할 필요가 있다. 이것은 수동으로 또는 보조의 독립적인 도구 집합을 사용하여 수행된다. 그러므로 출력이 입증될 수 있도록 각 계층의 입력과 출력에 접근할 필요가 있다.

(6) 읽기 전용

필수 요건은 아니지만 이 특성은 매우 권장되는 특성이다. 디지털 매체의 특성은 데이터의 정확한 사본을 쉽게 만들 수 있기 때문에, 원본을 수정하는 도구를 사용하기 전에 사본이 만들어질 수 있다. 결과를 입증하기 위해 입력의 사본이 필요하다.

(7) 건전도 검사

모든 데이터 값은 추상화 계층에 입력으로 사용될 수 있다. 그러나 단지 몇몇 출력은 유효할 것이다. 그러므로 조사관은 유효한 출력과 유효하지 않은 출력 사이에 구별할 수 있어야 한다. 데이터 조사관을 지원하기 위해 표현 도구는 건전도 검사를 수행해야 하고 유효한 지를 표시해야 한다.

2. 미 국

미국에서는 미 상무부(United States Department of Commerce) 산하의 국가표준기술연구소(National Institute of Standard and Technology, 이하 NIST)에서 별도의 기준을 마련하고, 해당 기준을 이용한 컴퓨터 포렌식 도구 시험(Computer Forensic Tool Testing, 이하 CFTT)[2]을 실시하여 디지털포렌식 도구의 신뢰성을 검증하고 있다. CFTT의 경우 미국에서 실시하고 있으나, 실제로는 우리나라를 포함한 전 세계 디지털포렌식 도구의 거의 대부분이 해당 도구의 신뢰성 검증을 위하여 CFTT를 이용하고 있다. 디지털포렌식 도구들의 CFTT 결과는 문서화되어 CTFF 웹 사이트에 공개된다.

---

2) www.cftt.nist.gov

[그림 1] NIST의 CFTT 관련 웹 사이트

CFTT에서는 국가 표준 참조 라이브러리(National Software Reference Library, 이하 NSLR)을 제공하고 있는데, NSRL은 전 세계 약 15,000개 이상의 소프트웨어(컴퓨터 소프트웨어 및 모바일 소프트웨어 포함)에 포함된 파일을 수집해, 각 파일의 제품 정보와 해시 값을 데이터베이스 형태로 목록화한 데이터 세트다. NSRL은 주로 혐의와 무관한 파일(주로 운영체제 및 소프트웨어 관련 파일)을 제거하기 위한 목적으로 사용된다. 일반적으로 이 과정을 De-NIST(또는 De-NISTing)이라고 부른다. 중복 파일을 제거하는 목적으로 이용하는 De-Dup(또는 De-Duplication)과는 구분할 필요가 있다.

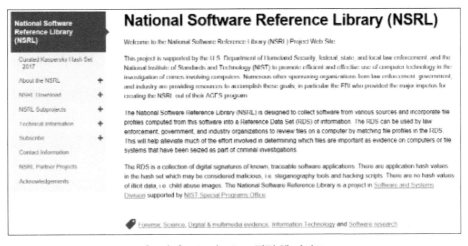

[그림 2] NIST의 NSRL 관련 웹 사이트

제2장 디지털포렌식 도구의 종류

1. 일반

앞서 말한 바와 같이 디지털포렌식 도구는 하드웨어 기반의 '디지털포렌식 장비'와 소프트웨어 기반의 '디지털포렌식 도구'로 구분할 수 있다. 그리고 '디지털포렌식 도구'는 다시 개발자 개인 또는 커뮤니티 등에서 무료로 배포하고 있는 '공개용 디지털포렌식 도구'와 디지털포렌식 솔루션을 개발 및 판매하는 업체에서 만드는 '상용 디지털포렌식 도구'로 구분할 수 있다. 효율적인 디지털포렌식 분석을 위해서는 한 가지 도구에 의존하는 것보다는 다양한 도구들의 장단점을 이해하여 상황에 따른 적절한 도구를 선택하여 사용하는 것이 바람직하다. 다양한 도구를 사용할 경우, 도구의 신뢰성 확보를 위해서 다른 도구로 동일한 분석 내용을 검증하는 교차 분석을 수행하는 것이 바람직하다. 다양한 디지털포렌식 도구의 기능적인 특징과 사용법을 익혀두면, 분석 상황에 따라 보다 효율적인 분석과 조사를 수행할 수 있다. 디지털포렌식 장비는 뒤에서 다루기로 하고, 이 장에서는 디지털포렌식 도구(소프트웨어)에 대해서 살펴보기로 하겠다.

(1) 공개용 디지털포렌식 도구

공개용 디지털포렌식 도구로는 디스크 분석 도구, 이메일 분석 도구, 파일 및 데이터 분석 도구, 인터넷 히스토리(Internet History) 분석 도구, 레지스트리(Registry) 분석 도구 등 각각의 기능에 특화된 다수의 도구들이 공개되어 있어 용도 및 분석 목적에 따라 적합한 도구를 선택하여 사용할 수 있다.

일부 공개용 디지털포렌식 도구에는 상용 디지털포렌식 도구 제작사에서 제공하는 도구들도 다수 있다. 대표적인 도구로는 AccessData 사에서 개발한 FTK Imager와 현재는 Opentext에 인수된 Guidance Software 사에서 개발한 EnCase Forensic Imager를 들 수 있다. 두 도구 모두 이미지 획득(Image Acquisition)을 위한 도구로, 각각의 제조사에서 제작한 디스크 분석 도구(EnCase, FTK)의 앞 단계 작업(획득)을 지원하기 위한 용도로 개발된 것이다. 각각의 도구는 각 제조사의 다운로드 웹 사이트[3]에서 무료로 다운로드 받을 수 있다.

---

3) FTK Imager : https://accessdata.com/product-download, Encase Forensic Imager : https://www.guidancesoftware.com/encase-forensic-imager

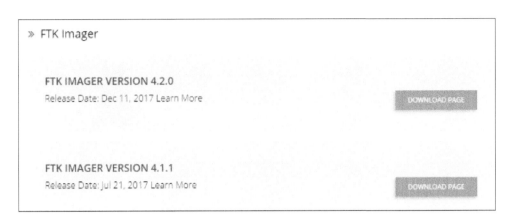

[그림 3] FTK Imager 다운로드 웹 사이트

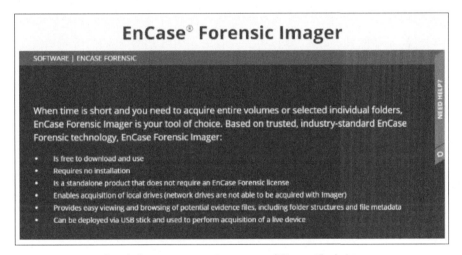

[그림 4] Encase Forensic Imager 다운로드 웹 사이트

이외의 공개용 디지털포렌식 도구로는 MFT[4] 분석 도구인 MFTView, 리눅스(Linux) 기반의 통합 분석 도구인 The Sleuth Kit, The Slueth Kit을 윈도우에 사용할 수 있도록 변경한 Autopsy[5], 레지스트리 분석 도구인 Regshot, 이미지 마운트 도구인 Arsenal Image Mounter[6], 메모리 덤프 및 분석 도구인 Volatility 등이 있다.

---

4) Master File Table

5) "Auto psy" 또는 "Autospy"로 잘못 알고 있는 경우가 많은데, "Autopsy['ɔːtɑːpsi]"는 부검, 검시라는 뜻의 영단어이다.

6) 최근 상용으로 전환하였으나, 몇몇 기능을 제외하고는 아직까지 무료 버전에서도 이용 가능하다.

[그림 5] Autopsy 다운로드 웹 사이트

마이크로소프트(Microsoft, 이하 MS)사에서는 Windows Sysinternals 웹 사이트[7]를 통해 윈도우 시스템의 문제를 해결하고, 시스템 관리 운영 및 모니터링에 활용할 수 있는 다양한 도구를 제공하고 있다. 이 도구들도 사이버 범죄 및 사이버 테러와 관련된 디지털포렌식 분석 등에서 자주 사용된다. Sysinternal은 1996년 Mark Russinovich 와 Bryce Cogswell이 개발하여 공개한 무료 윈도우 유틸리티 도구 셋이다. 2006년 MS가 Sysinternal을 인수하여 자사 Technet에 편입시켰으며, 이후 계속 무료 공개 중이다. 대표적인 Sysinternal 도구로는 시스템에 연결된 모든 네트워크 구조를 보여주는 TCPView, 윈도우 시작 직후 실행되는 프로그램들을 보여주는 Autoruns, 디스크 드라이브의 내부 구조를 보여주는 DiskView, 실행 중인 윈도우 프로세스를 보여주는 Process Monitor, 실행 중인 모든 프로세스의 정보들을 보여주며 실행 및 중단을 할 수 있는 Process Explorer 등이 있다.

[그림 6] Windows Sysinternals

7) technet.microsoft.com/ko-kr/sysinternals

(2) 상용 디지털포렌식 도구

　상용 디지털포렌식 도구들은 보통 공개용 도구에서 지원하는 대부분의 기능을 통합하고 있는 통합형 디지털포렌식 도구들이 일반적이다. 통합형 도구들은 FAT, NTFS, EXT, HFS 등 다양한 파일 시스템(File System)을 지원한다. 그래픽 유저 인터페이스(Graphic User Interface, GUI)를 도입하여 사용자들이 하나의 상용 도구만으로도 충분한 디지털포렌식 분석을 수행할 수 있게 해준다. 대표적인 상용 디지털포렌식 도구로는 미국 AccessData 사의 FTK(Forensic Tool Kit), 미국 Guidance Software 사의 EnCase, 독일 X-Ways 사의 X-Ways Forensic, 캐나다 Magnet Forensics 사의 MAGNET AXIOM, 미국 BlackBag Technology 사의 BlackLight 등이 있으며, 국내에는 파이널데이터 (FinalData) 사의 파이널 포렌식(Final Forensic), 더존(Duzon) 사의 아르고스(ARGOS DFAS), 키체인(Keychain) 사의 키체인(Keychain) 등이 있다. 그리고 상용 디지털포렌식 도구라고 보기에는 어렵지만, 대검찰청과 국가보안연구소가 공동 개발하여 검찰 및 일부 특별사법경찰관 및 조사관들이 사용하고 있는 CFT(Computer Forensic Toolkit Field/Lab) 역시 통합형 도구로 볼 수 있다.

[그림 7] MAGNET AXIOM의 제조사인 Magnet Forensics의 웹 사이트[8]

---

8) www.magnetforensics.com/magnet-axiom에서 30일 동안 사용가능한 MAGNET AXIOM Trial Version을 다운로드할 수 있다.

통합형 도구 외에도 각기 분야에 특화되어 있는 상용 디지털포렌식 도구들도 있다. 모바일 포렌식(Mobile Forensic)에 특화되어 있는 도구로는 이스라엘 Cellebrite 사의 Cellebrite 4PC와 PA(Physical Analyzer), 한컴GMD의 MD-NEXT와 MD-RED, 파이널데이터 사의 파이널 모바일 포렌식(Final Mobile Forensic), 인즈시스템(INZ system) 사의 DSM Forensic 등이 있으며, 애플(Apple) 사의 매킨토시(Macintosh) 대응에 특화되어 있는 Mac Forensic Lab, Mac Lock Pick, Macquisition 등의 디지털포렌식 도구도 있다.

[그림 8] SUBROSASOFT의 Mac Forensic Lab과 Mac Lock Pick

그리고 이디스커버리(e-Discovery)에 특화된 도구들도 있다. 이디스커버리 도구들은 과거 이디스커버리 사건에 한정되어 사용되었지만, 최근 데이터의 대용량화에 힘입어 일반 조사나 수사 대상으로 빅 데이터(Big Data) 또는 비정형 데이터(Unstructured Data)가 빈번하게 등장하여, 조사나 수사 현장에서도 이디스커버리 도구를 다수 활용하고 있는 추세이다. 이디스커버리 및 전자적 증거 리뷰(Electronically Stored Information Review, ESI Review)에 특화되어 있는 도구로는 호주 Nuix 사의 Nuix와 Ringtail[9], 일본 FRONTEO 사[10]의 Lit-I-View, 미국 kCura 사의 Relativity 등이 있다.

---

9) FTI Consulting에서 개발한 Review 도구로, 2018년 Nuix에서 Ringtail을 맡고 있는 FTI Consulting의 자회사 FTI Technology를 인수하였다.

10) 일본 "유빅(UBIC)"이 2016년 7월 "FRONTEO"로 사명을 변경하였다.

2. EnCase[11]

(1) 배 경

 엔케이스는 미국 Guidance Software 사에서 개발 및 판매하는 디지털포렌식 프로그램으로 전 세계적으로 가장 많이 사용되어, 업계 표준으로 자리잡은 대표적인 디스크 포렌식 조사 및 분석 소프트웨어이다. 미국 NIST의 CFTT 검증 또한 받았기 때문에, 수사기관 및 조사기관에서 가장 선호하는 분석 도구라고 할 수 있다. 미국의 State of Nebraska v. Nhouthakith 판례를 통해 디지털 증거에 Daubert 기준을 적용되는 과정에서 엔케이스가 신뢰성 있는 분석 도구로 인정되면서, 각국 수사기관과 조사기관에서 엔케이스를 더욱 더 선호하게 되었다. 하지만 엔케이스로 분석한 모든 자료가 증거능력을 인정받는 것은 아니다.

James Kent (2007)

Another case of child pornography took place in 2007 when James Kent, a professor of public administration at Maris College in Poughkeepsie, NY complained to the IT department of the university about his computer being problematic. Turns out, that it all started in 1999 when he began watching such content. In 2005, the entire university had a technical upgrade in which the old computers were replaced by new ones. However, the data from the old hard disks was copied to the new hard disks. Now 2007, the IT departments run an anti-virus software on the computer and child pornography is discovered. The university turns the contents to the police who then get in a forensic investigator to analyze the computer. The investigator, Barry Friedman, used a software known as EnCase and found out that the files were downloaded from the cache of the old hard disk. Over 14,000 images were recovered along with a letter dated 1999 to PB stating that a cover-up should be made stating that Kent has been researching on the topic and all the material in his possession was for research purposes only. He was later charged with 141 counts and sent to prison in 2009 for 3 years.[12]

---

11) EnCase 제품군에는 EnCase Risk Manager, EnCase Endpoint Security, EnCase eDiscovery, EnCase Forensic, EnCase Endpoint Investigator, EnCase Mobile Investigator 등 다양한 제품이 있지만, 이 책에서는 EnCase Forensic 제품을 EnCase라고 표현하였다.

12) https://resources.infosecinstitute.com/category/computerforensics/introduction/notable-computer-forensics-cases/#gref

국내 판례에서도 일심회 1심 판결[13] 등에서 엔케이스를 신뢰성 있는 도구로 인정받은 사례가 있기 때문에, 검찰 및 경찰과 같은 수사기관에서도 엔케이스를 디스크포렌식 도구로 사용하는 것을 선호하는 편이다. 다른 도구를 사용할 경우 해당 도구의 신뢰성을 별도로 입증해야하는 반면, 엔케이스를 사용할 경우 이미 법원에서 도구의 신뢰성을 인정받은 상태이기 때문에 도구의 신뢰성 입증에서 자유롭다는 이점이 있다.

일심회 사건 1심 판결문 중 일부

압수된 각 디지털 저장매체 원본들은 피고인들의 참여하에 이미징 작업을 하는 경우를 제외하고는 계속 봉인되어 있었으므로, 압수된 이후 법원에서의 검증절차에 이르기까지 보관과정의 신뢰성이 인정되고, 또한 디지털 저장매체 원본과 이미징 파일 사이에 디지털 기기 등의 데이터가 서로 일치함을 증명하는 방법으로 일반적으로 이용되는 해시 값이 동일하므로 디지털 저장매체 원본과 이미징 파일 사이의 데이터의 동일성이 인정된다. 한편, 피고인들 및 검사, 변호인들이 모두 참여한 가운데 이 법원의 전자법정시설 및 EnCase 프로그램을 이용하여 적절한 방법으로 검증절차가 진행되었으므로, 컴퓨터 처리과정의 정확성, 조작자의 전문적 기술능력 등의 요건이 구비되었다고 보이고, 달리 그 요건의 흠결을 의심하거나 신뢰성을 배척할 만한 사정은 보이지 아니하며, 위와 같은 검증절차를 거쳐 디지털 저장매체 원본을 이미징한 파일에 수록된 컴퓨터 파일의 내용이 압수물인 디지털 저장매체로부터 수사기관이 출력하여 제출한 문건들에 기재된 것과 동일하다는 점이 확인되었으므로, 앞서 본 증거의 요지란에 기재된 문건들은 증거능력이 적법하게 부여되었다고 할 것이어서 이 부분 주장은 이유 없다.

엔케이스는 1997년 설립된 가이던스 소프트웨어[14]에서 개발한 디지털포렌식 도구로, 처음 출시 이후 오랜 기간 축적된 기술력이 반영된 통합 기능 도구이다. 엔케이스는 디지털포렌식 분석 도구가 갖추어야 할 증거 보존 기능 및 분석 기능을 모두 갖추고 있다고 평가받고 있다. 꾸준히 새로운 버전을 출시하고 있으며, 최근 엔케이스 v8을 출시하면서 조사의 편의성 증대를 위해서 Pathway 기능을 추가하고, 해시 분석의 편의성 증대를 위해 Project VIC를 통합하였으며, 조사의 효용성 향상을 위해 조사 Workflows를 추가하고, 잠재적인 증거를 신속하게 검색 및 식별한 후 우선순위를 지정하여 추가 조사 여부를 결정할 수 있도록 Triage Report 기능을 추가하였다. 이외에도 Passware와 같은 암호 해독 모듈을 비롯한 여러 가지 모듈이 추가 비용 없이 사용할 수 있도록 통합되는 등 디지

---

13) 서울중앙지방법원 2007. 4. 16. 선고 2006고합1365, 1363, 1364, 1366, 1267 판결

14) 가이던스 소프트웨어의 웹사이트(www.guidancesoftware.com)를 방문하면, 디지털포렌식과 관련된 다양한 참고 자료 및 법률자료, 백서 그리고 디지털포렌식 관련 링크 등을 확인할 수 있다.

털포렌식 조사자 및 분석가들을 위한 기능들이 크게 향상되고, 확장되었다. 앞서 언급한 바와 같이 엔케이스는 미국의 각급 법원에서 그 신뢰성을 인정받아 정부기관과 법집행 기관, 민간기업 등에서 널리 사용되고 있으며, 포렌식적으로 무결성을 검증할 수 있는 방식으로 자료를 수집하고 분석해야하는 디지털포렌식 전문가들을 위한 표준 도구로 활용되고 있다고 말해도 과언이 아닐 것이다.

[그림 9] EnCase v8 실행 화면

실제로 디지털 저장매체로부터 생성된 증거는, '표준' 컴퓨터 프로그램이나 시스템의 산물이어야 그 증거능력을 인정받기 쉽다.[15] 이런 기준은 법집행기관에서 사용하는 디지털포렌식 분석 도구와 밀접한 관련이 있다. 새로운 분석 도구를 디지털포렌식 조사에 사용하는 경우, 해당 도구에서 산출된 증거물을 법정에 제출하고 그 증거능력을 인정받기 위해서는, 해당 도구의 신뢰성부터 입증해야한다는 부담이 있다. 상업적으로 널리 통용되는 분석 도구를 사용하는 것이 법집행기관 입장에서는 신뢰성 입증의 부담을 덜 수 있는 방법이라고 할 수 있다.

---

15) Peoplen v. Lombardi, 711 N.E.2d 426(Ill. App 1999).

(2) EnCase Portable

EnCase Portable은 디지털포렌식 전문가 및 비전문가가 USB 장치를 이용해 쉽고 빠르게 현장에서 증거를 수집(Collection)하고 검토(Review)할 수 있도록 제작된 도구이다. 특히 비전문가들도 간단한 교육만 받고도 단순한 디지털포렌식 증거 수집 업무들을 수행할 수 있을 정도로 간단한 기능들로 구성되어 있어 디지털포렌식 전문가들의 조사 업무량을 상당히 줄여 줄 수 있다는 특징이 있다. EnCase Portable은 메타데이터(Metadata)를 보존하고 증거물의 무결성을 유지한 채 수집한 뒤, 법정에서 인정되는 증거 파일 포맷으로 저장하는 기능을 제공한다. 그리고 조사 대상 컴퓨터에서 발견된 이미지, 문서 및 기타 증거 자료들을 현장에서 즉시 검토할 수 있다는 특징이 있다. EnCase Portable은 켜져 있는 컴퓨터를 대상으로 라이브 자료(Live Data)를 수집할 수 있는 라이브 모드(Live Mode)와 꺼져 있는 컴퓨터를 대상으로 부팅(Booting)하여 자료를 수집할 수 있는 부트 모드(Boot Mode)로 사용 가능하다. 이전에는 별도로 판매가 되었으나 최근 엔케이스에 흡수되어 엔케이스 내에서 EnCase Portable의 일부 기능을 갖는 USB 메모리를 생성할 수 있게 되었다.

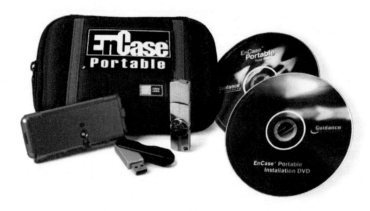

[그림 10] EnCase Portable

3. FTK(Forensic Tool Kit)
(1) FTK의 기능

데이터 획득

조사하고자 하는 디지털 데이터의 사본을 만드는 과정이다. 사본을 생성하는 방법은 크게 대상 시스템에서 포렌식 도구를 실행하여 사본을 생성하는 방법과 해당 원본 저장 매체를 분리하여 사본을 생성하는 방법 그리고 네트워크를 통해 사본을 생성하는 방법의 세 가지 방법으로 나눌 수 있다.

FTK는 세 가지 방식의 사본 생성을 모두 지원한다. 우선 대상 시스템에서 포렌식 도구를 실행하여 사본을 생성하는 것은 FTK Imager를 이용해서 수행할 수 있다. FTK Imager를 분석 PC에 설치한 다음, 설치된 폴더를 외부저장장치에 통째로 복사한다. 그리고 해당 외부저장장치를 대상 시스템에서 연결한 후 FTK Imager를 실행하여 사본을 생성하면 된다. 대상 시스템에 연결하기 때문에 USB 연결 시 원본에 외부저장장치 접속 흔적을 남긴다는 문제가 있어 최우선으로 이용하는 방법은 아니다. 하지만 원본 저장매체를 분리할 수 없는 경우와 같이 이 방법 외에는 사실상 다른 방법으로 사본을 획득할 수 없는 경우에 종종 사용한다. 대상 시스템의 직접 연결하기 때문에 원본 저장매체는 물론 메모리 덤프(Memory Dump)까지 획득할 수 있다는 장점이 있다.

원본 저장매체를 분리하여 사본을 생성하는 경우에는 FTK와 FTK Imager를 모두 사용할 수 있다. 분석 시스템에 FTK나 FTK Imager를 설치하고, 원본 저장매체를 분석 시스템에 연결한 후에 사본을 생성한다. 이 과정에서는 반드시 쓰기 방지가 적용되어야 한다. 이미지 사본을 저장할 대상 저장매체는 원본과 동일한 용량이거나 이보다 커야 하나, Disk to File 방식을 이용하여 분할 저장을 이용할 경우에는 여러 개의 디스크에 분할하여 생성 사본을 저장할 수 있기 때문에 디스크 용량에 크게 구애받지 않는다.

마지막으로 네트워크를 통해 사본을 생성하는 것은 FTK Imager로는 불가능하며 FTK를 이용해야 한다. 이 경우 분석 시스템에서 네트워크를 통해 대상 시스템에 접속하게 되며, 접속한 대상 시스템의 원본 저장매체의 사본은 물론 메모리 덤프도 획득할 수 있다.

데이터 분석

FTK의 주요 분석 기능은 키워드 및 특정 패턴을 알고 있는 경우에 사용할 수 있는 라이브 서치(Live Search)와 인덱스 서치(Index Search), 알려진 해시 값을 통해 불필요한 파일을 조사 대상에서 제외하거나 특정 파일만 찾아내고자 할 경우에 사용할 수 있는 KFF(Known File Filter)를 이용한 해시 분석(Hash Analysis), 문서를 비교하여 두 문서 간의 유사성을 비교할 수 있는 퍼지 해시 분석(Fuzzy Hash Analysis) 그리고 윈도우 운영체제의 구성성 특징을 이용하여 여러 가지 데이터를 분석할 수 있는 OS Artifacts Analysis 등이 있다.

데이터·분석 결과 기록

법적 능력을 유지한 채 증거 획득을 목적으로 하는 포렌식 분야의 특성상 데이터와 분석 결과를 기록하고 보고서 작성을 도와주는 기능은 매우 중요하다. 아무리 분석을 잘 한다 해도 제대로 된 보고서를 만들 수 없다면 해당 분석 결과는 무용지물이다. FTK는 북마크(Bookmarks)와 라벨(Label) 기능을 통해 의심 가는 파일과 분석을 통해 얻은 결과를 체계적으로 기록할 수 있는 기능을 제공하고 있다. 또한 이렇게 분류된 데이터들을 보고서로 작성할 수 있는 보고서 생성 기능을 통해 필요한 분석 결과만 보고서로 추출도 가능하다. 뿐만 아니라 분석된 데이터들을 실시간으로 데이터베이스에 저장해 분석 도중 시스템의 전원이 꺼지거나, 시스템이 중단되어 프로그램이 다운되더라도 그때까지 분석된 데이터들을 그대로 보존할 수 있다.

(2) FTK를 이용한 해시 분석

해시는 그 길이에 상관없이 특정한 데이터 블록을 일정한 길이의 비트 스트림(Bit Stream)으로 변환하는 과정을 말한다. 중요한 점은 입력 값으로 들어가는 데이터 블록(Data Block)의 크기가 아무리 크던 작던 출력 값으로 나오는 비트 스트림의 크기는 항상 일정하며 해시 알고리즘은 일방향 알고리즘이므로 암호화 및 복호화가 가능한 암호화 알고리즘과는 다르게 한번 해시로 변환되면 원래의 값을 복원하는 것은 불가능하다.

즉, 해시는 사람의 지문과 같다고 보면 된다. 형사 사건에서 지문이 사람을 구별하는 중요한 단서가 되듯, 해시 값 또한 파일을 구별하는 중요한 정보가 된다. 기본적으로 한 비트라도 다른 정보를 가지고 있는 데이터를 입력 값으로 넣는다면 그 한 비트의 차이가 완전히 다른 출력값을 보장하도록 되어있다.

☑	Name	▲ MD5	SHA1	SHA256
□ ?	mime part 23 (text/css)	0003012358D29BEE7...	6A96A6869E7FE2926D...	9DD1168B417722D613C...
□	000692568bac15e1f7f5...	000692568BAC15E1F...	D55A6A25BC1CF2C7C5...	0B8532FCEDA116B0BD8...
□ ?	Free Hotmail.url	000749104F3A1A510...	CE2874BB98A75E79A1...	1401FB983114D815871...
□	swn_2007_united_bran...	001579300B2B6778D...	C1D936145370148BD0...	AE3D793C2C556A1331...
□	swn_2007_united_bran...	001579300B2B6778D...	C1D936145370148BD0...	AE3D793C2C556A1331...
□	Desktop.ini	001ED70E67D7EDF52...	66B007ABE45AF42F0E3...	4F4CAE481F9A758C51E...
□	_data	00314EEBD77C6C98F...	964B621800B5BCDC14...	3443BC06463ACF5EDD...
□ ?	promos-min[1].5	00499CEBB0B414721...	6E815211F455B6E9FA8...	68945E9C9846423026A...
□	baggifrodo1.AUT	004EDA43106C43049...	9E9C59E021F0F98884C...	65C5114507CEBEAC48F...
□ ?	wbk2D2.tmp	005358BD943F3B177...	DE10E00DF1604C64C0...	CA72F8AB41478C67557...
□	$I30	00540C91ADB670234...	E17FDE5955FC57D7B2...	F55E58617FBF223E43F...
□	Sample Music.lnk	0064A9F799344DD11...	0B8B8BD8FDE3BD613E...	2721B3721A6BF9000CA...
□	jbo.gif	0075A3F7C09D2F372...	845B0CBDD524B51758...	E9C120543E15AECC9C...
□	$I30	007C5CE073F21C741...	1EBAC9B11DCFF71724...	403EF1436C85B361ADA...
□	next-tan-sm-dis._V4684...	0082855ED59BCE164...	4157C48C5A6ED4DAE6...	6884DE46C92CDBC505...
□	Funny Vids.zip	008609FDE8B7A58BA...	949FC4BBA57346B2B32...	2F6A9117D5E7D313460...
□	_;ord=1202918307672...	008914D3AC443FC7...	F5E2F5C6F477FF430C7...	8CC3565C18C09367AC...
□	hd-bg[1].gif	008E86FD7F273579B...	4B41BAFFD31E507FB2...	5A4EBC7C1069A3FCFE...
□	CLOCK.BMP	009863F1F29F89320...	11EDA5206521D280C4...	C93E1F11D4857624 3B1...

[그림 11] FTK를 이용한 Hash Analysis

FTK에서 해시는 크게 두 가지 용도로 사용된다. 첫 번째 용도는 이미지 파일 및 개별 파일의 무결성을 증명하는 방법으로 사용하는 것이다. FTK가 만드는 이미지 파일 내부에는 원본 이미지와 별도로 원본 이미지 파일에 대한 해시 값을 가지고 있는데 이를 획득 해시 값(Acquisition Hash Value)라고 부른다. 이 해시 값과 이미지 파일의 해시 값을 다시 계산한 후 결과를 비교하여 이미지 파일이 획득 이후에 임의로 변경되었는지 검증(Verifying)할 수 있다. 그리고 특정 파일(증거 파일 등)에 대해서도 동일한 방법으로 무결성을 확인할 수 있다. 두 번째 용도는 파일의 해시 값과 해시 라이브러리의 해시 값을 비교해서 비교한 파일이 이미 알려진 파일 또는 사용자가 지정한 중요 파일인지 아닌지 구별하는 기능이다. 알려진 파일이라 함은 윈도우와 같은 운영체제나 유명 어플리케이션의 설치 파일 또는 알려진 루트킷(Rootkit), 해킹 프로그램 등의 파일을 의미한다. 이렇게 파일의 해시 값과 해시 라이브러리의 해시 값을 비교함으로써 알려진 파일을 찾아 키워드 조사에서 제외하거나 파일 이름, 확장자가 바뀐 중요 파일을 찾아 낼 수 있다.

윈도우 시스템 폴더를 예로 들면, 테이블-창에는 해시와 관련하여 3개의 컬럼이 있는데 그 각각의 의미는 다음과 같다.

구 분	설 명
Hash Value	파일의 해시 값. MD5, SHA1, SHA256 등 3가지 해시 알고리즘을 통해 구해진 해시 값을 보여주게 된다.
Hash Set	해시 값들의 집합 중 하나. 이는 계층적인 구조로 가장 작은 단위인 개개의 해시 값들이 모여 이루어진 하나의 해시 집합이다.
Hash Group	해시 셋들을 분류하여 크게 검색 대상에서 제외할 그룹과 검색 대상에 포함해야 할 그룹으로 구분한다(Alert, Ignore).

[표 1] 해시 컬럼의 종류와 의미

해시 분석의 목적은 원하는 파일을 찾는 것이라고 할 수 있다. 분석자 또는 조사자가 찾고자 하는 특정 파일을 가장 정확하게 찾을 수 있는 방법이다. 왜냐하면 해시 알고리즘을 이용한 해시 분석으로 찾은 파일이 조사자가 찾으려고 했던 파일과 일치하지 않을 확률은 MD5 해시 알고리즘의 경우 $1/2^{128}$에 불과하기 때문이다. 즉, 한 비트도 다르지 않은 완전히 동일한 파일을 찾을 수 있다. 게다가 해시 분석은 파일의 콘텐츠만을 대상으로 하기 때문에 목적하는 파일의 확장자나 파일 이름이 어떻게 바뀌든 상관하지 않고 원하는 파일을 찾을 수 있다.

(3) FTK를 이용한 시그니처 분석

시그니쳐(Signature)는 파일의 형식을 나타내는 정보로 일반적으로 파일의 헤더(Header)에 존재한다. 일부 파일의 경우 파일의 푸터(Footer)에도 시그니처 정보를 가지고 있는 경우도 있다. 헤더에 존재하는 시그니처를 헤더 시그니처라고 부르며 푸터에 존재하는 시그니처를 푸터 시그니처라고 부른다. 예를 들어 Microsoft Bitmap 형식의 이미지 파일은 항상 BM(대문자)이라는 헤더 시그니처를 가진다. 이 시그니처를 이용하면 우리는 파일의 확장자 없이도 그 파일의 본래 형식을 알 수 있다. NTFS 파일 시스템에서 파일명과 확장자는 MFT에 기록된다. MFT에 아직 레코드를 가지고 있는 파일의 경우 파일명과 확장자를 포함한 메타 데이터도 복구가 되겠지만, MFT에서 레코드가 삭제된 파일들은 복구가 되어도 원래의 파일명과 확장자를 확인하기 어렵다. 이런 파일들을 고아 파일(Orphan File)이라고 부른다. 보통 디지털포렌식을 통해 복구되는 대부분의 파일은 MFT에서 레코드가 삭제된 파일이다. 따라서 이런 파일들이 어떤 종류의 파일인지 확인 하기 위해서는 확장자가 아닌 시그니처를 이용해야만 한다. 해시 분석은 찾고자 하는 파일과 비트 수준에서 완전히 동일한 파일을 찾을 때 사용하는 반면, 시그니처 분석은 파일의 확장자와 상관없이 파일의 원래 형식(예를 들어, 문자 파일인지 이미지 혹은 동영상 파일인지를 구별하는 형식)을 구별할 때 사용한다.

File List		
☑ ▲ Name	Category	Ext
logon.scr	Exe	scr
luna.msstyles	Exe	msstyles
lusrmgr.msc	XML	msc
main[1].adp	GZip INSO	adp
main[2].htm	JPEG	htm
MajorDocGroup.DFT	Exe	dft
map[1].adp	GZip INSO	adp
map[1].adp	GZip INSO	adp
merged.hhk	HTML	hhk
MessageLog.xsl	XML	xsl
miniime.tpl	Exe	tpl
mk_emarts_B0_201103...	GIF	jpg
MMTASK.TSK	Exe	tsk
mmtask.tsk	Exe	tsk
mmtask.tsk	Exe	tsk
modern.fon	Exe	fon
modern.fon	Exe	fon
mof.xsl	XML	xsl
move_down_button[1].gif	JPEG	gif

[그림 12] FTK를 이용한 File Signature Analysis

시그니처 컬럼	의 미
Name	시그니처의 이름. 보통 해당 파일을 만드는 어플리케이션의 이름과 버전 정보를 사용
Category	파일의 헤더가 가지고 있는 고유 시그니처 값
Ext	시그니처와 대응되는 파일의 확장자 정보

[표 2] 시그니처 컬럼의 종류와 의미

파일 확장자란 지극히 윈도우 운영체제 중심의 개념이다. 윈도우 운영체제 시스템에서는 파일의 종류를 구별하기 위해서 확장자를 사용한다. 예를 들어 실행 파일의 확장자는 *.EXE, *.COM이며 배치파일은 *.BAT, *.JPEG 형식의 이미지 파일은 *.JPG, *.JPEG을 사용한다. 사용자가 윈도우 환경에서 특정 파일을 실행하면 운영체제는 파일의 확장자를 읽어 오고 레지스트리에 그 확장자를 열도록 명시되어 있는 어플리케이션을 자동 실행시킨다. 만약 이미지 파일의 확장자를 *.EXE나 *.DLL로 변경하면 단순히 파일을 더블클릭만 해서는 파일 안의 이미지를 확인할 수 없을 것이다. 시그니처 분석은 보통 컴퓨터 사용자가 의도적으로 확장자를 변경하여 숨겨둔 파일을 찾고자 할 때 주로 사용한다.

4. X-Ways Forensics

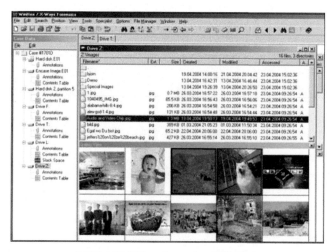

[그림 13] X-Ways Forensics 실행 화면

X-Ways Forensics은 WinHex로 유명한 독일 X-Ways Software Technology AG사의 디스크 포렌식 도구이다. WinHex와 유사한 인터페이스를 가지고 있으며, 효율적인 조사를 위해 속도가 빠르고 저사양 시스템에서도 구동이 가능하다는 특징을 가지고 있다. X-Ways Forensics는 디지털포렌식에서 필요한 다양한 기능들 외에도 수동으로 파일을 복구할 수 있는 기능도 내장하고 있어 수사 및 조사 용도 외에도 널리 이용되고 있다. 몇 가지 특징 및 기능을 살펴보면 다음과 같다.

- 디스크 복제와 이미지 작업이 가능하다.(EnCase 이미지와 DD 이미지(.E0*), FTK 이미지의 분석이 가능)
- Low Level 디렉토리 및 파일 구조에 특화된 소프트웨어로 직관적인 관점으로 데이터 복구가 용이
- FAT. NTFS, EXT2/3/4, ReiserFS, CDFS 등 다양한 파일시스템을 지원
- 다른 상용 포렌식 소프트웨어들에 비해 비교적 저사양 PC에서도 사용가능하며 인스톨 과정 없이 USB 이동식디스크에서 직접 실행 가능

5. Autopsy

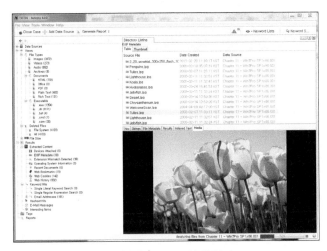

[그림 14] Autopsy 실행 화면

Autopsy[16]는 Linux 시스템에서 사용할 수 있는 오픈소스 기반 포렌식 프로그램으로 잘 알려진 Sleuth Kit를 윈도우 시스템에서 GUI 형태로 이용할 수 있도록 개발된 오픈소스 기반 무료 디지털포렌식 도구이다. Autopsy는 2000년경에 발표된 TCT(The Coroner's Toolkit)을 기반으로 계속 개발이 이루어져 최근 Autopsy 4.x 단위의 버전에서는 포렌식 조사자가 동일한 사건을 동시에 공동 작업하고 Python 스크립트를 작성하여 기능을 확장할 수 있는 기능까지 제공하고 있다. 윈도우와 리눅스 그리고 유닉스를 비

---

16) http://www.sleuthkit.org/autopsy/

롯한 OSX, Android 등 다양한 운영체제의 파일시스템 내용을 분석할 수 있으며, 검색 및 타임라인 분석, 해시 필터링 등의 기능을 제공한다. 그리고 기능 확장을 위한 Add-On 모듈 지원을 통해 Project VIC 및 C4P와 같은 데이터베이스를 통합하여 분석을 하거나 비디오 분석모듈 등의 기능을 추가할 수 있다.

6. ProDiscover

ProDiscover[17]는 Technology Pathways에서 개발하여 ARC Group of New York 에서 판매하고 있는 윈도우 운영체제의 디지털포렌식 도구다. 기능에 따라 Incident Response Edition, Forensic Edition 그리고 Basic으로 나누어 출시하고 있다. ProDiscover Basic 버전은 기본적인 기능으로 무료 배포하였으나 2013년 8.2버전을 마지막으로 무료 배포를 중지하고, 2014년 9버전부터는 50달러에 판매하고 있다.

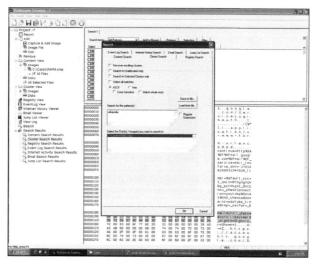

[그림 15] ProDiscover 실행 화면

---

17) http://www.arcgroupny.com/products/prodiscover-forensic-edition/

7. Volatility

Volatility[18]는 메모리를 덤프 및 분석을 위해 가장 많이 사용되는 파이썬(Python) 기반 오픈소스 디지털포렌식 도구다. 실행파일 또는 프로그램이 실행 중이거나 종료 후에 메모리상에 남아 있는 정보를 추출하거나 프로세스 관련 모듈과 라이브러리 정보 추출, 악성코드가 감염된 피해시스템에서 외부 네트워크 접속 시도 정보 및 공격자가 접속한 원격시스템 확인 등 메모리 상에서만 존재하는 운영체제나 소프트웨어 및 파일과 관련된 다양한 데이터의 정보를 추출하여 분석 가능하다.

8. 기타 Forensic 도구

(1) HxD

HxD[19]는 Hex 편집기로 바이너리 파일 및 하드디스크와 메모리를 Bit 단위로 읽고 수정이 가능한 무료 소프트웨어이다. 체크섬과 해시 계산이 가능하고, 파일 비교와 검색, 파일 분할/결합, 문자분포의 그래프 표현 등의 기능이 있다.

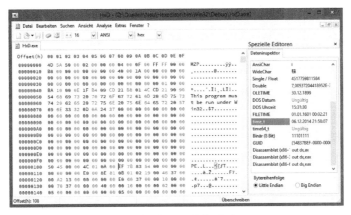

[그림 16] HxD 실행 화면

(2) iLook

iLook Investigator라는 디지털포렌식 도구는 초기에 디지털포렌식을 접한 포렌식 전문가들에게는 익숙한 도구다. 이 도구는 수사관이나 법적으로 인정받는 조사관들에게 무료로 배포하고 있다. 하지만 일반인에게는 배포하지 않기 때문에 많이 알려진 도구는

---

18) https://code.google.com/archive/p/volatility/

19) https://www.mh-nexus.de/en/

아니다. 전반적인 레이아웃 및 인터페이스는 엔케이스와 비슷하며, 기능도 비슷한 점이 많다. 예전에는 엔케이스의 증거분석용 이미지(*.EWF, *.E01)가 엔케이스 제외한 디지털포렌식 도구 중에서는 유일하게 iLook에서 밖에 인식되는데다가, 엔케이스가 고가이기 때문에, 엔케이스의 무료 대체재로 유명해졌다. 하지만 지속적으로 iLook을 사용하기 위해서는 수사관이라는 것을 증명하여야 하고 일정기간 마다 갱신을 하여야하는 불편함이 있어 현재는 많이 사용되는 도구는 아니라고 할 수 있다.

(3) Final Forensics

Final Forensics는 국내 업체인 파이널데이터 사에서 만든 디지털포렌식 프로그램이다. 파이널 데이터는 회사명과 같은 이름의 디스크 및 삭제파일 프로그램의 개발사로 유명하다. 파이널데이터는 대검찰청의 디지털포렌식 도구인 DEAS를 개발하면서, 디지털포렌식 시장에 진출하였다. DEAS의 상용 버전이 Final Forensics라고 할 수 있다. 도구 제작사가 디스크 및 삭제 파일 복구 소프트웨어를 개발하던 회사인 만큼 삭제 파일 복구률이 상당히 높고, 국내 제작 도구인 만큼 한글 인식률 등이 다른 도구에 비해 높다는 장점이 있다. 파이널데이터는 최근 Final Forensics의 모바일 포렌식 버전인 Final Mobile Forensic을 출시하기도 하였다.

(4) Intella

Intella는 처음에는 이메일 전문 분석 도구로 개발되었다. 하지만 점차 인덱싱 엔진이 강력해짐에 따라 이메일 외에도 다양한 문서 자료 분석도구로 발전하였다. Intella는 다양한 자료들을 인덱싱하고 특정한 단어들을 검색 및 클러스터링(Clustering)하는 기능을 제공한다. 간단한 인터페이스를 가지고 있어 처음 Intella를 접하는 사람도 쉽게 이용할 수 있다. 분석 결과를 독특한 모양으로 시각화(Visualization) 해주기 때문에 키워드 선택을 직관적으로 할 수 있다는 특징이 있다. 이를 토대로 다양한 키워드들의 조합으로 여러 키워드들을 가진 데이터를 쉽게 파악할 수 있다.

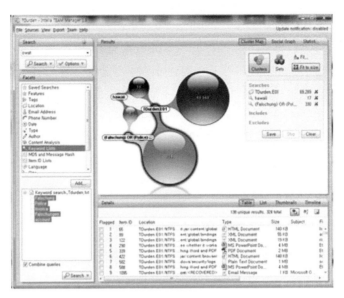
[그림 17] Intella 실행 화면

(5) MIP-VFC

MIP(Mount Image Pro)는 이미징된 데이터를 실제 물리디스크처럼 마운트 시켜서 조사관의 컴퓨터에 연결된 하드드라이브처럼 분석 가능하게 만들어 주는 프로그램이다. 비슷한 기능의 도구로는 앞서 설명한 Arsenal Image Mounter가 있으며, FTK Imager에서도 Image Mount 기능을 제공한다. MIP는 단독으로 사용하기 보다는 보통 VFC(Virtual Forensic Computing)와 같이 사용하는 것이 일반적이다. VFC는 물리적으로 마운트한 이미지를 가상 머신과 연동하여 실제 데이터를 추출했던 컴퓨팅 환경처럼 구성해주는 일종의 가상머신 프로그램이다. 디스크 포렌식 도구에서는 파일 시스템에 저장된 정보를 중심으로 분석관에서 보여주기 때문에, 해당 정보저장장치에 설치된 프로그램을 분석하기 쉽지 않다. 이런 경우 VFC를 이용하면 실제 대상 시스템에서 해당 프로그램을 실행하는 형태로 설치된 프로그램을 확인할 수 있다. 독특한 개념을 가지는 프로그램으로 다양한 기관에서 사용되고 있다.

(6) StegoHunt

StegoHunt는 스테가노그라피(Steganography)를 탐지하는 도구로 WetStone이라는 회사에서 개발했다. 스테가노그라피는 전달하려는 기밀 정보를 다른 파일에 숨겨서 전달하는 은닉기법이다. 주로 이미지 파일이나 멀티미디어 파일에 기밀 정보를 숨기는데 이를 탐지하는 것은 쉬운 일이 아니다. 특정 파일에 스테가노그라피가 적용되었다는 사실을 안다면 그나마 쉽게 분석을 할 수 있겠지만, 스테가노그라피의 유무조차 모르는 상태에서 이런 파일을 탐지하는 것은 결코 쉬운 일이 아니다. StegoHunt는 이런 스테가노그라피가 적용된 파일을 자동으로 탐지해주는 도구다.

9. 수집·분석도구 기재요령

보고서에 수집과 분석에 사용된 도구는 다음과 같이 기재한다. 상업적으로 널리 사용되는 도구의 경우에는 도구명과 버전만을 기재해도 족하지만, 직접 제작을 하였거나 CFTT와 같은 공식적인 인증을 받지 못한 도구들은 구체적 도구의 신뢰성 입증방법을 추가 기재하여야 한다.

도구명	제조사	버전	다운로드 경로	용도
WinHex	X-Ways	18.4.2	http://www.x-ways.net/winhex/	MFT 분석
FTK Imager	Access Data	3.3.1	http://accessdata.com/productdownload	이미지 생성
Volatility		2.3.1	https://code.google.com/p/volatility/	메모리 분석

[표 3] 분석에 사용된 도구 기재 예시[20]

---

20) 추가로 다운로드 받은 설치 파일의 해시 값을 기재하는 경우도 있다.

1. 활성 시스템(Live System) 조사[21]

활성 시스템이란 정상적으로 가동 중인 시스템을 말한다. 활성 시스템에서는 전원이 차단되면 사라지는 정보인 휘발성 데이터와 전원의 존재 여부와 상관없이 장기적으로 유지되는 비휘발성 데이터를 모두 수집할 수 있다. 하지만 활성 시스템에서 데이터를 수집하는 경우, 보통 대상 시스템에서 정보 수집 도구를 구동시키기 때문에, 필연적으로 대상 시스템에 흔적을 남기게 된다.[22] 때문에 원본의 무결성 보장 측면에서 별로 권장되지 않는 수집 방법이라고 할 수 있다. 하지만 활성 시스템의 정보를 수집하지 않으면 안 되는 몇몇 경우가 있다.

가령 대상 시스템이 현재 정상적으로 가동 중인데, 비트락커(BitLocker)[23]와 같은 암호화 도구로 파일 시스템 전체가 암호화되어 있고 비트라커 복호화 키를 확보할 수 없는 경우라면 활성 시스템 조사를 통해 메모리에 상주하고 있는 복호화 키를 확보하거나, 현재 인식되어 있는 논리적 볼륨을 대상으로 사본을 획득하여야 한다. 또 대상 시스템이 현재 서비스를 제공하고 있어 전원을 차단하고 정보저장매체를 분리하는 것이 사실상 불가능한 경우에도 활성 시스템 조사를 통해 디스크 사본을 획득할 수밖에 없다. 그리고 침해 사고와 같이 실시간으로 공격이 이루어지고 있는 경우에는 활성 시스템 조사를 통해 메모리에 상주하고 있는 공격 관련 데이터를 수집해야만 한다.

이른 바 종근당 판례 이후 선별 압수가 강조되었기 때문에, 바로 원본 저장매체의 사본을 획득하는 것보다는 활성 시스템 조사를 통해 정보를 수집하고, 이를 통해 압수·수색의 목적을 달성하기 현저히 곤란한 경우에 한하여 사본을 획득하는 방식이 일반적인 디지털 증거 압수·수색 방법으로 자리 잡았다. 또한 민간조사 영역에서도 개인정보보호에 대한 관심이 증가함에 따라 모든 데이터를 수집하는 정보저장매체 이미징 보다는 사건과 관련된 데이터만 선별하여 수집하는 형태가 선호되고 있으며, 하드디스크의 용량이 증가하는 것도 이미징을 기피하는 한 요인이 되고 있어, 활성 상태에서 데이터를 수집하는 기술에 대한 요구가 점차 증가할 것으로 예상된다.

---

21) 앞서 설명한 라이브 포렌식(Live Forensic)을 의미한다.

22) PCI(또는 PCI-E)나 IEEE-1394와 같은 인터페이스가 장착되어 있다면 쓰기 방지 장치 등을 연결하는 등의 방식을 통해 흔적을 남기지 않고 활성 시스템을 수집하는 것도 가능하다.

23) 윈도우 비스타(Windows Vista) 이후 윈도우에서 자체적으로 제공하는 디스크 암호화 기능

활성 시스템 조사의 중요성	
포렌식 패러다임의 변화	하드디스크 용량이 급격하게 증가함에 따라 디스크 이미지 기반의 증거조사가 어려워짐
시스템의 현재 상태가 중요한 경우	침해 사고 조사의 경우, 시스템의 현재 상태가 매우 중요
이미지 획득이 불가능한 시스템의 경우	서버와 같이 시스템을 압수하기가 용이하지 않은 경우, 시스템을 끄지 않고 조사를 수행할 수 있어야 함

[표 4] 활성 시스템 조사의 중요성

활성 시스템은 악의적인 사용자에 의해 각종 명령어가 변경되어 있을 수 있기 때문에, 이로 인한 분석용 도구의 훼손을 방지하기 위해 읽기만 가능한 매체에 시스템 조사를 위한 도구를 저장하여 사용하여야 한다. 또한 수집한 데이터를 저장할 매체가 있어야 한다. 이를 위한 방법으로 데이터 수집 도구를 CD에 저장하고 수집한 데이터는 외부저장장치에 저장하거나 네트워크를 이용하여 증거 수집 서버에 전송하는 방법이 있다.

(1) 활성 시스템 휘발성 데이터 조사 방법

휘발성 데이터는 시스템이 종료되면 확보하지 못하는 데이터로 활성 시스템 상태에서 가능한 빠르고 정확하게 확보하는 것이 중요하다. 특히 휘발성 증거 수집 과정 자체가 시스템의 상태를 변경할 수 있으므로, 이를 최소화하기 위해 GUI(Graphic User Interface) 방식의 도구를 사용하는 것보다 CUI(Command Line Interface) 도구를 사용할 것을 권장한다.[24] 활성 시스템 조사 도구를 구동하면 해당 작업을 하는 프로세스가 생성되어 물리 메모리에 올라가기 때문에 물리 메모리부터 수집하는 것이 원칙이며, 이후 필요한 다른 휘발성 데이터를 수집한다.

---

24) 일반적으로 같은 기능을 하는 소프트웨어의 경우 CUI 도구가 GUI 도구에 비해 용량이 적기 때문에, CUI를 도구를 사용하는 것이 불가피한 손상 범위를 줄일 수 있다.

〈휘발성 정도가 높은 것부터 수집하며 그 순서는 다음과 같다〉

- CPU, 캐시 및 레지스터 데이터
- 라우팅 테이블, ARP 캐시, 프로세스 테이블, 커널 통계
- 메모리
- 임시 파일 시스템/스왑 공간
- 하드디스크에 있는 데이터
- 원격에 있는 로그 데이터
- 아카이브 매체에 있는 데이터

(2) 활성 시스템 비휘발성 데이터 조사 방법

비휘발성 데이터는 휘발성 데이터와 반대되는 개념으로 전원을 꺼도 사라지지 않는 데이터를 말한다. 하지만 대상 시스템을 종료할 수 없는 경우, 활성 시스템에서도 데이터 수집 및 분석이 필요하며, 디스크 이미지 기반의 조사는 많은 시간이 소요되기 때문에 데이터 선별을 통해 사건과 관련된 비휘발성 데이터만을 수집하기도 한다.

2. 디스크 이미징(Disk Imaging)

디스크 이미징은 원본 저장매체의 사본을 만드는 것을 가리킨다. 디스크 이미징은 그 방식에 따라 Disk to Disk, Disk to File 그리고 File to File의 세 가지 방식으로 구분한다. 우선 Disk to Disk는 원본 저장매체와 동일한 저장매체를 생성하는 방법으로 원본 저장매체와 용량이 같거나 큰 대상 저장매체를 필요로 한다. Disk to Disk 방식의 이미징을 보통 하드 카피(Hard Copy) 또는 디스크 복제라고 이야기 한다. 다음으로 Disk to File은 원본 저장매체를 *.DD나 *.EWF(*.E01)와 같은 특정한 포맷의 이미지 파일(Image File)로 변환하여 저장하는 것이다. 생성되는 파일을 저장할 대상 저장매체를 필요로 하나, 여러 개의 파일로 분할 변환할 경우 생성되는 이미지 파일을 다수의 저장매체에 나누어 저장할 수도 있고 변환 과정에서 압축을 적용할 수도 있기 때문에 대상 저장매체의 용량이 원본 저장매체보다 반드시 클 필요는 없다. 마지막은 File to File 방식으로 원본에 저장매체에 있는 파일을 대상 저장매체로 복사하는 방식이다. 이 방식은 앞서 언급한 두 방식과 다르게 비트 스트림 복사(Bit Stream Copy)로 이루어지지 않고 논리적 파일 복사를 수행한다. 때문에 원본 저장매체를 사본 저장매체에 복제하고자 하는 경우 보다는 Disk to File 방식으로 원본을 복사해놓은 사본 저장매체를 다른 사본 저장매체로 복제하는 경

우에 주로 사용된다. 일반적으로 디스크 이미징이라고 하면 세 방식 중 두 번째 방식인 Disk to File 방식 이미징을 이야기한다.

디스크 이미징[25]을 때때로 고스팅(ghosting)이라고도 부르는데 이러한 용어는 일반적으로 증거 보존 이외의 목적에 쓰이는 이미지를 가리킨다. 디스크 이미징은 디스크의 모든 파일을 단순히 복사하는 것이 아니다. 증거물로서 의미를 가지고 할당되지 않은 공간(Unallocated Area)에서 삭제 파일 복구 등을 수행하기 위해서는 디스크의 구조와 각 데이터의 상개 위치를 그대로 보존해야 한다. 한 디스크의 모든 데이터를 다른 디스크로 복사한다면 일반적으로 디스크의 여유 공간에 데이터가 저장 될 것이다. 그래서 두 디스크에 있는 모든 데이터의 내용은 동일하지만 데이터가 디스크에 분포된 상황은 서로 다를 수 있다. 디스크 이미지를 생성하면, 디스크의 각 물리적 섹터가 그대로 복사되기 때문에 원본 데이터와 동일하게 데이터가 분포된 이미지 파일이 사본 저장매체에 생성된다. 생성된 이미지는 물리적[26]으로 그리고 논리적으로 원본 저장매체와 일치한다고 할 수 있다.

대상 시스템을 디스크 이미징하는 방법은 크게 해당 원본 저장매체를 분리하여 디스크 이미징하는 방법과 대상 시스템에서 디지털포렌식 도구를 실행하여 디스크 이미징을 하는 방법 그리고 네트워크 연결을 통해 대상 시스템에 접속하여 디스크 이미징을 하는 방법으로 나눌 수 있다. 원본 저장매체를 분리할 경우, 해당 원본 저장매체를 이미징하기 위해서는 전용 디스크 이미징 장비에 연결하거나, 이미징 도구가 설치된 분석관의 분석용 랩탑 또는 분석용 워크스테이션에 연결하여 이미징을 수행하여야 한다. 휴대 가능한 분석용 워크스테이션[27]을 이용하거나 또는 전용 이미징 장비를 이용하는 것이 속도 면에서 가장 좋은 방법이긴 하지만 가격이 비싸다는 단점이 있다. 대다수의 전용 이미징 장비는 쓰기 방지 장치를 내장하고 있어 쓰기 방지에 따로 신경 쓸 필요가 없지만, 분석용 랩탑이나 휴대용 분석용 워크스테이션을 이용할 경우 쓰기 방지를 잊지 않도록 주의해야 한다. 위 방법 중 어떤 방법을 사용할 지는 분석가가 사용할 수 있는 장비에 따라 결정된다고 봐도 무방하다.

---

25) 앞서 언급하였듯이 Disk to File 방식의 이미징을 이야기 한다.

26) 생성된 이미지 파일이 원본 저장매체와 동일하게 클러스터(Cluster)를 할당받고 있음을 의미한다.

27) 대표적인 휴대 가능한 분석용 워크스테이션으로는 Redeye Forensics의 MeisterMX가 있다.

디스크 이미징을 수행하는 방법
대상 시스템의 정보저장매체를 분리하여 디스크 이미징
대상 시스템에 디스크포렌식 도구가 설치된 외부저장장치를 연결하여 디스크 이미징
네트워크 연결을 통해 대상 컴퓨터에 접속하여 디스크 이미징

[표 5] 디스크 이미징 수행 방법

(1) 디스크 이미징의 역사

디스크 이미징은 여러 용도에 쓰인다. 사실 디스크 이미징이 제일 처음 쓰인 곳은 컴퓨터 포렌식과 전자적 증거 수집 분야가 아닌 다른 분야였다. 1980년대 컴퓨터 바이러스 연구자들은 디스크 이미징을 사용해서 원본 디스크의 데이터를 파괴하거나 해치지 않고도 새로운 컴퓨터 바이러스를 조사할 수 있었다. 이 때 단순히 바이러스 파일을 복사하는 방식은 제대로 동작하지 않는 경우가 있었다. 왜냐하면 일부 바이러스는 디스크의 특정한 부분에 저장되어야만 원래 하려고 했던 일을 수행하기 때문이다. 이러한 이유 때문에, 디스크의 데이터를 정확히 복사하고 섹터 주소를 그대로 복제해서 원본과 정확히 똑같은 디스크 이미지를 만드는 프로그램이 개발되었다.

DIBS Computer Forensics 웹사이트의 이미지 복사 기술의 역사(The History of Image Copying Technology)라는 글에 따르면,[28] 이러한 프로그램이 컴퓨터 범죄 수사에 유용하게 쓰일 수 없다는 것을 인식하였고, 그 후 얼마 지나지 않아 컴퓨터 포렌식 이미징 장비라는 개념이 생겼다는 것을 알 수 있다.

그 동안 디스크 이미징은 백업의 용도로 사용되었다. 원본 디스크에 대한 이미징 디스크를 만들어 놓으면 원본 디스크에 오류가 생겼을 때 쉽게 디스크를 복구할 수 있었다. 이미징 파일이 많이 쓰였던 또 다른 경우는 대량의 컴퓨터에 동일한 구성으로 된 운영체제와 소프트웨어를 설치할 때였다. 노턴 고스트(Norton Ghost)는 이 목적을 위해 쓰였던 유명한 프로그램 중 하나다.

---

28) http://www.dibsforensics.com/

수사관 또는 분석관은 이러한 디스크 이미징과 다른 목적을 위해 설계된 제품의 차이를 이해해야 한다. Ghost와 같이 파일 복사 제품은 디스크에 있는 사용자 데이터를 보존할 목적으로 설계된 것이 아니다. 이 제품의 목적은 표준 설치 구성을 만든 다음 그것을 여러 컴퓨터에 배포하는 것이다. 비록 이 제품을 사용자 데이터가 저장된 디스크에 사용할 수는 있겠지만, 이 과정에서 문제가 발생한다. 그것은 바로 생성된 이미지가 원본 데이터와 '정확히' 같지 않다는 것이다. Symantec Knowledge Base에는 다음과 같은 말이 있다. "일반적으로 Ghost는 원본 디스크와 정확히 같은 디스크를 생성하지 않는다. 그 대신 Ghost는 필요에 따라 파티션 정보를 재생성하고 파일의 내용을 복사한다." 그래서 거의 모든 경우에 이미지 디스크의 체크섬(Checksum)은 원본 디스크의 체크섬과 다르게 된다. 이러한 이유 때문에 일부 법원에서는 Ghost를 사용해서 생성한 증거를 거부하고 있다. 왜냐하면 증거의 규칙 중에는 원본과 정확히 동일한 증거[29]만을 받아들이라는 규칙이 있기 때문이다.

(2) 쓰기 방지 장치

쓰기 방지는 이미징 과정에서 원본의 훼손을 방지하기 위하여 사용된다. 쓰기 방지를 적용할 경우 원본 저장장치에서 사본 저장장치로 데이터가 이동할 수는 있지만, 반대 방향으로 데이터가 이동하는 것은 금지된다. 앞서 언급한 바와 같이 대부분의 전용 이미징 장비에는 쓰기 방지 장치가 내장되어 있기 때문에 별도의 쓰기 방지를 적용할 필요는 없다. 하지만 분석자의 랩탑이나 워크스테이션을 이용하여 이미징을 수행할 경우, 쓰기 방지를 적용하지 않는다면 원본이 훼손으로 인한 디지털 증거의 무결성이 손상될 수 있다. 쓰기 방지는 크게 소프트웨어 방식의 쓰기 방지와 하드웨어 방식의 쓰기 방지로 구분한다.

소프트웨어 방식의 쓰기 방지

소프트웨어 방식의 쓰기 방지 도구는 대부분 윈도우의 레지스트리를 변경하는 방식으로 쓰기 방지를 구현한다. 실제 쓰기 방지 도구가 없이도 윈도우 레지스트리에 키를 생성하는 것만으로도 간단하게 쓰기 방지를 구성할 수 있다. EnCase의 경우 EnCase v7부터 FastBloc SE라는 이름의 기능을 추가하여 소프트웨어 방식의 쓰기 방지를 지원하고 있다. FastBloc은 과거 이용되던 Guidance Software가 출시한 하드웨어 방식의 쓰기 방지 장치이다. 이후 쓰기 방지 장치로 유명한 Tableau를 인수하면서, EnCase에 내장되어 있는 소프트웨어 방식의 쓰기 장지 기능에 그 이름을 물려줬다.

---

29) 최량증거원칙(Best Evidence Rule)

[그림 18] Guidance Software의 FastBloc3

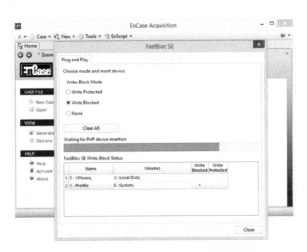

[그림 19] EnCase FastBloc SE 실행 화면

하드웨어 방식의 쓰기 방지

앞서 언급했듯이 FastBloc이 단종된 지금, 가장 유명한 하드웨어 방식의 쓰기 방지 장치는, Guidance Software의 Tableau Forensic Bridge다. Guidance Software에 합병된 이후에도 Tableau라는 이름으로 쓰기 방지 장치를 생산하고 있다. Tableau Forensic Bridge는 인터페이스의 종류에 따라 다양한 제품이 출시되어 있다. Tableau Forensic Bridge는 원본 저장장치와 분석용 랩탑 또는 워크스테이션 사이에 연결되어 원본 저장장치를 보호하고 무결성의 손상을 방지한다.

[그림 20] Tableau Forensic Bridge

(3) 이미징 하드웨어

Media Imager GM4

Media Imager Gm4는 폴란드의 MediaRecovery에서 개발한 이미징 하드웨어이다. 빠른 속도를 자랑하며, 확장 장치를 연결할 경우 최대 6개의 원본 저장매체를 동시에 이미징할 수 있다는 장점이 있다. Basic과 Pro 그리고 Superkit이 있으며 각 버전에 따라 사양에 약간 차이가 있다. Superkit을 구매할 경우 다양한 인터페이스 젠더(Interface Gerder)가 포함되어 있어 다양한 인터페이스의 저장매체에 모두 대응할 수 있다는 장점이 있다. 주 이미지 포맷인 *.E01, *.Ex01을 지원한다. 기본적으로 쓰기 방지를 지원하며, 데이터 완전삭제도 지원한다.

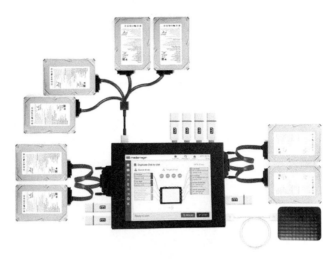

[그림 21] Media Imager GM4 제품 사진

Tableau Forensic Imager TX1

Guidance Software에서 개발한 Tableau 이미징 하드웨어 TD3 시리즈의 후속 모델로 다양한 종류의 HDD드라이브의 플랫폼을 지원(PCIe, PATA, SATA, SCSI, SAS와 USB 등)하고 다양한 파일 시스템(ExFAT, NTFS, EXT4, FAT32, HFS+)을 지원한다. 주 이미지 포맷인 *.E01, *.Ex01은 물론 OSX의 이미지 파일 포맷인 *.DMG도 지원한다. 기본적으로 쓰기 방지를 지원하며, 데이터 완전삭제 및 Blank Check, Disable HPA/DCO 등의 기능도 지원한다.

[그림 22] Tableau Forensic Imager TX1 제품 사진

DIBS RAID(Rapid Action Imaging Device)

DIBS는 유럽, 미국, 아시아, 남미, 중동 지역에 사무소가 있으며, 디지털포렌식 관련 하드웨어를 개발하여 판매하고 교육을 하는 회사이다. DIBS RAID는 초기 분석 및 증거 평가를 위해 증거 수준의 무결성 및 보안을 제공하며 빠른 사본을 만드는 데 이상적인 장치이다.

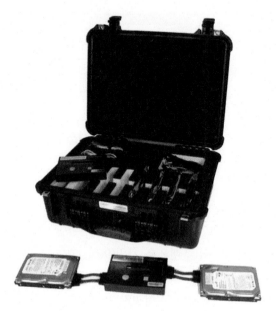

[그림 23] DIBS RAID 제품 사진

SuperImager

SuperImager는 디스크 복제 및 포렌식적인 방법으로 디스크 데이터를 추출할 때 사용하는 하드웨어 이미징 도구다. 과거에 많이 사용되었던 복제 장비인 Solo 시리즈를 제작한 제작자가 만든 하드웨어 장비로 디스크데이터를 복제하고 복제한 후에 간단한 분석까지 가능한 일체형 장비다. 다양한 종류의 HDD드라이브의 플랫폼을 지원(PATA, SATA, SCSI, SAS와 USB 등)하고 주 이미지 포맷인 E01, EX01을 지원한다. 기본적으로 쓰기 방지를 지원하며, 데이터 완전삭제도 지원한다.

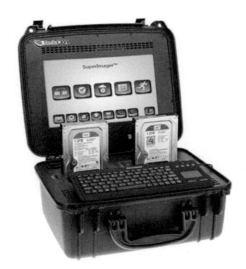

[그림 24] SuperImater 제품 사진

Falcon

Falcon은 미국 Logicube사에서 새롭게 출시한 제품으로 고속으로 데이터 수집 및 삭제가 가능하도록 제작되었다. 다른 이미징 하드웨어 장치와 달리 리눅스 기반으로 제작되었으며, 고속의 데이터 복제 및 이미징이 가능하다. 다른 하드웨어 이미징 장비보다 사용법이 간단하며, 컴퓨터나 휴대용 장치로 원격 접속이 가능하고, 패러럴 이미징 기능 등 다양하고 우수한 기능들을 제공한다. 다양한 종류의 HDD드라이브의 플랫폼을 지원 (PATA, SATA, SCSI, SAS와 USB 등)하고 주 이미지 포맷인 E01, EX01을 지원한다. 기본적으로 쓰기 방지를 지원하며, 데이터 완전삭제 및 Disable HPA/DCO도 지원한다. 현재 다수의 디스크 이미징을 동시에 수행할 수 있는 신형 제품인 Falcon Neo가 출시되었다.

[그림 25] Falcon Neo 제품 사진

(4) 이미징 소프트웨어

컴퓨터 포렌식 전문가들이 많이 사용하는 디스크 이미징 프로그램은 여러 가지가 있다. 이들 프로그램은 원본 디스크의 사본을 만들 목적으로 개발되었다. 일반적으로 통합형 디지털포렌식 도구에서는 디스크 이미징 기본을 기본으로 제공하고 있다.

SafeBack

SafeBack은 1990년에 출시되었으며, 출시 이후 FBI와 IRS의 범죄 수사부에서 포렌식 조사와 증거 수집 목적으로 사용한 도구다. 이 프로그램은 모든 크기의 개별 파티션 또는 전체 디스크를 복제할 수 있다. 그리고 이미지 파일은 SCSI 테이프 또는 다른 모든 자기 저장 매체로 전송될 수 있다. 이 제품은 사본의 무결성을 검사하기 위한 CRC[30], 그리고 소프트웨어의 감사 정보를 유지하기 위한 날짜와 시간 정보를 포함하고 있다. SafeBack은 DOS기반 프로그램이며 인텔 호환 시스템에서 DOS, 윈도우, UNIX 디스크(윈도우 NT/2000 RAID 드라이브 포함)를 복제할 수 있다. CD 또는 DVD 및 기타 저용량 매체에 저장할 수 있도록 분할 이미징을 지원한다. 법정에서의 논란을 막기 위해 이미지를 생성할 때는 어떤 압축이나 변형도 하지 않는다.

---

30) Cyclical Redundancy Check의 약어로, 데이터 전송 시 오류를 검출해내는 수학적인 기법이다.

FTK(Forensic ToolKit)

FTK 프로그램은 분석된 데이터들을 데이터베이스에 저장하여 사용하는 데이터베이스 기반 포렌식 프로그램이다. FTK는 분석된 데이터들이 실시간으로 데이터베이스에 저장되어 컴퓨터가 분석 도중 전원이 차단되거나 저장을 하지 않아도 데이터가 데이터베이스에 그대로 저장되어 있어 대용량 분석을 하는데 적당하다. 또한 그래픽 유저 인터페이스를 제공하여 사용자가 분석하는데 있어서도 친숙함을 제공한다.

또한 다양한 파일시스템의 디스크 이미징, 미리보기, 디스크 마운팅, 활성 데이터 수집 등을 할 수 있는 FTK Imager를 같이 제공한다. FTK Imager Lite의 경우 PE 타입으로 USB에 저장한 후 별도의 프로그램 설치 절차 없이 구동할 수 있다는 특징이 있다.

EnCase

CUI 기반 프로그램인 SafeBack과는 달리, 엔케이스는 포렌식 기술자들이 쉽게 사용할 수 있는 친숙한 GUI를 제공한다. 이 제품은 증거 미리 보기, 특정 드라이브 복사(비트스트림 이미지 생성), 데이터 검색과 분석 기능을 제공한다. 디스크의 있는 내용 중 문서 파일, 압축 파일, 이메일 첨부파일을 자동으로 검색하되고 분석한다. 레지스트리와 그래픽 뷰어도 내장되어 있다.

엔케이스에서는 비트스트림 방식으로 획득한 디스크 이미지를 Evidence File이라 부른다. 엔케이스에서는 이 이미지를 가상 드라이브로 마운트하여 GUI 도구을 통해 검색과 조사를 할 수 있다. 조사하는 중에도 타임스탬프와 기타 데이터가 변경되지 않으며, '미리보기' 모드를 통해 다른 분석용 컴퓨터에서 원본 데이터를 검색할 수 있다. 엔케이스 7부터는 FastBloc SE가 기본 기능으로 포함되어 하드웨어 쓰기 방지 장치가 없어도 EnCase에서 USB, FireWire 및 SCSI 인터페이스로 연결된 저장매체에 접근할 때 쓰기 방지 기능을 사용 가능하다. 별도로 제공되는 무료 도구인 EnCase Forensic Imager를 이용하여 디스크 이미징을 수행할 수 있다.

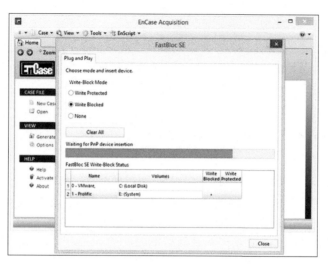

[그림 26] EnCase FastBloc SE 실행 화면

ProDiscover

Technology Pathways 포렌식 팀에서 만든 ProDiscover는 포렌식 워크스테이션에 압축된 형태의 비트스트림 사본을 생성한다. 이 도구는 다른 도구들과 마찬가지로 디스크의 쓰레기 공간으로부터 삭제된 파일 복구, 윈도우 기반 시스템의 데이터 스트림에서 숨겨진 데이터검색, UNIX DD 유틸리티로 생성된 이미지 분석, 리포트 생성 기능을 제공한다.

제4장 전자적 증거의 분석 기술

1. 디스크 브라우징(Disk Browsing)

디지털포렌식 분석에서 기본이 되는 분석 대상은 확보한 저장 매체에서 수집한 저장 매체의 이미지 파일이다. 따라서 이미지 파일의 내부를 재구성하여 별도의 응용 프로그램 없이 탐색할 수 있는 기술이 필요하다. 저장매체 또는 하드디스크 이미지의 내부 구조와 파일 시스템을 확인하고, 파일시스템 내부에 존재하는 파일에 대응되는 응용 프로그램의 구동 없이 쉽고 빠르게 분석할 수 있도록 하는 기법을 디스크 브라우징(Disk Browsing)이라고 한다. 디스크 브라우징을 이용할 경우 복제한 이미지를 사용자가 수동으로 마운팅하여 열람할 필요가 없어 분석 시간을 줄일 수 있다는 장점이 있다. 디스크 브라우징을 지원하는 대표적인 도구로는 FTK, EnCase, X-Ways Forensics, Autopsy 등이 있다.

[그림 27] Autopsy의 디스크 브라우징 기능

디스크 브라우징을 이용할 경우, 파일 시스템의 구조 및 메타데이터를 출력하고, 각 파일과 관련된 정보들(MAC Time[31], 해시 값, 시그니처, 저장 위치 등)을 쉽게 파악할 수 있다. 또한 파일 확장자 변경 여부 및 파일 암호화 여부 등을 확인할 수 있으며, 복구 가능한 삭제 파일을 찾거나 비할당 영역에 있는 파일 파편들을 복구 등을 수행할 수 있다.

2. 데이터 뷰잉(Data Viewing)

데이터 뷰잉(Data Viewing)은 파일 포맷이 있는 데이터를 가시적으로 확인할 수 있도록, 디지털 데이터의 구조를 파악해서 시각적으로 정보를 출력하는 기술이다. 일반적으로 HEX 에디터를 사용하기도 하지만, 좀 더 효과적인 분석을 위해서는 개선된 데이터 뷰잉을 제공하는 경우도 많다. 개선된 데이터 뷰잉에서는 Transcript, Picture, Text, Report View 등의 추가 기능을 제공한다.

[그림 28] FTK Imager로 확인한 윈도우 레지스트리 파일

---

31) 파일 수정 시간(File Modified Time), 마지막 접근 시간(Last Accessed Time), 파일 생성 시간(File Created Time)을 한 번에 지칭할 때 MAC Time이라고 한다.

3. 데이터 검색(Data Searching)

저장매체의 대용량화로 인해 수집되는 디지털 데이터의 양도 점차 방대해지고 있다. 따라서 수사 및 조사 과정에서 수집한 디지털 증거 중에서 사건의 단서를 찾는 것은 점차 어려워지고 있는 것은 현실적으로 매우 어려운 일이 되었다. 이전과 같이 전수조사를 통해서 원하는 단서를 발견하는 것은 사실상 불가능하다. 때문에 사건과 관련된 자료들을 빠르게 선별하기 위한 데이터 검색 기술이 대두되었다.

디지털포렌식 조사·분석은 연속되는 검색의 반복이라고 할 수 있다. 조사 대상인 모든 파일들에 대해서 키워드, 시그니처 등에 대해 검색을 반복 수행해야 한다. 또한 검색을 수행하는 것만큼 검색 범위를 좁히는 것도 중요하다. 잘 알려진 파일은 검색 대상에서 제외하고, 주목해서 검색할 대상을 선정하여, 검색 범위를 축소하는 것도 중요하다. 나아가 발전된 형태의 검색 기술을 사용하여 조사·분석 단계에 투입되는 시간 비용을 줄이는 것이 바람직하다.

(1) 일반 검색(키워드 검색)

일반 검색은 파일 또는 저장매체 전체를 대상으로 특정 키워드를 입력하여 검색하는 것을 의미한다. 일반 검색을 통해 필요한 증거를 찾기 위해서는 텍스트 인코딩, 대·소문자 등의 사항을 고려해야 한다. 일반 검색의 특징은 같은 키워드라도 인코딩 방식에 따라 전혀 다른 값이 되기 때문에 찾고자 하는 키워드의 형태를 결정해서 검색을 수행해야 한다는 것이다. 파일이름, 속성, 내부 문자열과 코드값, 시그니처 등을 선정하여 대상 파일을 빠르게 찾는 기술이다. 일반 검색은 로우 서치(Raw Search)와 인덱스(Index Search)로 구분할 수 있다. 로우 서치는 말 그대로 원 데이터에서 검색을 시도하는 것이고, 인덱스 서치는 데이터 전체에 대한 색인(Index)를 생성한 뒤 검색을 하는 방식이다. 단순한 일회성 검색이라면 로우 서치를 이용하고, 키워드를 바꾸어 가며 검색을 여러 번 수행할 예정이라면 인덱스 서치를 이용하는 것이 바람직하다. 일부 파일의 경우 인덱스 서치로만 본문이 검색되는 경우가 있으니, 올바른 검색을 위해서는 파일별 특징을 잘 이해하는 것도 중요하다.

[그림 29] Autopsy 프로그램의 키워드 옵션

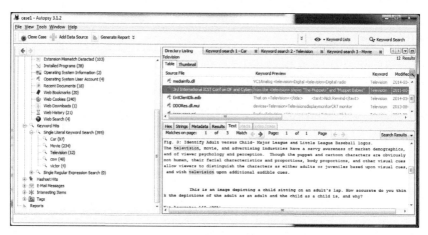

[그림 30] Autopsy 프로그램의 키워드 검색 화면

(2) 파일 시그니처 검색

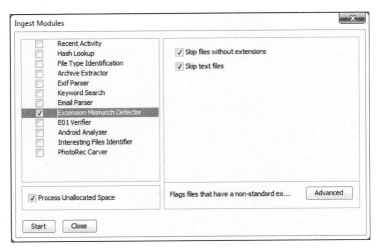

[그림 31] Autopsy 프로그램의 파일 확장자와 시그니처 비일치 검색 옵션

　윈도우 기반 시스템의 파일들은 운영체제나 어플리케이션이 파일 종류를 식별할 수 있게 하기 위해, 대부분의 파일들은 고유한 시그니처(Signature)를 파일 헤더(Header) 또는 파일 헤더와 파일 푸터(Footer)에 가지고 있다. 시그니처에 따른 파일의 확장자는 MFT Entry에 있으며, 확장자에 따라 연결되는 어플리케이션 정보는 레지스트리에 저장하고 있다. 각 파일의 헤더에서 시그니처를 확인해 보면, JPEG 이미지 파일의 경우 'FF D8 FF E0', ZIP 압축파일의 경우 '50 4B 03 04'와 같은 정보를 확인할 수 있다.

　통상적으로 파일의 확장자와 시그니처가 일치해야 하지만, 데이터 은닉을 위해 확장자를 변경하는 경우가 종종 있다. 따라서 파일의 확장자와 시그니처가 일치하는지 여부를 확인해야 한다. 엔케이스는 파일 시그니처 분석을 실행하면, 파일의 시그니처와 확장자가 일치하면 'Match'로 표시하고, 알려져 있는 파일의 시그니처와 다른 확장자일 경우 'Bad Signature'로 표시한다. 그리고 알려져 있지 않은 파일 즉, 시그니처 테이블에 없는 시그니처의 경우에는 'UnKnown'으로 표시한다.

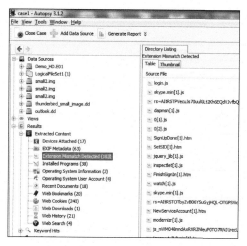

[그림 32] Autopsy 프로그램의 파일 확장자와 시그니처 비일치 검색 옵션

(3) 해시 검색

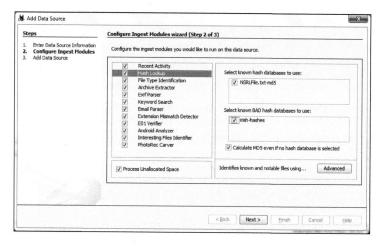

[그림 33] 해시 검색 원리

해시 검색은 기존에 구축된 알려진 파일의 해시 셋(Reference Data Set)을 사용하여, 조사 분석 대상을 식별하고 검색 수준을 선정할 수 있는 기술이다. 해시는 파일이나 파일 시스템 등의 데이터 스트림에 무결성을 검증하기 위해 적용하는 알고리즘이다. 디지털 포렌식에서는 MD5와 SHA-1 알고리즘이 널리 사용되고 있다. MD5 해시 함수의 경우 서로 다른 두 개의 파일이 동일한 해시 값을 가질 수 있는 확률은 $1/2^{128}$에 불과하다. 때문에 만약 두 개의 파일의 해시 값이 동일하다면 동일한 파일이라고 추론할 수 있으며, 두 개 파일의 해시 값이 다르다면 서로 다른 파일이라고 추론할 수 있다. 해시 셋(Hash Set)은 파일들의 해시 값을 특성에 따라 모아둔 것으로, 미국의 NIST(National Institute of Standard and Technology)에서는 디지털포렌식 증거 데이터 분석의 효율성을 높이기 위해 NSRL(National Software Reference Library)와 같은 해시 셋[32]을 공개하고 지속적으로 업데이트 하고 있다. 디지털포렌식 도구들은 NSRL과 같은 해시 셋을 이용하여 사건과 무관한 파일을 분석 대상에서 제외하여 분석 범위를 좁히거나, 혐의 파일의 해시 셋을 구성하여 범죄와 관련된 특정파일의 존재 여부를 검사하는 방식으로 분석에 활용하고 있다.

(4) 슬랙 검색(Slack Search)

슬랙 검색이란 말 그대로 슬랙 공간을 검색하는 것이다. 슬랙 공간(Slack Space Area)은 저장매체의 논리적 구조와 물리적 구조의 차이로 발생하는 낭비 공간을 지칭한다. 슬랙은 논리적 구조와 무관하게 물리적으로는 섹터 단위(512 Bytes)로 데이터를 처리하는 디스크의 특성에 때문에 발생한다. 파일시스템은 하나의 큰 파일을 저장할 때 정해진 크기의 클러스터 여러 개를 이용하여 데이터를 저장하게 된다. 따라서 가장 마지막에 저장되는 클러스터는 일부의 원본 데이터와 함께 데이터가 쓰여지지 않은 공간을 함께 갖게 된다. 이 공간을 파일 슬랙(File Slack)이라고 부른다. 만약 클러스터의 크기가 2KB, 즉 2,048 Bytes였다고 가정하면, 해당 클러스터는 4개의 섹터로 구성될 것이다. 파일 슬랙이 맨 처음 발생하는 섹터 역시 원본 데이터와 함께 데이터가 쓰여지지 않은 공간을 함께 갖게 될 것이다. 이 부분을 램 슬랙(Ram Slack)이라고 부른다. 그리고 파일 슬랙에서 램 슬랙을 제외한 부분을 드라이브 슬랙(Drive Slack)이라고 부른다. 드라이브 슬랙은 데이터가 쓰여지지 않은 공간(섹터)만을 갖게 된다.

---

32) 이러한 해시 셋을 RDS(Reference Data Set)라고도 한다.

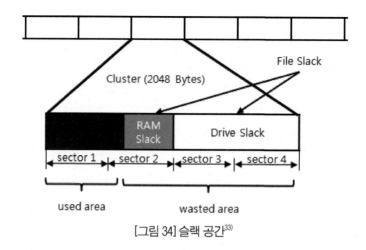

Cluster (2048 Bytes)

File Slack

RAM Slack

Drive Slack

sector 1 sector 2 sector 3 sector 4

used area   wasted area

[그림 34] 슬랙 공간[33]

이외에도 하드디스크에는 할당되지 않은 공간들과 볼륨 슬랙 공간, 파티션 슬랙 공간 등이 있다. 사용자들이 이런 슬랙 공간에 데이터를 은닉할 수 있기 때문에, 일반적으로 디지털포렌식 도구 들은 슬랙 공간의 데이터를 검색할 수 있는 기능을 가지고 있다.

4. 증거 분석 기술

(1) 윈도우 레지스트리 분석(Windows Registry Analysis)

윈도우 레지스트리는 윈도우 운영체제의 설정과 선택 항목을 담고 있는 데이터베이스로, 해당 시스템의 모든 하드웨어, 소프트웨어에 대한 정보와 설정이 저장되어 있다. 따라서 윈도우 레지스트리 분석을 통해 다양한 정보를 획득할 수 있으며, 대부분의 포렌식 도구가 윈도우 레지스트리 분석을 지원하고 있다. 윈도우 레지스트리는 몇 개의 레지스트리 하이브(Hive)로 구성된다. 레지스트리 하이브 파일들은 [SystemRoot]\System32\ Config 폴더에 위치하며, regedit와 같은 명령으로 레지스트리 하이브 내부를 확인할 수 있다. 해당 사건의 사안에 따라 다르겠지만, 일반적인 사안에서는 SAM 하이브 파일이 레지스트리 하이브 파일들 중에서 가장 중요하다고 할 수 있다. SAM 하이브 파일에는 패스워드들의 해시 정보가 저장된다. 이는 패스워드 해시 정보들은 운영체제에 의해서 암호화되어 보호되고 있는데, 이를 복호화하면 원본 패스워드 해시 정보를 확인할 수 있다. 대다수의 디지털포렌식 도구들은 SAM 하이브 파일의 패스워드 복구 기능을 제공한다.

---

33) 출처 : http://forensic-proof.com/archives/363

(2) 타임라인(Timeline) 구성

디지털포렌식에서 분석 디지털 데이터의 시간 정보는 범죄 사실을 규명하기 위해 매우 중요한 정보이다. 파일시스템 상에 저장되는 파일의 시간 정보, 파일 내부의 메타데이터에 저장되는 시간 정보 등 다양한 곳에 저장되어 있는 시간 정보를 이용하여 타임라인을 구성함으로써 시스템 사용자의 행위를 추적할 수 있다.

(3) 타임라인 분석

파일시스템들은 각각의 파일들이 만들어진 시간 정보와 마지막으로 접근된 시간 정보 그리고 마지막으로 수정된 시간 정보들을 가지고 있다. 디지털포렌식 도구가 이런 시간 정보들를 이용하여 시간의 흐름에 따라 어떤 파일들이 생성되고 접근되었는지를 알기 쉽게 보여줄 수 있다면 증거 분석을 좀 더 수월하게 할 수 있다. NTFS 파일 시스템에서는 $LogFile과 $UsrJrnl이라는 시스템 파일이 존재하며, 파일시스템에 대한 사용 로그를 남기고 있으므로 다른 파일 시스템보다 많은 시간 정보를 얻을 수 있어 타임라인 분석이 좀 더 용이하다고 할 수 있다.

[그림 35] TimeLine 분석

(4) 삭제된 파일 복구

하나의 파일은 여러 클러스터들의 리스트로 이루어져 있으며, 이런 리스트 정보가 파일 시스템에 들어 있다. 일반적으로 하나의 파일을 삭제할 경우에 파일시스템은 클러스터들에 들어 있는 파일 내용을 지우는 것이 아니라 파일에 할당된 클러스터들을 비할당 영역으로 변경하는 것으로 파일을 지운다. 따라서 비할당 영역에 있는 클러스터들이 다른 파일에 할당되지 않는 한 삭제된 파일을 복구할 가능성이 있다.

비록 삭제된 파일을 복구할 수 없을지라도 파일이 존재했다는 사실이 사건에 중요한 단서가 될 수 있다. 어떤 파일이 존재했었는지의 존재 여부는 다양한 방법으로 이루어질 수 있다. 예를 들어서, 윈도우 운영체제에서 Thumbs.db라는 숨김 속성 파일은 디렉터리에 이미지 파일이 있을 경우에 Windows에서 이미지 파일의 정보 값을 파악하기 용이하도록 자동으로 생성하는 데이터베이스 파일이며, 이미지들을 모두 삭제해도 이 데이터베이스 파일이 남아 있을 수 있으므로 삭제 명령된 이미지 파일의 존재 여부 증명에 유용하게 사용할 수 있다.

5. 분석방법에 관한 보고서 기재요령 예시[34]

〔별지 제3호 서식〕

National Digital Forensic Center

검찰
PROSECUTION SERVICE

분석보고서

접 수 일 자
지 원 번 호
관 리 번 호
_____

분 석 일 자
장   소
_____

분 석 대 상
_____

요 청 기 관
_____

요 청 사 항
_____

종합분석결과   ○
-
-
-

○
-
-

2015. . .

대검찰청 디지털수사과

디지털포렌식 수사관

1/5   대검찰청 디지털수사과

---

34) http://www.spo.go.kr/spo/info/instruct/instruct.jsp?mode=view&board_no=3&article_

‖‖‖‖
검찰
PROSECUTION SERVICE
National Digital Forensic Center

상 세 내 역

1. 사건 개요

2. 분석 요청 사항

가.

나.

다.

3. 분석대상 정보

관리 번호	사용자	종류	제조사	모델	용량 (GB)	시리얼번호

4. 분석 시스템과 도구

가. 분석시스템 운영체제 : Windows 7

나. 복구·분석에 사용한 프로그램 : Encase[1], CFT[2], DEAS[3], FTK[4]

---

1) 미국 Guidance Software 社에서 제작한 컴퓨터증거 조사 소프트웨어. 전 세계에서 가장 많이 사용되는 디지털포렌식 (Digital Forensics) 도구(Tool)로서 증거사본 생성과 분석, 보고서 작성에 이르기까지 증거조사의 모든 과정의 수행이 가능함

2) 국책연구기관인 국가보안기술연구소를 통하여 개발된 컴퓨터 증거 획득 및 분석이 가능한 컴퓨터 포렌식 도구 (Computer Forensic Tool)

3) 대검찰청에서 연구·개발한 디지털포렌식 툴(Digital Evidence Analysis System)로서, 컴퓨터에 저장된 파일들을 종류별로 자동 분류하고, 삭제된 파일을 복구하거나 이메일, 인터넷 접속기록 등을 분석하기 위해 주로 사용됨

4) Forensic Tool Kit의 약자로 미국 Access Data 社에서 제작한 컴퓨터 증거조사 소프트웨어. FTK Imager를 통한 증거 사본 생성, Registry Viewer를 통한 윈도우 레지스트리 분석 등 증거사본 생성과 분석, 보고서 작성에 이르기까지 증거조사의 모든 과정의 수행이 가능함.

2/5

대검찰청 디지털수사과

National Digital Forensic Center

5. 증거사본작성 및 분석방법

가. 증거사본 작성[5]

1) 관리번호 2015 지원 _1호_증거1호_

Actual Date
Case Number
Evidence Number
사본작성자
Model/Serial Number
Drive Type
Acquisition MD5
Verification MD5
EnCase Version
System Version
Write Blocked
Total Size
Total Sectors
Disk Signature
Partition

Name	Id	Type	Start Sector	Total Sectors	Size

---

5) 사본 작성은 bit stream(비트 단위로 전송하는 데이터) 복제 기술을 이용하여 원본 디스크의 내용을 이미지 파일의 형태로 만드는 것임. 이미지 파일 생성시 CRC(Cyclical Redundancy Check, 순환중복검사) 및 원본 해시값 검증을 통해 원본과의 동일성을 확인함. 원본 하드디스크의 정상 파일, 삭제 파일, 비할당 영역의 데이타 등 모든 데이터가 원본과 동일한 상태로 복제됨

대검찰청 디지털수사과

National Digital Forensic Center

나. OS 정보 및 Time zone setting 확인

대 상	OS	OS 설치 일시	Time zone	비 고

다. 수행한 분석방법

원본 하드디스크를 이미지(증거파일) 작성용 컴퓨터에 쓰기방지장치를 이용해 연결하고 EnCase를 통해 증거사본을 작성한 후 이를 서버에 저장 후, 네트워크를 통해 분석대상 증거사본을 분석용 워크스테이션으로 사본하여 분석 작업을 수행

6. 상세 분석 결과

가. 관리번호 2015 지원 _1호_증거1호_

1) Page File[6], 인터넷 임시파일(Temporay Internet Files)[7], 레지스트리[8], MAC Time[9] , 링크파일[10], 메타데이터(Meta Data)[11]

가)

나)

2)

가)

나)

---

6) 윈도우에서 RAM처럼 사용하는 하드디스크의 영역, 운영체제가 필요로 하는 총 메모리 중 실제 장착된 메모리(RAM)를 제외하고 부족한 나머지 메모리를 하드디스크를 이용해 메모리처럼 사용함

7) Internet Explore를 통해 엑세스한 웹페이지상의 이미지 등은 사용자 컴퓨터의 인터넷 임시파일폴더에 저장이 되며, 다음에 웹페이지를 방문할 경우 사용자의 컴퓨터에 저장해둔 데이터(이미지 등)를 대신 표시함으로서 웹페이지를 빠르게 표시할 수 있음. 즉 임시인터넷 파일은 브라우저의 속도를 향상시릴 목적으로 사용됨

8) 윈도우즈 운영체제에서 작동하는 모든 프로그램의 시스템 정보를 저장하는 일종의 데이터베이스로, 각 사용자의 프로필, 컴퓨터에 설치된 응용프로그램, 시스템에 존재하는 하드웨어 등 Windows에서 지속적으로 참조하는 정보가 들어있음

9) Modified(파일수정), Accessed(파일접근), Created(파일생성)의 약자로, 해당 파일시스템에서 관리되고 있는 시간정보를 의미함.

10) 프로그램을 실행하거나 폴더 또는 파일에 대하여 접근하는 경우 자동으로 생성되는 파일

11) data를 위한 data 즉 다른 데이터를 설명해 주는 데이터를 말함, 가장 일반적인 예로 복합파일(MS 워드, 엑셀 등)의 경우 파일 내부에 파일과 관련된 파일 생성 정보, 수정 정보, 작성자 이름 등 메타데이터를 담고 있음(NTFS 파일시스템의 MFT Entry 중 0번부터 15번까지의 파일시스템 관리 파일인 메타데이터 파일과는 별도 개념임)

4/5 대검찰청 디지털수사과

National Digital Forensic Center

나. 관리번호 2015 지원 _1호_증거2호_

  1)
  2)
   가)
   나)

첨 부 : 1.   .
       2.   . 끝.

1. IoT 시대 환경변화

어느 날 아침 주택가 인근 좁은 도로에서 살해된 여성의 시체가 발견된다. 유력한 용의자인 전 남자친구 김 모씨를 잡았지만 CCTV 기록도, 목격자도 없어 범행시간조차 파악이 어려웠다. 이를 해결해준 것은 그 여성이 착용하고 있던 스마트워치. 완전히 깨져있었지만 스마트워치의 데이터를 복구해 심박수가 갑자기 높아진 시점을 범행시간으로 특정해 범인을 검거했다. 미국의 한 주에서 피해자가 찬 스마트워치 핏빗(Fitbit)을 활용해 범인을 검거한 사례다.[35]

이메일, 모바일 메신저, 소셜네트워크서비스(SNS), 위치기반 서비스 등 스마트폰을 중심으로 인터넷에 접속하고 처리되는 개인정보를 통해 다양한 부가서비스를 제공받는 환경이 이제는 스마트워치, 디지털체중계, 디지털등산복 등을 통해 심박수, 체온, 체중, 수면상태를 비롯한 각종 신체상태 정보까지 센서를 통해 수집되고 처리되어 더욱 정밀하고 섬세한 인간 중심 맞춤형 서비스를 제공받는 환경으로 변화하고 있다. IoT 기기들에 의해 이용자들의 모든 일상이 기록되어 처리되고 있다고 생각해도 과언이 아니다. 이에 따라 각종 범죄 현장에 존재하거나 용의자가 소지한 IoT 기기에서 수집한 데이터를 분석하여 범죄증거로 활용하는 사례가 급증할 것으로 보이며, 또 다른 한편으로는 이용자들의 일상이 기록된 IoT 기기를 해킹하여 불법으로 수집한 정보를 활용하려는 시도도 증가할 것으로 보인다.

또한 최근 반도체기술의 향상으로 과거 첩보영화에서 보던 기기들이 오늘날 IoT 기기 형태로 실제 상용화되고 있으며 테러·범죄 조직들이 이를 활용 시에 대응하는데 어려움을 겪게 할 것으로 예상된다.

이에 따라 스마트폰, 스마트워치, 체중계, 스마트TV, 세탁기, 에어컨 등의 저장매체, 네트워크 송수신 패킷 및 로그기록 등 우리가 사용하는 일상적인 디지털기기와 그 기기가 접속되어 생성되는 정보 및 데이터가 포렌식 대상이라고 할 수 있다.

---

35) 매일경제, "스마트밴드는 범행산을 정확히 알고 있다."
   http://news.mk.co.kr/newsRead.php?year= 2015&no=933397 2105년 9월 29일

2. IoT 대응 포렌식 전략

과학수사의 개척자 에드몬드 로카르드에 의하면 과학수사의 기본원칙으로 "모든 접촉은 흔적을 남긴다"[36]고 했다. IoT기기에서 실행되는 모든 소프트웨어는 메모리에 실행코드, 데이터 등 관련 정보들이 적재되어야만 CPU에서 처리가 가능하며, 오늘날 대부분의 IoT 기기가 데이터와 로그자료를 생성한다는 점을 살펴볼 때, 인간이 사용하는 모든 IoT 기기는 그 이용자가 사용한 디지털 흔적을 남긴다고 생각할 수 있다. 즉 IoT 기기이용자의 행동은 본인의 의지와는 무관하게 어디엔가는 저장될 가능성이 높다고 추정할 수 있다. 또한 범죄현장은 증거의 보고이므로 현장의 유류 흔적을 단서로 진실을 추구해야 한다는 점을 고려할 때 IoT 기기 뿐만 아니라 IoT 기기가 통신하던 무선네트워크 환경, 블루투스 등과 IoT 기기의 센서에 영향을 주는 GPS정보, RF카드, 온도, 습도, 광량등의 다양한 주변 환경도 반드시 조사되고 수집되어야 한다.

이러한 적절한 IoT 포렌식 과정을 통해 수집된 디지털 증거에서는 그 이용자의 행동을 찾을 수 있다. 물론 주도면밀한 범인의 경우 자신의 존재와 행위를 숨기기 위해 흔적을 지우려고 하겠지만, 범인의 의도와 무관하게 남겨지거나 인식하지 못한 디지털 흔적에 대해서는 범인 역시 지울 수가 없다.

3. IoT 기기 특성과 착안사항

(1) IoT 기기 특성

대부분 휴대가 가능한 모바일 기기 형태 또는 임베디드 기반 장치로 구성되어 있고 회로가 집적화되어 있어 분해가 어려운 경우가 많다. 또한 에어콘, 보일러, 산업기기에 임베디드 되어 있는 경우 증거수집 과정에 기기손상 우려가 있으며 이에 따라 자칫 IoT기기에 의해 통제되는 장비에 심각한 영향을 줄 수도 있다.

오늘날 센서와 메모리와 같은 반도체 기술은 급성장하고 있으며 사용되는 기기들의 성능과 용량은 증가하고 크기와 무게는 점점 경량화 되고 있는 추세이다. 또한 저장된 데이터의 형식이 암호화되어 있어 그 암호화 알고리즘과 해독을 위한 암호키를 알지 못하면 사실상 분석이 불가능한 어려움이 존재한다.

---

36) "Every Contact Leaves a Trace", Dr. Edmond Locard(1877~1966)

이와 같은 IoT 기기를 실제 사용하는 이용자는 기기내부의 세부적인 구조와 원리 및 구동과정을 알지 못하며 단지 기기가 제공하는 인터페이스와 그 기능에 의존하기 때문에 부정한 방법으로 접근권한이 없는 자가 접속하여 IoT 기기를 오동작하게 하거나 IoT기기로부터 생성되는 정보를 악용하는 등의 해킹행위를 하더라도 치명적인 피해가 발생할 때까지 이용자는 전혀 눈치를 채지 못할 수도 있다.

또한 스마트폰의 이용증가로 최근에 출시되는 대부분의 IoT 기기는 이용자가 24시간 온라인 상태로 켜두고 있는 스마트폰과 연동되는 추세이다. 이와 같은 점은 IoT 기기와 이용자의 행동이 융합되는 형태로 발전되고 있어 이용자의 행동이 본인의 의사와 무관하게 스마트폰의 메모리 공간 또는 스마트폰과 연동되는 서버에 저장되는 경우가 많다 .

이와 같은 점을 볼 때 범죄와 관련성이 있는 기존 물리적인 형태의 흔적과 IoT 기기에서 생성되는 디지털 형태의 흔적을 수집하고 분석하여 범행과 연관성 있는 정보를 추출 및 범인의 행동을 재구성할 수 있으며, 이를 통해 범행동기를 알아내거나 범인을 특정하고 알리바이를 검증하거나 범죄사실을 입증하고, 범인을 추적하는데 큰 효과를 발휘 할 수 있다.

그리고 IoT 기기에서 실행되는 운영체제의 특성을 살펴볼 때 적은 메모리 공간을 효율적으로 이용하기 위해 Linux 계열 운영체제를 많이 사용한다. 오늘날 널리 보급된 스마트폰에서 사용되는 안드로이드 역시 리눅스 환경을 이용한 운영체제이다. 마이크로 소프트사에서 기존에 출시한 Windows CE 기반의 운영체제를 이용하는 기기들도 있으며, 최근 라즈베리파이용 Windows 10 기반 IoT 운영체제를 발표하여 개발자들의 참여를 독려하고 있어 향후 Windows 기반 IoT 기기의 출시도 예상된다.

(2) 증거 수집 시 고려사항

1) 은닉된 IoT 기기

IoT 기기는 소형화되고 임베디드화 되고 있는 경우가 많아서 IoT 기기의 존재 자체를 발견하기 어려운 경우가 많다. 공항 또는 중요시설 등의 검색대에 설치된 스피드게이트에서 검색이 되지 않는 경우도 많다. IoT 기기를 찾아내기 위해 금속탐지기나 전파감지기 등의 부가적인 장비가 필요하며 현장에 경험있는 전문가의 참여가 필요하다. 때로는 소지 중인 소형 IoT 기기를 찾기 위해 신체수색을 해야 하는 경우도 발생할 수 있다.

2) 저장매체의 접근성

IoT 기기에서 주로 사용되고 있는 플래시메모리는 제조사와 규격이 다양하고 기판에 결합되어 있거나 IoT 기기가 다른 장비에 임베디드 되어 있는 경우가 많아서 기기를 분리하거나 저장매체로부터 증거분석용 이미지를 추출하는데 제품의 구조도와 전자공학적인 지식이 요구된다. 분해과정을 통해 본 기기의 훼손이 발생할 가능성이 많아 소지자의 협조를 얻기 어려운 경우도 예상된다. 또한 IoT 기기에 전력이 차단되거나 전원을 공급하는 배터리가 방전될 경우 메모리가 초기화되거나 휘발성이 강한 데이터가 손실 될 가능성도 있으므로 이에 대한 대비와 증거물 수집 시 신중한 판단이 요구된다.

3) 통신 환경

IoT 기기가 인터넷 또는 블루투스 등으로 통신하는 경우 무선공유기(AP), 네트워크 프린터, 웹서버 형태의 시스템 또는 기기가 함께 확보되어야 전송된 데이터 및 로그 정보 등의 수집이 가능하다. 이때 통신과 관련된 주변기기의 소유자는 분석 대상인 IoT 기기의 소유자와 다를 수도 있다는 점을 고려해야 한다. LTE 또는 CDMA 기반의 무선통신망을 이용하는 IoT 기기의 경우 USIM도 함께 확보되어야 하며, 증거수집과 분석이 진행되는 동안 데이터의 변형이 이루어지지 않도록 전파차단 조치가 필요하다. IoT 기기 및 통신장비를 직접 접근할 수 없는 경우 네트워크 포렌식 형태로 패킷(Packet)에 기반한 분석을 통해 송수신 데이터의 정보를 얻을 수도 있다. 물론 이와 같이 패킷을 수집하여 분석하는 것이 기술적으로는 어려운 일이 아닐 수 있지만, 현행법상 감청에 해당하는 행위가 될 수 있어 적법한 절차와 범위 내에서 분석이 이루어져야 하겠다.

4) 주변 환경

디지털포렌식을 통해 IoT 기기로부터 생성된 정보를 분석하는 것은 사건해결에 중요한 의미가 있으나 IoT 기기에만 의존해서 사건을 해결하려는 것은 착오에 빠지는 실수를 할 수 있다. 현장 주변의 네트워크 정보, 블루투스 등의 전파발생 정보, 내장된 센서에 영향을 줄 수 있는 조명, 온도, 습도, GPS정보, 기압 등의 현장 환경이 종합적으로 기록되고 분석되어야 종합적인 정황분석이 가능하고 사건의 재구성 또는 재현이 가능하다. 때문에 증거를 수집하는 시점에 주변 환경이 제대로 기록되지 않으면 사건의 원인을 파악하거나 사건과 연관성이 있는 간접적인 증거를 수집할 수 있는 골든타임을 놓쳐버릴 수도 있다.

5) 프라이버시 이슈

IoT 기기는 이용자의 모든 일상 생활이 기록되거나 민감한 정보가 노출될 수 있어 증거수집 및 분석시 이용자의 프라이버시와 인권을 고려해야 한다. 최근 대법원에서는 선별적 출력 및 복제가 불가능할 경우 이미징이나 저장매체 반출이 허용될 수 있으나 혐의사실에 대한 구분 없이 임의로 저장된 디지털 증거를 출력 또는 복제하는 행위는 위법하다고 판단하였다. 비록 압수수색 과정이 적법하다고 하더라도 전자정보의 복제, 출력 과정은 압수수색의 목적에 해당하는 중요한 과정으로, 이 과정에서 혐의사실과 무관한 정보가 수사기관에 넘겨지게 되면 피압수자의 다른 법익이 침해될 가능성이 커지게 된다는 이유이다.[37]

하지만 IoT 기기는 제조사나 그 제품의 개발자 이외에는 증거수집 시에 어떤 정보가 어느 위치에 저장되어 있는지 알기 힘들어 사실상 선별적 출력 및 복제가 어려운 상황이다. 심지어 IoT 기기에는 이용자 본인의 정보 뿐만 아니라 이용자와 관련된 제3자의 정보까지 기록되는 경우가 많아서 동의없이 수집되는 경우 심각한 프라이버시 침해 우려가 존재한다.

이와 같은 점들을 고려할 때 IoT 기기로부터 선별적 출력 또는 복제를 위해서는 IoT 기기로부터 수집할 수 있는 정보의 종류와 위치, 수집방법 등의 많은 연구가 필요하다. 또한 수사기관 중심의 법 집행기관에서는 이와 같은 연구 기반의 절차와 매뉴얼 마련이 필요하다. 이러한 절차와 매뉴얼은 범인을 검거하기 위해 중요한 수사기법이 될 수 있는 반면, 노출되어 범죄에 악용될 경우 범행 또는 증거인멸에 악용될 소지가 있어 적절한 관리와 보호도 필요하다.

4. 증거 수집 및 분석 도구

(1) 하드웨어

모든 IoT 기기의 저장매체의 내용을 변형시키지 않고 IoT 기기의 인터페이스를 이용하여 데이터를 수집할 수 있는 만능도구가 있다면 매우 좋겠지만 현실적으로는 그렇지 않은 경우가 많다. 또한 IoT 기기 제조사마다 CPU를 비롯한 메모리에 접근하는 통신 프로토콜을 다르게 사용하고 있고, 메모리와 메모리 컨트롤러 종류 또한 다양하기 때문에 해당하는 저장매체 규격을 분석하는 과정이 필요하다.

---

37) 대법원 2015. 7. 16. 자 2011모1389 결정 준항고 인용결정에 대한 재항고에 대한 기각 결정문

다행히 라즈베리파이와 같은 범용적인 하드웨어를 사용하는 기기라면 기판에 장착된 SD메모리를 분리한 후 분석용 컴퓨터에 SD메모리용 어댑터를 연결하여 이미지를 추출하는 것으로 쉽게 해결된다.

플래시 메모리가 기판에 결합되어 있는 형태의 기기의 경우 제조사가 개발자를 위해 플래시 메모리 백업 기능을 제공하는 경우에는 제조사의 개발자 매뉴얼에 설명된 방법과 절차를 통해 메모리 이미지 추출과정을 진행하면 된다. 제조사에서 JTAG(Joint Test Action Group)[38] 인터페이스를 제공하는 경우 이 JTAG 포트를 통해 메모리의 데이터를 획득하는 방법도 많이 사용되고 있다. 원래 JTAG 인터페이스는 임베디드 시스템 개발시에 사용하는 디버깅 목적으로 하드웨어의 테스트나 연결상태를 테스트하기 위해 사용되지만, 반도체 칩 내부를 조사(Capture)하거나 제어(INTEST)할 수 있는 기능을 이용하여 임베디드 시스템의 ROM이나 플래시 메모리의 내용을 기록하거나 읽어낼 수도 있다.

상용으로 판매되는 IoT 기기의 경우 제조사에서 많은 예산과 시간을 투자하여 개발한 노하우가 제품의 운영프로그램에 녹아들어 있기 때문에 플래시메모리에 저장된 내용이 노출되지 않도록 보호조치를 하는 경우가 많다. 이와 같은 이유로 메모리의 이미지를 케이블이나 JTAG 인터페이스 등으로 추출하는 기능이 제공되지 않은 경우에는 IoT기기의 기판에 납땜에 되어 있는 플래시메모리를 인두나 열풍기를 이용하여 기판에서 분리 후 [그림 36] 및 [그림 37]과 같은 롬 라이터(Rom Writer) 장비에서 증거분석용 이미지를 추출해야 하는 과정이 필요할 수도 있다.

[그림 36] 다양한 메모리를 위한 롬 라이터 소켓 샘플

---

38) https://ko.wikipedia.org/wiki/JTAG

[그림 37] 범용으로 많이 사용되는 롬 라이터 SuperPro 610P

이와 같은 물리적인 방식으로 증거분석용 이미지를 획득하는 방법은 제품의 인터페이스와 케이블을 이용한 논리적인 방법으로 데이터를 복사하는 것에 비해 번거로운 반면에 IoT 기기가 부팅시 읽어들이는 Firmware를 비롯한 삭제된 영역의 데이터까지 확보할 수 있고 획득한 메모리 데이터의 무결성을 보장할 수 있는 장점이 있다.

또한 NAND플래시메모리는 기존 하드디스크 형태의 저장매체와 달리 그 특성상 시스템에서는 사용하지 않는 메모리 영역을 자동으로 다시 사용 가능한 메모리로 되돌려주는 기능, 즉 삭제된 데이터의 블록을 비워주는 가비지 컬렉션(Garbage Collection) 기능에 의해 증거분석용 이미지를 최초 획득한 이후 다시 이미징 작업을 진행할 경우 다른 해시 결과값이 출력될 수 있다는 점은 주의가 필요하다. 이것은 낸드 플래시 메모리에 존재하는 각각의 블록당 쓰고 지우는 횟수가 제한되는 문제점을 해결하기 위한 것으로 전체 블록의 쓰고 지우는 횟수를 평준화하기 위한 방안으로 가비지 컬렉션이 수행되는 것이다. 가비지 컬렉션은 하드웨어 방식으로 수행되는 경우도 있고 운영체제 기반으로 수행되는 경우도 있다.

(2) 소프트웨어

IoT 기기의 디지털포렌식을 위해서는 기존 전통적인 디지털포렌식과 같이 저장매체의 내용을 변형시키지 않고 데이터를 수집하고 분석할 수 있는 소프트웨어가 필요하다. 이러한 소프트웨어는 메모리에서 획득한 증거분석용 이미지에 존재하는 파일시스템을 인식하거나 재구성할 수 있고 파일시스템 내에서 존재하는 데이터의 형태를 분석하기 용이한 형태로 출력해 줄 수 있는 기능이 포함되어야 한다.

대부분의 IoT 기기 하드웨어는 제조사마다 다른 형태를 가지고 있지만 IoT 기기를 구동하는 운영체제는 리눅스, 안드로이드 등 널리 보급되고 안정화된 소프트웨어를 사용하므로, 이에 따라 범용으로 흔히 사용하는 EnCase, FTK, X-Way사의 상용 포렌식 소프트웨어나 Autopsy와 같은 오픈소스 기반 디지털포렌식 소프트웨어도 IoT 기기 내부의 파일시스템을 인식하고 분석하는데 충분히 활용될 수 있다. 또한 IoT 기기 제조사에서 제공하는 관리소프트웨어, 개발용 SDK와 뿐만 아니라 개인이 개발한 파이썬 스크립트같은 도구와 해킹용 도구도 때로는 좋은 분석용 소프트웨어가 될 수 있다.

일반적으로 IoT 기기 내부에서 구동되는 소프트웨어는 효율적인 데이터 및 정보의 축적을 위해 모바일 환경에 최적화된 SQLite와 같은 가벼운 데이터베이스를 많이 활용하고 있다. SQLite는 오픈소스 데이터베이스 소프트웨어로 가볍고 빠른 특성 때문에 간단한 정보를 체계적으로 저장해야 하는 응용프로그램이나 스마트폰, 임베디드 장비에 탑재되는 소프트웨어에서 주로 사용되고 있으며, 안드로이드 운영체제에 기본적으로 탑재된 데이터베이스이기도 하다.

포렌식 관점에서는 IoT 기기를 분석할 때 SQLite 파일의 구조를 분석하고 그 내용을 브라우저 형태로 볼 수 있는 소프트웨어가 범용으로 많이 활용되고 있다. 최근에는 IoT 기기에서 존재하는 SQLite의 구조를 분석하고 삭제된 영역을 복구한 후 사용된 어플리케이션과 타임라인으로 재구성한 내용을 GUI 형태로 보여주는 프로그램을 개발하여 상용화한 소프트웨어들도 있다.

파일시스템에서 삭제된 파일을 복구하듯이 SQLite에서 삭제된 영역을 복구할 수 있는 이유는 데이터베이스에서 레코드를 삭제할 때 삭제된 레코드가 있었던 영역을 사용하지 않는 영역으로 구분하지만 해당 영역이 반드시 초기화되는 것은 아니기 때문이다.

5. 향후 전망

IoT 기기의 포렌식은 기존 디지털포렌식 분야에서 다루던 저장매체 포렌식, 메모리 포렌식, 네트워크 포렌식 등의 지식과 소형화 설계된 기기의 전자회로적 특성 그리고 연결된 센서의 특성을 파악할 수 있는 지식들이 함께 융합되고 종합되어야 가능하다. 또한 분석 단계별로 관리연속성(Chain of Custody)과 증거의 무결성이 보장된다면 각 단계별 전문가의 분업도 가능하다.

위에서 살펴본 IoT 기기의 특성을 고려할 때 사건의 상황과 IoT 기기의 종류에 따라 달라질 수도 있겠지만 대략적으로 다음과 같은 단계와 절차가 필요할 것으로 예상된다.

- 현장 채증사진 및 환경정보 수집
- IoT 기기 모델 및 하드웨어 구성 정보 확인
- IoT 기기 매뉴얼 확보
- 펌웨어 버전 확인
- 저장매체(메모리) 획득
- 증거분석용 이미지 추출
- 파일시스템 분석 및 삭제데이터 복구
- 어플리케이션 데이터베이스 분석
- 시나리오 기반 데이터 재구성 및 시각화
- 분석 보고서 작성

지금까지 사물인터넷 시대에 디지털포렌식을 위한 현황을 짚어보고 향후 예상되는 포렌식 업무를 위해 연구되어야 할 방향을 설명하였다. IoT 기기에는 이용자의 모든 일상이 기록된다는 점을 고려한 프라이버시 보호와 기기의 발달에 따른 역기능에 대비한 IoT 기기의 분석기술과 절차 마련을 위해 적극적인 연구가 필요하다.

제2편
형사절차상 수집과 분석절차

제1장 형사절차 개요

1. 개 론

전자적 증거를 수집하는 절차로서는 형사소송법 상 영장에 의한 압수·수색과 같은 강제수사절차와 동의 또는 임의제출 등에 의한 임의수사절차가 있다. 민사소송에서는 법원에 의한 제출명령제도가 있다. 이하에서는 주로 형사소송절차에서의 증거수집과 분석방법을 설명하고, 민사소송에서의 증거제출명령제도에 관해서는 별도의 민사소송절차에서 설명하기로 한다.

형사절차는 크게 수사절차와 공판절차로 나눌 수 있다. 수사절차는 검사와 사법경찰관리가 집행하고 밀행성, 신속성의 원칙이 강조되고 있지만 공판절차는 법원이 주재하며 공개주의, 직접주의, 공판중심주의 등이 강조되고 있다. 이와 같이 소추와 재판이 분리되어 운영되는 구조를 '탄핵주의 소송구조'라고 하며 조선시대의 원님과 같이 소추와 재판을 함께하는 것을 '규문주의 소송구조'라고 한다.

수사절차는 수사단서를 가지고 개시한다. "검사와 사법경찰관은 범죄의 혐의 있다고 사료하는 때에는 범인, 범죄사실과 증거를 수사하여야 한다(제195조, 제196조 제2항)." 대다수 형사사건은 사법경찰관이 수사개시 및 유지를 하고 있는 점을 감안하여 현행 「형사소송법」은 사법경찰관도 범죄의 혐의가 있다고 인식하는 때에는 범인, 범죄사실과 증거에 관하여 수사를 개시·진행하도록 의무화하였다. 그러면서도 모든 범죄의 수사에 있어서는 검사의 지휘를 받도록 하였다.

수사는 기본적으로 임의수사, 불구속수사를 원칙으로 하고 있으나 수사기관은 법원의 영장을 전제로 강제수사를 할 수 있다. 강제수사에는 대인적 강제처분으로 체포와 구속이 있고, 대물적 강제처분으로 압수·수색, 검증, 감정유치 등이 있다. 과학수사의 일종인 통신감청, 예금계좌추적 수사도 법원의 영장을 필요로 한다. 예외적으로 이러한 영장 없이 체포하거나 압수·수색할 수 있는 경우도 있다. 다만 일정한 경우 사후에라도 영장을 받도록 하고 있다.

수사가 종결되면 검사는 공소권 없음, 혐의 없음, 기소중지, 참고인중지, 공소보류 등의 불기소처분과 기소처분을 내릴 수 있다. 기소처분에는 구약식 처분과 구공판 처분이 있다.

검사가 공소를 제기하면 공판절차가 진행된다. 공판절차에는 검사가 벌금을 청구하는 구약식 절차와 정식재판을 청구하는 구공판 절차가 있다.

공판절차는 검사의 공소제기로 개시되며, 국가를 대표하는 검사만이 소추를 전담하고 있다. 이를 '국가소추주의', '검사독점주의(또는 기소독점주의)'라고 한다. 공소제기는 검사가 법원에 공소장을 제출하면 법원은 부본을 피고인에게 송달하고 피고인을 법정에 출석하게 함으로써 개시된다.

공판절차는 인정신문절차, 사실심리절차, 변론절차로 구성된다.

제1심 판결에 대해 피고인이나 검사가 불복하여 항소를 제기하면 항소심 절차가 개시된다. 항소심 재판결과에 대해 불복하는 경우 대법원에 상고절차가 개시된다. 우리 「헌법」상 3심제에 대한 명문의 규정은 없지만 형사사건은 「형사소송법」과 「법원조직법」에 의해 3심재판이 보장되어 있다. 확정사건에 대해서는 일정한 경우 재심청구절차가 있다. 특별절차로서 약식절차, 즉결심판절차, 배상명령절차, 「국민의 형사재판에 참여하는 법률」에 의해 일정한 죄명에 대해 일반 시민이 배심원으로 참여하는 국민참여절차가 있다.

2. 임의수사 절차

(1) 강제처분법정주의

형사소송법 제199조 제1항은 「수사에 관해서는 그 목적을 달성하기 위하여 필요한 조사를 할 수 있다」고 하여 임의수사를 원칙으로 하고 있다. 다만 「강제처분은 이 법률에 특별한 규정이 있는 경우에 한한다」(동조 단서)고 하여 강제수사법정주의를 택하고 있다.

강제수사의 개념에 대해서 종래 직접강제와 간접강제를 동반한 처분이 강제수사라고 하였으나 상대방의 의사에 반하여 권리이익을 실질적으로 위태롭게 하는 처분이라고 하는 법익침해설이 다수설이다.

(2) 임의동행

　임의동행이란 수사기관이 피의자의 동의를 얻어 피의자와 수사기관까지 동행하는 것을 말한다. 임의동행은 제199조 제1항에 의한 임의수사로서의 임의동행과 「경찰관직무집행법」상 직무질문을 위한 임의동행으로 구별된다. 원래 수사에 필요한 때에는 피의자의 출석을 요구하여 진술을 들을 수 있지만(제200조) 그에 대한 변형으로 임의동행의 방법을 취할 수도 있다.

〈임의동행의 요건〉[39]

| 판시사항 |

임의동행에 대해 ① 수사관이 동행에 앞서 피의자에게 동행을 거부할 수 있음을 알려 주었거나, ② 동행한 피의자가 언제든지 자유로이 동행과정에서 이탈 또는 동행장소로부터 퇴거할 수 있었음이 인정되는 등 오로지 피의자의 자발적인 의사에 의하여 수사관서 등에의 동행이 이루어졌음이 객관적인 사정에 의하여 명백하게 입증되어야 한다.

- -

(3) 승낙 또는 동의에 의한 경우

　일반적으로 임의수사는 상대방의 승낙을 전제로 하므로 권리의 포기가 가능하다. 권리의 내용이나 포기의 효과를 모른 채 이루어진 것이라는 의문이 있는 경우에는 임의의 포기를 소추기관이 입증하도록 하고 있다(유효포기법리). 그러나 승낙하였다고 하더라도 밤샘 조사를 위하여 검찰청 조사실에서 잠을 자게 하거나 경찰서 유치장에 유치하는 등의 행위는 사실상 구금에 해당하므로 허용되지 않는다.

〈시위 현장 사진 촬영의 허용성〉[40]

| 판시사항 |

시위 현장을 사진촬영하거나 속도위반차량의 적발을 위하여 노상에 자동촬영장치를 부착한 자동속도감지장치를 설치해 위반차량과 위반운전자를 사진 촬영하는 것도 위와 같은 이유를 들어 허용된다고 한다.

- -

---

39) 대법원 2006. 7. 6 선고 2005도6810 판결

40) 대법원 1999. 9. 3. 선고 99도2317 판결 〔공1999.10.15.(92),2140〕

| 판시사항 |

거짓말탐지기에 의한 검사결과에 대해 거짓말탐지기기의 신뢰성, 검사기술과 방법의 합리성, 검사자의 정확성 등 요건의 불충족을 이유로 증거능력을 부정하고 있다.

당사자의 동의에 의해 묵비권의 포기가 가능하므로 동의를 전제로 한 거짓말탐지기 수사는 가능하다.

(4) 함정수사

함정수사라 함은 수사관 또는 그 협력자가 미끼가 되어 범죄의 실행에 필요한 기회를 제공하여 범죄의 실행을 기다렸다가 범인을 체포하는 방법을 말한다.

이러한 함정수사는 마약·각성제 범죄 등과 같이 비밀성, 조직성이 강한 범죄의 수사에서 사건의 실체를 규명하고 관련자를 검거 하는데 많은 장점이나 필요성이 있지만 자칫하면 수사기관이 시민을 범죄자로 만들 수 있기 때문에 적정 절차에 따른 요청과 그 상당성 또는 합리성에 기초한 제약이 요구된다.

판례는 기망 방법의 정도, 범죄의 경중과 태양, 함정수사의 필요성, 법익의 성질, 남용의 가능성 등을 종합하여 허용여부를 판단하고 있다.

〈부정사례〉

| 판결요지 |

범의를 가진 자에 대하여 단순히 범행의 기회를 제공하거나 범행을 용이하게 하는 것에 불과한 수사방법이 경우에 따라 허용될 수 있음은 별론으로 하고, 본래 범의를 가지지 아니한 자에 대하여 수사기관이 사술이나 계략 등을 써서 범의를 유발케 하여 범죄인을 검거하는 함정수사는 위법함을 면할 수 없고, 이러한 함정수사에 기한 공소제기는 그 절차가 법률의 규정에 위반하여 무효인 때에 해당한다.[42]

---

41) 대법원 2005. 5. 26. 선고 2005도130 판결
42) 대법원 2005. 10. 28. 선고 2005도1247 판결

| 판결요지 |

유인자가 수사기관과 직접적인 관련 없이 피유인자를 상대로 수차례 범행을 부탁한 끝에 피유인자가 범행에 나아간 경우,[43] 피고인의 범죄사실을 인지하고도 피고인을 바로 체포하지 않고 추가범행을 지켜보고 있다가 범죄사실이 많이 늘어난 뒤에야 피고인을 체포하는 행위 등[44]은 그 자체 '임의수사'의 형태로 인정될 수 있다.

(5) 피의자신문

1) 피의자신문의 의의와 방법

검사 또는 사법경찰관은 수사에 필요한 때에는 피의자의 출석을 요구하여 진술을 들을 수 있다(제200조). 나아가 피의자에 대해 신문하는 경우에는 반드시 신문조서를 작성하여야 한다.

피고인에 대해서도 임의적인 조사는 할 수 있다. 이 경우 피의자가 아니므로 피의자신문조서가 아닌 진술조서 형태로 작성하고 있다. 검사가 피의자를 신문할 때에는 검찰청 수사관 또는 서기관이나 서기를 참여하게 하여야 하고, 사법경찰관의 경우에는 사법경찰관리를 참여하게 하여야 한다(제243조).

이는 단독조사를 금지함으로써 피의자의 인권보장과 조서기재의 정확성, 객관성을 담보하기 위한 것이다.

2) 진술거부권의 고지

「헌법」 제12조 제2항은 "누구라도 자기에게 불리한 진술을 강요당하지 아니한다."고 규정하여, 자기부죄거부특권을 자유권적 기본권으로 명시하고 있다. 이는 피고인(제283조의2)은 물론 피의자에게도 인정되고 있다(제244조의3).

검사 또는 사법경찰관은 피고인에 대해서는 공판정에서 인정심문을 하기 전, 피의자 단계에서는 피의자를 신문하기 전 ① 일체의 진술을 하지 아니하거나 개개의 질문에 대

---

43) 대법원 2008. 7. 24. 선고 2008도2794 판결
44) 대법원 2007. 6. 29. 선고 2007도3164 판결

하여 진술을 하지 아니할 수 있다는 것, ② 진술을 하지 아니하더라도 불이익이 없다는 것, ③ 진술을 거부할 권리를 포기하고 행한 진술은 법정에서 유죄의 증거로 사용될 수 있다는 것을 고지하여야 한다(동조 제1호~제3호).

또한 피의자에게 진술거부권을 행사할 것인지 여부를 질문하고 답변을 조서에 기재하도록 하였다(동조 제2항).

〈진술거부권 고지 및 확인조서〉

| 판시사항 |

진술거부권행사 여부에 대한 피의자의 답변이 기재되어 있지 않거나 그 답변부분에 기명날인 또는 서명이 없는 것은 적법한 절차에 의해 작성된 것이 아니다.[45] 수사기관에서 작성된 진술서도 같다.[46] 진술거부권행사 여부에 대한 피의자의 답변이 기재되어있지 않은 피의자신문조서도 증거능력이 부정된다.[47]

---

(6) 참고인 조사

수사에 필요한 때에는 피의자 아닌 자의 출석을 요구하여 진술을 들을 수 있고, 피의자 아닌 자를 참고인이라고 한다(제221조).

범죄의 수사에 없어서는 아니 될 사실을 안다고 명백히 인정되는 자가 출석 또는 진술을 거부한 경우에는 검사는 참고인을 구인할 수는 없고, 제1회 공판기일 전에 한하여 판사에게 그에 대한 증인신문을 청구할 수 있을 뿐이다(제221조의2 제1항).

참고인에게 진술거부권을 고지할 필요는 없다. 그러나 참고인을 소환하여 언제부터 언제까지 조사하였는지 등 수사과정을 기록하도록 하고 있다.

---

45) 대법원 2013. 3. 28. 선고 2010도3359 판결
46) 대법원 2011. 11. 10. 선고 2010도8294 판결
47) 대법원 2013. 3. 28. 선고 2010도3359 판결

| 판결요지 |

피고인이 아닌 자가 수사과정에서 진술서를 작성하였지만 수사기관이 그에 대한 조사과정을 기록하지 아니하여 「형사소송법」 제244조의4 제3항, 제1항에서 정한 절차를 위반한 경우에는, 특별한 사정이 없는 한 '적법한 절차와 방식'에 따라 수사과정에서 진술서가 작성되었다 할 수 없으므로 증거능력을 인정할 수 없다.

(7) 감정, 통역, 번역의 위촉

수사에 필요한 때에는 감정, 통역 또는 번역을 위촉할 수 있다(제221조). 감정이란 특별한 지식·경험에 속하는 법칙 또는 그 법칙에 근거한 구체적 사실의 판단을 수사기관에 보고하는 것을 말한다.

(8) 사실조회

수사에 관하여는 공무소 기타 공사단체에 조회하여 필요한 사항의 보고를 요구할 수 있다(제199조 제1항). 사실조회는 어디까지나 임의수사의 형태이므로 강제처분에 해당하는 자료를 함부로 수집할 수는 없다.

(사실조회의 한계)[49]

| 판결요지 |

영장 없이 사실조회에 의해 신용카드 매출전표의 거래명의자에 대한 정보수집은 위법하다.

매출전표의 거래명의자에 대한 정보, 거래내역 정보는 「금융실명거래 및 비밀보장에 관한 법률」에 의한 '금융계좌추적용' 영장에 의하여야 한다.

---

48) 대법원 2015. 4. 23. 선고 2013도3790 판결
49) 대법원 2013. 3. 28. 선고 2012도13607 판결

3. 강제수사 절차

증거물을 수집하기 위한 강제처분을 대물적 강제처분이라고 한다. 이것에는 영장에 의한 압수·수색·검증이 있고(제215조), 긴급한 필요성에 대처하기 위하여, ① 타인의 주거나 타인이 간수하는 가옥, 건조물, 항공기, 선차 내에서의 피의자 수색(제216조 제1항 제1호), ② 체포현장에서의 압수·수색·검증(동 제2호), ③ 긴급체포된 자의소유, 소지, 보관하는 물건(제217조)에 대하여 사전 영장주의에 대한 예외를 인정하고 있다.

(1) 영장에 의한 압수·수색

수사기관의 압수라고 함은 증거물 또는 몰수가 예상되는 물건의 점유를 취득하는 것으로 강제적으로 점유를 이전하는 압수(제106조, 제219조)와 임의적인 이전인 영치(제108조, 제219조)를 합하여 통칭 압수라고 한다. 점유를 취득하는 처분이라는 점에서 공통하기 때문이다.

수색은 압수할 물건이나 피의자를 발견하기 위하여 사람의 신체, 물건 또는 주거 기타의 장소에 대한 강제처분을 말한다(제109조, 제219조). 수색은 물건의 수색과 사람의 수색이 있다. 전자는 사람의 신체, 물건, 주거 기타 장소에서 압수 또는 몰수할 물건으로 사료되는 물건의 발견을 목적으로 하는 것이고, 후자는 주거 기타 장소에 관하여 피의자의 발견을 목적으로 하는 것이다.

피고인 아닌 자의 신체, 물건, 주거 기타 장소에서의 수색은 압수할 물건이 있음을 인정할 수 있는 경우에 한하여 할 수 있다(제109조 제2항).

이러한 압수와 수색은 주로 장래 공소유지를 위한 증거의 보전차원에서 이루어지는 강제처분이다. 수사기관이 압수·수색을 하기 위해서는 법관이 발부한 영장이 필요하지만, 이러한 영장을 발부하기 위해서는, 범죄사실과의 관련성과 피의자에게 혐의가 있다고 인정되는 경우 한한다.

일반적·탐색적인 압수·수색은 금지된다. 따라서 압수·수색의 대상, 장소 등은 사전에 특정되어야 한다. 그렇다면 어느 정도 특정되어야 하는가? 현행법상 압수·수색허가장[50]에는 피고인의 성명, 죄명, 압수할 물건, 수색할 장소, 신체, 물건, 발부년월일, 유효

---

50) 흔히 압수·수색영장이라고 할 때 압수·수색 허가장을 말한다.

기간과 압수·수색·검증의 사유, 일출 전 또는 일몰 후에 압수·수색 또는 검증을 할 필요가 있는 때에는 그 취지 및 사유를 기재하도록 요구하고 있다(제114조, 규칙 제107조).

〈영장의 제시와 방법〉

| 판결요지 |

① 영장에 착수하면서 전체적으로 영장을 제시하였더라도 피압수자에게 개별적으로 제시하여야 한다.[51]

② 형사소송법 제219조가 준용하는 제118조는 "압수·수색영장은 처분을 받는 자에게 반드시 제시하여야 한다."고 규정하고 있으나, 이는 영장제시가 현실적으로 가능한 상황을 전제로 한 규정으로 보아야 하고, 피처분자가 현장에 없거나 현장에서 그를 발견할 수 없는 경우 등 영장제시가 현실적으로 불가능한 경우에는 영장을 제시하지 아니한 채 압수·수색을 하더라도 위법하다고 볼 수 없다.[52]

〈영장의 제시와 변호인선임권 등 고지 시기〉

| 판결요지 |

영장의 제시는 영장의 집행에 착수하기 전에 제시하는 것이 원칙이지만 증거인멸의 우려가 있는 경우에는 영장의 집행에 착수하여 입실 후 제시하여도 위법이라고 할 수 없다.[53]

피고인이 경찰관들과 마주하자마자 도망가려는 태도를 보이거나 먼저 폭력을 행사하며 대항한 바 없는 등, 경찰관들이 체포를 위한 실력행사에 나아가기 전에 체포영장을 제시하고 미란다원칙을 고지할 여유가 있었음에도 애초부터 미란다 원칙을 체포 후에 고지할 생각으로 먼저 체포행위에 나선 행위는 적법한 공무집행이라고 보기 어렵다.[54]

압수·수색영장은 현장에서 피압수자가 여러 명일 경우에는 그들 모두에게 개별적으로 영장을 제시해야 하는 것이 원칙이다.[55]

압수물은 범죄수사와 공소유지에 중요한 증거자료일 뿐만 아니라 몰수대상인 경우에는 판결 확정 후 몰수해야 하므로 그 상실 또는 파손의 방지를 위해 상당한 조치를 하여야 한다(제219조, 제131조, 검찰압수물사무규칙 제3조, 특별사법경찰관리집무규칙 제58조).

---

51) 속칭 제주도지사 사건(대법원 2009. 3. 12. 선고 2008도763 판결)

52) 대법원 2015. 1. 22. 선고 2014도10978 전원합의체 판결

53) 대법원 2017. 9. 21 선고 2017도10866 판결

54) 위 2017도10866 판결

55) 대법원 2017. 9. 21. 선고 2015도12400 판결

압수물 목록은 원칙적으로 압수직후 현장에서 바로 작성하여 교부해야 한다.[56]

(2) 영장에 의하지 않은 압수·수색

영장에 의하지 않은 압수·수색에는 사후에 영장을 받아야 하는 경우와 사후에도 영장이 필요 없는 경우가 있다.

먼저, 사후영장도 요하지 않는 경우로서는, 타인의 주거나 타인이 간수하는 가옥 등에서의 피의자 수사(제216조 제1항 제1호), 유류물이나 임의제출물[57]의 영치(제218조), 동의에 의한 압수·수색의 경우가 있다.

보관자가 보관물을 임의제출 시 소유자의 동의는 필요하지 않지만[58] 적법한 소지자 또는 보관자가 아닌 자로부터 임의제출을 받은 경우에 그 압수물의 증거능력은 부정된다.[59]

이에 반해 압수당시에는 영장이 필요 없으나 사후에 이를 계속 압수하기 위해서는 영장을 필요로 하는 경우가 있다. 체포 또는 구속현장에서의 압수·수색(제216조 제1항 제2호), 범죄 장소에서 압수·수색·검증(제216조 제3항), 긴급체포된 자의 소유, 소지, 보관물(제217조 제1항)[60]이 이에 해당한다. 여기에는 당연히 피의자가 소유, 소지, 보관하는 컴퓨터 등 특수기록매체에 대해서도 영장 없이 압수수색이 가능하다. 이러한 경우에는 체포한 때로부터 48시간이내에 압수·수색영장을 청구하여야 한다(제217조 제2항 후문). 사후에 영장의 발부를 받지 못한 때에는 즉시 반환하여야 한다(동법 제3항).

---

56) 대법원 2009. 3. 12. 선고 2008도763 판결
57) 대법원 2016. 2. 18. 선고 2015도13726 판결
58) 대법원 2008. 5. 15. 선고 2008도1097 판결
59) 대법원 2010. 1. 28. 선고 2009도10092 판결
60) 이 규정은 체포한 자를 체포한 장소가 아닌 곳에 있는 피의자의 소유물, 소지물, 보관물을 체포한 때로부터 24시간이내에 한하여 영장 없이 압수 등을 하는 경우에 적용된다. 이는 수사기관이 피의자를 긴급체포한 상황에서 피의자가 체포되었다는 사실이 공범이나 관련자들에게 알려짐으로써 관련자들이 증거를 파괴하거나 은닉하는 것을 방지하고, 범죄사실과 관련된 증거물을 신속히 확보할 수 있도록 하기 위한 것이다(대법원 2017. 9. 12. 선고 2017도10309 판결).

| 판결요지 |

컴퓨터를 압수수색하는 과정에서 별도의 범죄혐의와 관련된 전자정보를 우연히 발견한 경우라면, 수사기관은 더 이상의 추가 탐색을 중단하고 법원에서 별도의 범죄혐의에 대한 압수·수색영장을 발부받은 경우에 한하여 그러한 정보에 대하여도 적법하게 압수·수색을 할 수 있다. 그러나 피고인의 컴퓨터를 압수·수색하는 과정에서 우연히 발견한 다른 죄의 증거임이 명백한 증거물에 대해서는 피의자를 현행범으로 체포하면서 압수할 수 있다. 이 경우 계속 압수의 필요성이 있는 경우에는 당연히 사후 압수·수색영장을 발부받아야 한다.

| 판결요지 |

음란물 유포 혐의로 압수·수색 중 대마를 발견하고 피의자를 현행범 체포하면서 대마를 압수하였으나 피의자를 익일 석방하고도 사후 영장을 받지 않았다면 그 압수물과 압수조서는 증거능력이 부정된다. 이러한 사후영장을 받지 않은 경우에는 중대한 절차위배가 있는 이상 당사자의 동의가 있더라도 증거능력은 부정된다.

(3) 검증·감정

검증은 사실 확인을 위하여 장소, 물건 또는 사람의 인체에 관하여 그의 존재, 형상, 작용을 오감을 통하여 감지하는 강제처분을 말한다. 강제처분이란 점에서 압수·수색과 같이 원칙적으로 영장에 의하여야 한다. 영장의 청구나 검증의 실시에 관하여는 압수·수색과 같다. 그러나 검증은 그 자체가 증거 조사인 점에서 압수·수색과 다른 점이 있다.

검증의 결과는 검증 조서에 기재되어 공판에서 중요한 증거가 된다(제311조, 제312조 제6항). 검증과 같은 성질로서의 임의처분을 실황조사라고 한다. 그 결과가 실황조사서에 기재되면 제312조 제6항 소정의 조서에 포함되어 검증 조서와 같이 증거 능력이 부여된다. 경찰관 작성의 교통사고 현장조사서나 호흡검사 등의 결과가 기재된 음주측정보고서가 이에 해당한다.

---

61) 대법원 2015. 7. 16. 자 2011모1839 전원합의체 결정

62) 대법원 2009. 5. 14. 선고 2008도10914 판결

63) 대법원 2009. 12. 24. 선고 2009도11401 판결

감정이라 함은 특별한 지식과 경험을 가지고 있는 자로부터 사실의 법칙 또는 그 법칙을 구체적 사실에 적용하여 얻은 판단을 보고하도록 하는 것이다. 이러한 감정에는 법원의 명령에 의한 경우(제169조)와 수사기관의 촉탁에 의한 경우(제221조의3)가 있다.

검사는 피의자의 심신 또는 신체에 관한 감정을 시키는 경우에 필요가 있는 때에는 피의자의 유치를 법관에게 청구하여야 한다(제221조의3 제1항, 제172조 제3항). 감정수탁자는 감정에 관하여 필요가 있는 경우에는 검사의 청구에 의하여 법원의 감정처분 허가장을 받아 타인의 주거, 간수자가 있는 가옥, 건조물, 항공기, 선차 내에 들어갈 수 있고, 신체의 검사, 사체의 해부, 분묘의 발굴, 물건의 파괴를 할 수 있다(제173조 제1항).

4. 압수물의 보관과 환부

(1) 압수물의 보관과 폐기

압수물은 수사기관이 스스로 보관·관리함이 원칙이나 운반 또는 보관이 불편한 물건에 대해서는 간수자를 두거나 소유자 또는 적당한 자의 승낙을 얻어 보관하게 할 수 있다(제219조, 제130조 제1항). 이를 위탁보관이라 한다. 이 때에는 보관자로부터 「압수물건 보관증」을 받아야 한다(특별사법경찰관리집무규칙 제58조 제1항).

위험 발생의 염려가 있는 압수물건은 폐기할 수 있다(제219조, 제130조 제2항). 이 때에는 「폐기조서」를 작성하고 압수물건의 사진을 첨부하여야 한다(검찰압수물 사무규칙 제66조, 제29조, 특별사법경찰관리집무규칙 제58조 제2항). 폭발물이나 오염된 어패류, 육류 등의 경우가 이에 해당한다.

아동포르노, 불법복제물인 경우에는 재판이 종료된 후 폐기 대상이지만 압수물의 일부만이 이에 해당하는 경우 이를 삭제하거나 암호를 설치하는 등으로 해당부분의 열람을 불가능하게 한 후 환부하여야 한다. 법령상 생산, 제조, 소지, 소유 또는 유통이 금지된 압수물로서 부패의 염려가 있거나 보관하기 어려운 압수물은 매각하여 그 대가를 보관할 수 있다(제219조, 제132조 제1항). 대가 보관은 몰수와의 관계에 있어서 압수물과 동일성이 인정되므로 법원은 대가를 추징하지 않고 대가보관물을 몰수할 수 있다. 사법경찰관이 대가보관의 처분을 하고자 하면 사전에 검사의 지휘를 받아야 한다(제219조 단서, 제132조 제1항).

(2) 압수물의 환부, 가환부

실무상 압수는 상당히 광범위하게 이루어져, 사건과의 관련성이 희박한 것까지 대량으로 유치되어 피압수자에게 많은 불이익을 주게 된다. 그래서 법은 환부 내지 가환부 제도를 두고 있다(제133조).

환부라 함은 압수물로서 '유치의 필요가 없는 것' 즉, 압수물이 증거물이 아닌 것으로 판명되는 등 법원이나 수사기관이 더 이상 점유를 계속할 필요가 없는 것을 사건의 종결 전에 원래의 점유주에게 반환하는 것을 말한다. 환부는 청구가 없어도 의무적이다(제133조 제1항 전단).

이에 대해 가환부는 일시적으로 유치를 풀더라도 지장이 없는 경우에 소유자, 소지자 등의 청구에 의하여 반환하는 경우와(동 제1항 후단), 증거에만 공할 목적으로 압수한 물건으로서 소유자 또는 소지자가 계속 사용하여야 할 물건은 사진촬영 기타 원형보존의 조치를 취한 후 신속히 가환부하도록 하는 경우(동 제2항)가 있다.

한편 개정 형사소송법은, 검사가 사본을 확보한 경우 등 압수를 계속할 필요가 없다고 인정되는 압수물 및 증거에 사용할 압수물에 대하여 공소제기 전이라도 소유자, 소지자, 보관자 또는 제출인의 청구가 있는 때에는 환부 또는 가환부하도록 하였다(제218조의2 제1항).

이러한 청구에 대하여 검사가 이를 거부하는 경우에는 신청인은 해당 검사의 소속 검찰청에 대응한 법원에 압수물의 환부 또는 가환부 결정을 청구할 수 있고(동 제2항), 이에 대하여 법원이, 환부 또는 가환부를 결정하면 검사는 신청인에게 압수물을 환부 또는 가환부하도록 하였다(동 제3항). 나아가 법원은 수사과정에서 압수물에 관하여 포기각서를 작성하였더라도 환부의무는 소멸하지 않는다는 입장이다.

법원은 수사과정에서 압수물에 관하여 포기각서를 작성하였더라도 환부의무는 소멸하지 않는다는 입장이다.[64]

---

64) 대법원 2001. 4. 10. 선고 2000다49343 판결; 대법원 1996. 8. 16. 자 94모51 전원합의체 결정

판례는, 적법하게 소유권은 포기되었더라도 환부청구권을 행사할 수 있고, 이를 환부할 국가기관의 환부의무는 소멸되지 않는다고 한다. 학설 또한 개인이 국가에 대하여 가지는 공법상의 권리(공권), 특히 절차법상의 권리를 포기하게 하는 등의 방법으로 국가로 하여금 개인에 대한 절차법상의 의무를 면하게 하는 것은 법규에 특별한 규정이 있는 경우를 제외하고는 원칙적으로 허용될 수 없다고 하여 환부청구권의 포기를 부정[65]하는 입장과 위 판례의 [소수의견]과 같이 환부청구권을 포기할 수 있다는 입장[66]이 있다.

공법상의 권리나 의무는 일반적으로 상대성, 포기 불능성, 전속성이 있어서 타인에게 양도하거나 포기가 제한된다. 그러나 공권 중에서도 경제적 가치를 주된 대상으로 하는 것은 사권과 같이 이전성이나 포기성을 인정할 수 있다.[67]

형사절차상 적법절차의 보장과 이해관계에 있는 제3자와의 이해 조정을 위해서는 소유권이나 환부청구권의 포기에 관한 요건이나 절차, 국고귀속의 시기를 법률로써 명확히 할 필요성이 절실히 대두되고 있다.

---

65) 김희태, "수사도중의 권리포기를 근거로 한 압수물 환부거부의 가부", 형사재판의 제문제(제1권, 2000), 260면 이하; 한상훈, "압수물의 처리와 압수물 환부청구권", 고시연구 29권 4호(2002), 76면

66) 이상도, "압수물 환부청구권의 포기에 관하여", 형사재판의 제문제[제1권], 2000, 297면; 조균석, "압수물 환부청구권의 포기", 형사관례의 연구II(2003), 98면 이하

67) 박균성, 행정법률(上), 박영사(2007), 124면

제2장 압수·수색

1. 압수의 대상인지 여부

전자적 기록은 가시성, 가독성을 갖추지 않은 무체정보이기 때문에 과연 압수·수색의 대상으로 될 수 있는가에 대하여 논의가 있다.

현행 형사소송법 제106조 제1항은 압수·수색의 대상을 '증거물' 또는 '몰수물'이라고 하고 있고, 증거물이란 일반적으로 '강제적으로 점유이전의 처분에 당하여 대체성이 없고 물리적으로 관리 가능한 유체물'이라고 해석하고 있다.

따라서 문언적으로만 보면 무체정보로서의 기록내용은 유체물성을 결하고 있어 증거물이라고 할 수 없다. 이에 대해서 학설상 대립은 있으나 전자적 기록과 자기테이프등의 전자적 기록매체와는 이론적으로 구별할 수 없고, 일정한 프로그램에 의해 육안으로 읽을 수 있는 인쇄물이나 어떠한 형태로 출력된 것이라도 그 기록을 그대로 반영한 것 이라는 관계가 인정되는 한 이를 실질적으로 압수할 수 있다고 봄이 상당하다. 그러나 정보도 압수의 대상이 된다는 점을 입법적으로 명확히 할 필요가 있다.

한편 개정 형사소송법 제106조 제3항은 「법원은 압수의 목적물이 컴퓨터용 디스크, 그 밖에 이와 비슷한 정보저장매체(이하 이 항에서 '정보저장매체등'이라 한다)인 경우에는 기억된 정보의 범위를 정하여 출력하거나 복제하여 제출받아야 한다. 다만, 범위를 정하여 출력 또는 복제하는 방법이 불가능하거나 압수의 목적을 달성하기에 현저히 곤란하다고 인정되는 때에는 정보저장매체등을 압수할 수 있다」고 하고 있다.

그렇지만 아직도 "기억된 범위를 정하여 복제한다."고 하는 내용이 과연 정보를 압수한다는 의미인지 분명하지 않다.

또한 "수사기관은 정보를 제공받은 경우 「개인정보 보호법」 제2조 제3호에 따른 정보주체에게 해당 사실을 지체 없이 알려야 한다(동법 제4항)."고 하고 있다. 그러면서도 정보주체가 누구인지, 정보주체가 아주 많은 경우 과연 모두에게 통지해야 하는지, 통지 기간의 연장이나 보류 등 예외적인 상황에 대한 규정이 없어 실효성에 의문이 있다.

2. 압수하는 정보의 유형

(1) 저장매체에 기억된 정보

형사소송법 제106조 제3항은 압수의 목적물이 컴퓨터용디스크, 그 밖에 이와 비슷한 정보저장매체인 경우」라고만 하여 압수의 목적물을 '정보저장매체'로 명시하고 있으나 현행법상 정보에 대한 정의규정은 물론 저장매체 그 자체에 대한 정의 규정도 없다.

한편 형법에서는 기록 그 자체를 범죄의 대상이나 수단으로 규정하고 있다.

즉, 전자기록등 특수매체기록에 대해 몰수의 대상(제48조), 공무상비밀표시무효죄의 대상(제140조 제3항), 공용서류등의 무효죄의 대상(제141조 제1항), 공전자기록위작·변작죄의 대상(제227조의2), 공정증서원본등의 부실기재죄의 대상(제228조), 사전자 기록 위작·변작죄의 대상(제232조의2), 업무방해죄(제314조 제2항), 비밀침해죄(제316조 제2항), 권리행사방해죄(제323조), 재물손괴죄(제366조)의 각 대상으로 규정되어 있다. 그 수단인 경우에는 컴퓨터등사용사기죄(제347조의2)가 있다.

여기서 형법상 보호대상인 '매체기록'은 형사소송법상 압수의 대상인 기억된 '정보'와 달리 기록 그 자체 또는 그 상태를 말하고 있다.

전자적 저장매체에 기억된 정보는 위와 같이 정보저장매체가 압수의 목적물로 되어 있으므로, 정보 자체에 대한 압수와 구체적인 방법을 명문화하는 규정의 입법이 이루어지기 전까지는 출력물 또는 가져간 USB메모리에 복제하거나, 매체 그 자체를 압수하는 수밖에 없을 것이다(형사소송법 제106조 제3항).

(2) 임시기억장소에 기억된 휘발성 증거

컴퓨터 종료와 함께 삭제되는 네트워크 접속상태, 프로세스 구동상태, 사용 중인 파일 내역 등의 휘발성(volatile) 정보도 저장매체에 저장된 정보에 포함되는지 문제된다.

이러한 정보도 저장기간에 차이가 있을 뿐 컴퓨터 전원이 꺼지지 않는 한 저장매체에 기록된 정보라는 사실에는 변함이 없으므로 저장매체에 기억된 정보로 보아야 한다. 따라서 휘발성 정보의 압수에 있어서도 원칙적으로 「형사소송법」 상의 (정보가 기록된)저장매체 압수의 법리가 적용된다고 볼 것이다. 다만 이 경우에는 매체 자체의 압수는 의미가 없고, 영장범죄사실과 관련된 정보만을 선별적으로 압수할 수밖에 없을 것이다.

「형법 제232조의2의 사전자기록위작·변작죄에서 말하는 권리의무 또는 사실증명에 관한 타인의 전자기록 등 특수매체기록이라 함은 일정한 저장매체에 전자방식이나 자기방식에 의하여 저장된 기록을 의미한다고 할 것」이라고 하면서 비록 컴퓨터의 기억장치 중 하나인 램(RAM)이 임시기억 장치 또는 임시저장매체이기는 하지만, 「형법」이 전자기록위·변작죄를 문서위·변조죄와 따로 처벌하고자 한 입법취지, 저장매체에 따라 생기는 그 매체와 저장된 전자기록 사이의 결합강도와 각 매체별 전자기록의 지속성의 상대적 차이, 전자기록의 계속성과 증명적 기능과의 관계, 본죄의 보호법익과 그 침해행위의 태양 및 가벌성 등에 비추어 볼 때, 위 램에 올려 진 전자기록 역시 사전자기록위작·변작죄에서 말하는 전자기록 등 특수매체기록에 해당한다.」[68]

휘발성 정보로 분류되는 램(RAM)에 있는 기록도 '저장매체에 기억된 정보'임을 인정하고 있는 것이다. 그런데 이러한 휘발성 정보를 압수하는 경우에 있어서는 현실적으로 '저장매체 자체의 압수'보다는 '출력·복제하여 압수'하는 방식(「형사소송법」 제106조 제3항)이 우선적으로 고려되어야 한다.

이러한 정보들은 그 정보가 사라지기 전에 압수현장에서 신속히 보전하여 수집하여야 한다. 또한 증거수집 시에도 비교적 장기간 저장매체에 저장되는 전자적증거(비휘발성 정보)보다도 이처럼 증거의 소멸가능성이 높은 휘발성 증거가 결정적인 가치를가지는 경우가 종종 있다.

결국 휘발성 정보의 경우에는 디스크이미지 복제방법으로 정보를 수집하기 어렵기 때문에 휘발성 정보에 적합한 원본과의 동일성 입증을 위한 기술적 조치가 강구되어야함은 물론이다. 범죄피의사실, 수사상황, 피의자의 참석 및 동일성 확인여부, 기술적인 해시 값의 제작 등 제반사항을 고려하여 휘발성 증거의 동일성을 인정하기 위한 조치가 반드시 수반되어야 한다.

---

68) 대법원 2003. 10. 9. 선고 2000도4993 판결

(3) 네트워크를 통해 전송 중인 디지털 정보

범죄사실의 입증을 위해 수집해야 할 정보는 정보저장매체에 저장되어 존재할 수도 있지만 네트워크를 통해 전송 중인 정보는 어떤가. 특히 이메일, 메신저 등 통신서비스가 개인·기업·정부의 영역을 불문하고 기술발전에 따라 증가하고 있어 범죄대응을 위해 정보통신망을 통해 유통되는 전자적증거의 수집 필요성이 더욱 높아지고 있다.

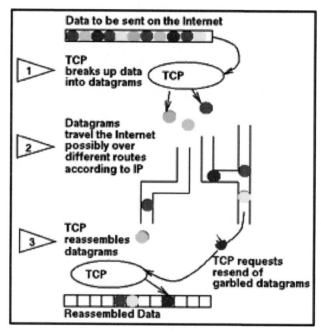

[그림 38] 패킷 스위치 네트워크에서의 데이터 전송

그런데 컴퓨터는 일반적으로 전화통화방식과 달리 패킷교환방식(packet switching system)을 사용하여 통신하며 발신자가 수신자에게 전송한 정보는 많은 단계를 거쳐 도달하게 된다. 즉, 우선 발신자에 의해 발송할 정보가 작성되고 그 정보는 발신자 및 수신자의 IP address와 통신 내용을 포함한 작은 패킷(packet)으로 분할된다. 그런 다음 그 패킷은 발신자의 컴퓨터로부터 근처 패킷 교환기(switch)로 개별적으로 전송되고 거기서 일시적으로 저장된 다음 최종 목적지 방향으로 다음 이용 가능한 교환기(switch)로 전송된다. 다른 패킷들은 네트워크의 이용상황 및 부하에 따라 네트워크를 통해 다른 경로로 전송될 수 있다. 패킷들이 수신되자마자 패킷들은 원본파일과 정확히 같게 재조합된다. 이처럼 통신 정보는 수신자가 확인하기 전에 ① 발신자의 원본 파일이 패킷으로 분할되는 단계(disassembly), ② 교환기에 일시적으로 저장되는 단계(storing), ③ 다음 교환기 또는 단말기로 재전송되는 단계(forwarding), ④ 전송 받은 패킷을 재조합하는 단계(reassembly)로 진행된다.

여기서 발신자가 수신자에게 전송하기 전 자신의 컴퓨터 저장매체에 작성하여 저장한 정보나 수신자가 통신내용을 수신하여 저장한 정보는 '전송 중의 정보'로 볼 수 없다는 점에서「통신비밀보호법」상의 '감청'대상으로 보기 어려울 것이다.

그러나 앞서 교환기에 정보가 일시적으로 저장되는 경우와 같이 '통신과정에서 일시적으로 정보가 저장된 경우 ②'에 그 정보를 수집하는 것이「통신비밀보호법」상의 감청에 해당하는지 문제된다. 또한, 통신 패킷에는 내용 정보 외에도 발신지 IP주소 및 목적지 IP주소 등을 포함한 헤더정보가 있는데 이처럼 내용 정보가 아닌, 통신접속정보인 헤더 정보만의 실시간 수집도 '전기통신감청'에 해당하는지 문제된다.

이와 관련하여 미국의 경우에는, 18 U.S.C. Chapter 206(Pen Registers and Trap and Trace Devices)에서 통신내용을 제외한 헤더 등 접속정보 및 전화 수발신기록에 대한 감청을, 18 U.S.C. Chapter 119(Wire and Electronic Communications Interception and Interception of Oral Communications)에서 전송 중에 있는 통신내용에 대한 감청을 규정하고 있다.

전송중이 아닌 통신내용 중 서비스 프로바이더의 서버에 저장된 것은 18 U.S.C. 2703(Required disclosure of customer communications or records)의 지배를 받으며, 가정용 컴퓨터에 저장된 것은 수정헌법 제4조의 보호를 받는다는 점에서 압수와 감청 간의 명확한 차이를 두고 있다.

Fraser v. Nationwide Mut. Ins. Co., 135 F.Supp.2d 623 (E.D. Pa. 2001) 판결에서는「The Wiretap Act와 The Stored Communications Act에서 정의하고 있는 '가로채기'(interception)가 전송을 끝내고 백업용 저장소에 저장되어 있는 메시지를 가져오는 경우에는 해당되지 않는다」고 하여, 감청이 아닌 압수의 대상임을 분명히 하고 있다.

따라서 ① 디지털 정보는 아날로그 방식처럼 입력된 파형을 그대로 기록하지 않고 분해해서 비트라고 불리는 가장 단순한 신호로 변환해서 기록하며 다른 매체에 저장되더라도 그 데이터 값이 같다면 동일한 가치의 정보로 이해할 수 있다는 점, ② 디지털정보의 존재형식에 있어서도 '저장매체에 저장'되어 있거나 '네트워크를 통해 전송'되며 특히 컴퓨터 실행시 일시적으로 메모리 또는 임시파일에 저장되는 증거로 컴퓨터 종료와 함께 삭제되는 '휘발성(volatile) 정보'의 경우에도 컴퓨터 전원이 꺼지지 않는 한 저장매체에 기록된 정보라는 사실에는 변함이 없으므로 저장매체에 저장된 정보로 보아야 한다는 점에서 일시적으로 정보가 저장된 경우 ②는 물론 통신내역정보인 헤더정보는 감청의 대상이라기보다는 압수의 대상이 된다고 해석함이 상당하다.

3. 압수대상인 저장매체의 유형

선별압수의 방법으로는 압수의 목적을 달성하기 어려운 경우 저장매체 그 자체를 압수할 수밖에 없을 것이다. 저장 매체로서는 다음과 같은 것이 있다.

(1) 하드디스크

하드디스크는 외부 회로판, 전원 연결단자, 헤드, 플래터 등으로 구성된 정보저장장치이다. 메일 서버나 웹 스토리지 서비스 등 온라인 통신서비스 제공자의 데이터 저장장치 또한 절대 다수가 하드디스크이다.

[그림 39] 일반적인 하드디스크

하드디스크는 외장형 드라이브 케이스에도 설치될 수 있다. 데스크탑용 외장 하드드라이브, 소형의 휴대용 외장 하드 드라이브, 드문 경우이지만 NAS 등의 네트워크 스토리지도 있다. NAS는 네트워크 선으로 연결되어 있으며, 일반적으로 RAID 적용된 여러 개의 하드디스크를 포함하고 있다.

하드디스크는 충격과 습기에 매우 약하고, 정전기로 인하여 컨트롤러가 손상된 경우에도 분석 과정에서 큰 차질이 발생할 수 있다. 따라서 떨어뜨리지 않도록 주의하고 충격을 방지하고 정전기를 차단할 수 있는 포장재를 사용하여 압수하여야 한다.

(2) 솔리드 스테이트 드라이브(Solid State Drive, SSD)

솔리드 스테이트 드라이브는 플래시 메모리 기술의 발전을 계기로 하여 하드디스크에서 속도 저하(병목현상)의 원인이 되는 자기 플래터를 아예 없애고 플래시메모리로 대체한 후 메모리의 입출력을 제어하는 컨트롤러 칩셋을 달아 둔 것이다.

[그림 40] 다양한 타입의 솔리드 스테이트 드라이브

주로 SATA 규격으로 연결되며, 하드디스크와 역할이 동일하지만 액세스 타임이 0에 수렴하므로 동작속도가 수십 배 빠르고 충격과 자기, 습기에 강한 차세대 저장장치이다. 솔리드 스테이트 드라이브는 비교적 충격에 강하고 주변 자기의 영향을 받지 않지만, 컨트롤러 칩셋 등이 손상되지 않도록 일반적인 주의를 기울일 필요가 있다.

(3) 이동식 미디어

카트리지 또는 디스크 방식의 이동형 스토리지 디바이스이다. 데이터와 기타 정보를 저장, 보관, 이동하는 데 사용된다. 주로 플로피 디스크, Zip 디스크, CD, DVD, DVD-HD, Blu-ray 디스크, 플래시 드라이브 등이 있다.

〈통상적인 USB방식의 플래시드라이브〉　〈장난감 모양의 USB 플래시드라이버〉　〈열쇠 모양의 USB 플래시드라이브〉

플래시 드라이브는 주변에서 가장 흔하게 볼 수 있는 이동식 미디어의 한 종류로, 이 중 USB로 연결되는 것을 USB 드라이브라고도 한다. 플래시 드라이브는 USB 방식으로 연결되는 것이 일반적이지만 그 외에 FireWire, 현재에는 아주 드물지만 최신의 썬더볼 트(Thunderbolt) 규격으로 연결되는 SSD 방식의 플래시 드라이브도 출시되어 있다. 플래시 드라이브의 가격이 싸지면서 수사관들이 전혀 예상하지 못한 형태의 플래시 드라이브도 있을 수 있으므로, 통상적인 플래시 드라이브의 형태에 얽매여 중요한 증거를 놓치지 않도록 하여야 한다. 사진에서도 볼 수 있지만, 열쇠 형태의 플래시 드라이브는 물론이고, 변신 로봇 장난감 형태의 플래시 드라이브 또한 출시되어 있다.

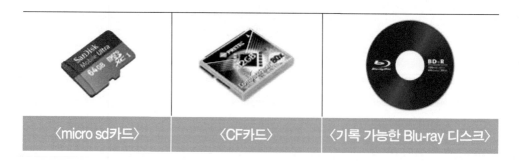

〈micro sd카드〉　〈CF카드〉　〈기록 가능한 Blu-ray 디스크〉

메모리 카드는 플래시 드라이브와 작동 원리는 동일하지만, 주로 디지털 카메라나 휴대폰 같은 휴대용 장치에 들어가는 초소형 플래시 메모리 저장매체이다. 스마트폰의 급속한 확산으로 크기가 작고 신뢰성이 높은 microSD 규격의 메모리 카드가 대중화되어 있다. 그 외의 대표적인 규격으로는 스마트 미디어(SM) 카드, SD 카드, miniSD 카드, 컴팩트플래시(CF) 카드, 메모리스틱(MS) 등이 있다. 메모리 카드 중 특히 스마트폰에 삽입된 microSD 카드 등에는 저장한 이메일 메시지, 다운로드한 파일, 어플리케이션 사용기록, 인터넷 채팅 로그, 채팅 대화 상대 기록, 사진 및 이미지, 동영상 파일 등 매우 가치가 큰 증거데이터를 담고 있을 가능성이 크다.

위에서 설명한 이동식 미디어 중 플로피 디스크는 현재 사용 빈도가 점점 줄어드는 추세이다. CD나 DVD, Blu-ray 디스크와 같은 경우 대용량 데이터의 장기보관에 주로 사용되며, 플래시 드라이브의 경우 전자서명용 공인인증서나 각종 문서, 사진 등 다양한 데이터를 저장하고 있을 가능성이 있다.

(4) 기타 휴대용 장치

휴대장치는 통신, 디지털 사진, 내비게이션 시스템, 엔터테인먼트, 데이터 스토리지, 개인정보 관리 등의 기능을 제공하는 이동형 컴퓨팅 / 스토리지 장비이다.

이러한 휴대장치의 예로는 휴대폰, 스마트폰, 태블릿 컴퓨터, PDA, 전자사전, PMP, MP3 플레이어, 휴대용 게임기, GPS 내비게이션 장치, 무선호출기(통칭 삐삐)가 있다.

휴대장치에는 소프트웨어 어플리케이션과 관련 데이터, 문서, 이메일 메시지, 인터넷 브라우징 기록, 인터넷 채팅 로그, 채팅 상대 목록, 사진 및 이미지, 동영상 파일, 데이터베이스, 금융기록, 시스템 이벤트 로그 등이 저장되어 있을 가능성이 있다. 모바일 시대가 열리면서 이러한 휴대장치는 엄청난 증거의 보고로서 평가받고 있지만, 휴대장치의 특성상 민감한 개인정보가 대량 혼재되어 있는 경우가 대부분이므로 주의하여야 한다.

[그림 41] 윈도우 모바일 5.0 기반의 PDA 디바이스

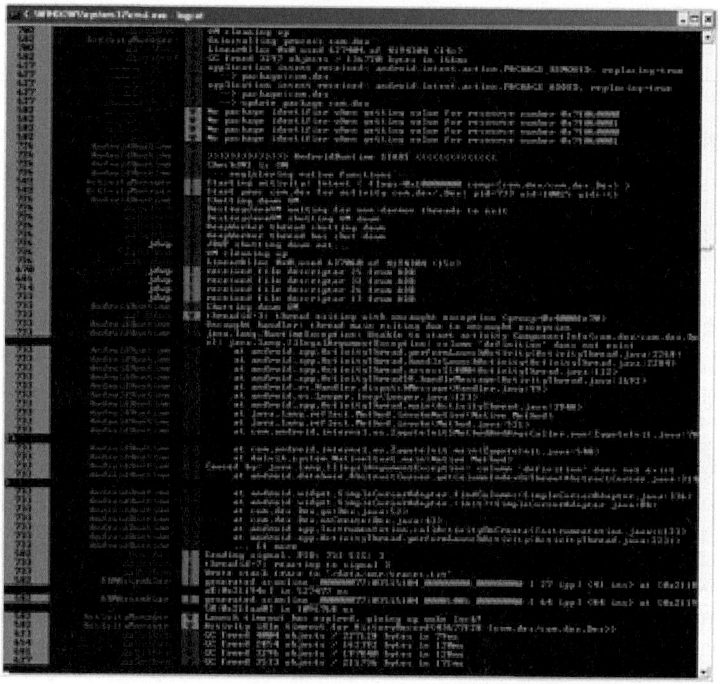

[그림 42] 안드로이드 OS 실시간 시스템 로그(logcat)

그 외에 휴대장치에 저장된 증거와 관련한 주의 점으로는, 일부 구형 휴대장치는 전원이 공급되지 않으면 데이터, 전자적 증거가 소실될 가능성이 있다는 점이다. 예를 들어 윈도우 모바일 구버전(5.0 이하)에 기반한 PDA의 경우, 당시 플래시 메모리가 대중화되기 전에 출시된 기기들이기 때문에 전원이 완전히 끊기면 저장된 데이터가 모두 소실된다. 이들 장치에는 대부분 메인 배터리와 백업 배터리가 설치되어 있는데 메인 배터리의 전원이 고갈되면 PDA의 작동이 중단되고, 백업 배터리가 데이터를 보존하기 위하여 가동된다. 만약 백업 배터리까지 소진되면 데이터는 영구적으로 소실되어 복원하기가 극히 힘들어진다는 점을 주의하여야 한다. 다행스럽게도 전원이 공급되지 않아도 데이터의 반영구적 보존이 가능한 플래시 메모리 기술이 발전하며 이러한 구시대적 기기들은 점점 사용률이 줄어들고 있는 추세이지만, 압수수색 시 구형 기기는 주의하여 접근할 필요가 있다.

또한 휴대폰이나 스마트폰에 저장된 데이터의 경우 전원이 공급되고 기기가 작동중인 경우 그 작동 과정에서 증거 데이터가 의도치 않게 덮어씌워지거나 삭제될 수 있으므로 주의하여야 한다. 예를 들어 안드로이드 스마트폰에서 시스템의 작동 전반에 대한 기록을 보여주는 logcat의 경우, 간단히 터미널 창에서 logcat −c 명령을 입력함으로써 전체 삭제할 수도 있고, 일정 이상으로 로그가 쌓이면 자동으로 오래된 로그를 지우기도 한다. 또한 스마트폰이 활발히 작동하는 경우 1초에도 수십 개의 로그가 갱신되므로 소중한 로그가 밀려서 소실되지 않도록 하여야 한다. 그렇다고 하여 스마트폰의 전원을 차단하면 logcat 데이터는 RAM에만 존재하는 것이기 때문에 즉각 소실되므로, 주의를 기울여야 한다.

최근 스마트폰과 같은 장치에는 분실시 원격으로 미리 정해둔 문자메시지 등을 통해 장치에 지령을 내려 장치 전체를 사용 불가능하게 만들고 저장된 데이터를 완전히 파괴하는 소프트웨어가 설치되어 있을 가능성이 있다. 분실시 개인정보가 유출되는 것을 막는 용도의 소프트웨어이지만 악용하면 수사기관이 압수한 스마트 기기의 증거데이터를 파괴하는 용도로도 사용할 수 있다. 이러한 원격 파괴 소프트웨어의 존재에도 유념해 두어야 한다.

4. 기타 컴퓨터 주변장치

컴퓨터 시스템에 연결되어 사용자의 접근성을 보조하고 컴퓨터의 기능을 확장하는 장치를 말한다.

이러한 주변장치에는 키보드, 마우스, 마이크, USB 또는 FireWire 허브, 웹캠, 메모리 카드 리더, VoIP 장치, 컴퓨터에 연결된 팩스 장치, 지문 인식장치, 스캐너, 프린터, 모니터 등이 있다. 간혹 프린트기기에 물려있는 아직 출력되지 않은 정보도 수사에 있어서 결정적인 증거가 되는 경우가 있다.

이와 같은 장치들은 그 존재 자체로, 또는 그 사용목적으로 인해 가치 있는 증거가 될 수 있다. 일부 장치에는 저장매체 기능이 탑재되어 있으므로 이러한 저장매체에 들어 있는 정보 또한 증거이다. 예를 들어, 수신·발신 전화 내역, 팩스 내역 등은 물론이고, 프린터나 팩스 내부에서 대기 상태로 임시 저장되어 있는 문서 데이터, 스캐너의 메모리에 버퍼되어 있는 스캔 데이터 등도 증거로서 활용될 수 있다. 단 이런 데이터는 해당장치에 내장되어 있는 RAM에 존재할 가능성이 높으므로 전원을 차단하면 소실될 가능성을 항상 염두에 두어야 한다.

키보드나 마우스의 경우, 대부분 데이터를 안에 저장하는 것도 아니고 따라서 추출할 증거 데이터가 없는 것이 일반적이다. 하지만 최근 출시되는 일부 고급(주로 게임용)키보드나 마우스의 경우 내부에 아주 작은 저장 공간을 갖추고 여러 가지 설정을 저장해 놓을 수 있는 모델이 있다. 예를 들어 키보드나 마우스에 특정 게임에 최적화되도록 키 배열, 마우스 감도나 버튼 기능을 설정하고 해당 게임의 이름을 붙여 이 설정 내용을 저장한 경우를 생각해 볼 수 있다.

[그림 43] 게이밍 마우스 버튼 및 감도 설정화면

모니터의 경우, 매우 오랜 시간동안 특정 화면을 띄워놓은 경우 모니터의 화소가 변색 되어(이것을 burn-in 현상이라고 한다) 그 화면의 모양을 평소에도 간직하고 있는 경우 가 간혹 있는데 이 또한 증거가 될 수 있다.

(1) 컴퓨터 네트워크

두 개 이상의 컴퓨터가 데이터 케이블 또는 무선으로 연결되어 리소스나 데이터를 공 유할 수 있도록 되어 있는 것을 컴퓨터 네트워크라고 한다. 네트워크를 구성하는 장비, 즉 연결된 주변장치를 비롯하여 허브, 스위치, 라우터 등의 네트워크 구축 장비 또한 증 거의 원천이 될 수 있다.

이러한 장치들은 간혹 소프트웨어, 문서, 사진, 이미지 파일, 이메일 메시지와 첨부파 일, 데이터베이스를 비롯하여 각종 데이터를 저장하고 있는 경우가 있다. 또한 이들 장치 자체의 속성, 즉 연결 상태, 브로드캐스트 설정, 미디어 액세스 카드(MAC) 어드레스, 네 트워크 인터페이스 카드(NIC) 어드레스, 인터넷 프로토콜(IP) 어드레스, LAN 구성 등도 증거로서 유용하다.

(2) 그 외 전자적 증거의 원천

디지털 정보와 관계되는 모든 것은 전자적 증거의 원천이다. 즉 전자장치, 소프트웨어, 컴퓨터 시스템과 연결되어 작동하거나 독립되어 그 자체로 작동하는 기타 장비 모두가 포함된다.

잘 사용되지 않지만 데이터 스토리지용 테이프 디바이스(자기 테이프를 사용한 저장장치), 감시카메라 장비, 디지털 카메라, 디지털 캠코더, 녹음장치, 디지털 녹화장치, 위성 A/V 리시버 및 액세스 카드, 비디오 게임 콘솔(플레이스테이션, 엑스박스, 닌텐도 등 게임기에도 내부 스토리지 공간이 존재한다), 입력 장치·비디오 공유 스위치, 이동통신용 SIM 카드 리더, GPS 수신기, 위에서 간략히 언급한 지문인식장치 등도 중요하다.

특히 최근에 출시되는 지문인식장치의 경우, 인식장치 자체에 작은 스토리지 공간을 두고 사용자의 지문을 빠르게 인식할 수 있도록 저장할 수 있는 모델이 일부 있다.

최근 하드디스크의 성능 한계로 인하여 플래시메모리를 사용한 SSD 저장장치가 점점 더 많이 사용되고 있으며, Thunderbolt와 같은 새로운 규격의 인터페이스를 사용한 저장장치들 또한 속속 등장하고 있다. 소형 플래시메모리 또한 저장 용량이 비약적으로 늘어나며 구형의 reader로는 읽을 수 없는 경우도 있다. 예를 들어 대용량의 microSD 카드는 SDHC 규격을 미지원하는 리더기에서 인식이 불가능하다. 이러한 기술적 변화에 빠르게 발맞추어, 필요한 장비를 제때 갖추고 그 사용법을 사전에 숙지하려는 노력이 필요하다.

5. 압수·수색영장의 특정

압수·수색영장에는 압수·수색의 장소와 대상을 특정하여 기재하여야 한다. 그러나 전자적 정보의 경우에는 전자적 증거가 갖는 특성상 장소와 대상을 특정하기 곤란한 경우가 많다.

장소의 특정과 관련하여, 전자적 정보는 네트워크를 통하여 관할지역은 물론 국경을 넘나들면서 전송 및 저장이 가능하기 때문에 유체물을 기준으로 하는 장소적인 의미를 그대로 적용할 수가 없다.

따라서 우선적으로 영장청구의 단계에서 압수하고자 하는 장소를 구체적으로 특정하여 명시할 것을 요구하는 것은 무리이며, 특정성의 요건을 어느 정도 완화하여야 할 필요가 있다. 「OOO범죄사실과 관련되어 네트워크로 이루어진 각 시스템 소재지」 등 특정방법상 다소 불명확하더라도 융통성 있게 허용하는 것도 필요할 것이다.

United States v. Hunter[69]

문언 상 특정성을 결한 영장에 기초하여 이루어진 압수라고 하여 그 증거를 가차 없이 배제하는 것은 아니다. 선의(good faith)의 항변은 수사관들이 후에 무효라고 판단되는 영장이 유효하다고 합리적으로 믿었고, 이에 의하여 증거를 압수한 경우에도 적용되기 때문이다. 본건 컴퓨터의 수색은 연방검찰이 정한 규칙에 큰 어긋남이 없이 수행되었으므로 헌법에 반하지 아니한다고 하여 증거 배제신청을 기각하고 있다.

- -

또한 수사관이 영장에 기재된 장소에 있는 컴퓨터를 이용하여 피처분자의 접속 가능한 권한 범위 내에서 압수대상인 데이터를 다운로드받거나 백업받을 수 있다면 그 데이터가 실제 저장되어 있는 서버의 장소가 압수·수색 영장의 기재 장소와 다르다고 하더라도 해당 압수·수색은 적법한 것으로 보아야 할 현실적인 필요성이 있다. 원격지 소재하는 서버의 압수·수색이라는 형태로 입법적인 조치가 필요하다. 지점과 본점간의 단말기로 연결되어 있는 경우이거나 서버가 우리의 사법관할 밖인 국외에 존재하는 경우, 특히 클라우드 컴퓨팅 상황 하에서는 그 필요성이 더욱 커지고 있다.

〈영장실무〉
실무상 현장에서 영장범죄사실과 관련된 특정의 정보를 찾아내기가 쉽지 않고, 사건과 관련이 없는 이름과 형식으로 저장되어 있거나 암호화되어 있는 경우를 상정해 볼 수도 있다.

원격지 압수·수색과 관련하여 수색장소에 있는 정보처리장치로 내려받거나 현출하여 범위를 정하여 위 정보처리장치에 존재하는 전자정보를 출력 또는 복재하는 방법으로 행하는 것은 허용된 집행의 장소적 범위를 확대하는 것이라고도 할 수 없다는 입장이다.[70]

---

69) 13 F.Supp.2d 574 (D.Vt., 1998)

70) 대법원 2017. 11. 19. 선고 2017도9747 판결

6. 압수·수색의 구체적인 방법

(1) 현행 법규정

형사소송법 제106조는 「① 법원은 필요한 때에는 피고사건과 관계가 있다고 인정할 수 있는 것에 한정하여 증거물 또는 몰수할 것으로 사료하는 물건을 압수할 수 있다. 단, 법률에 다른 규정이 있는 때에는 예외로 한다. ② 법원은 압수할 물건을 지정하여 소유자, 소지자 또는 보관자에게 제출을 명할 수 있다. ③ 법원은 압수의 목적물이 컴퓨터용 디스크, 그 밖에 이와 비슷한 정보저장매체(이하 이 항에서 '정보저장매체 등'이라 한다)인 경우에는 기억된 정보의 범위를 정하여 출력하거나 복제하여 제출받아야 한다. 다만, 범위를 정하여 출력 또는 복제하는 방법이 불가능하거나 압수의 목적을 달성하기에 현저히 곤란하다고 인정되는 때에는 정보저장매체등을 압수할 수 있다. ④ 법원은 제3항에 따라 정보를 제공받은 경우 「개인정보보호법」 제2조 제3호에 따른 정보주체에게 해당 사실을 지체 없이 알려야 한다.」

위와 같이 원칙적으로 압수하고자 하는 범죄사실과의 관련성이 있는 부분만에 대한 선별압수, 예외적인 매체압수를 하고, 이러한 집행방법에 대해 사전에 영장에 표기하고, 개인정보보호법에 따른 정보주체에 대한 통보 등의 조치를 하도록 규정하고 있다.[71]

(2) 원칙적 선별압수와 예외적인 매체압수

> **(속칭 '일심회' 사건에서)[72]**

| 판결요지 |

원칙적으로 범죄사실과 관련한 내용만을 출력하거나 수사기관이 가지고 간 저장매체에 복제하여 압수하는 것을 원칙으로 하면서 ① 집행이 불가능하거나 현저한 곤란한 부득이한 사정 하에서 매체압수를 하되 ② 이러한 예외적 상황은 사전에 영장에 기재를 하여 사법적 통제를 받아야 한다는 것이었다. 나아가 ③ 이렇게 매체를 압수한 경우, 수사관서에서 범죄와 관련된 부분을 출력하거나 파일을 복사하는 행위는 영장집행의 연장에 해당하므로 피고인 등의 입회를 보장하여야 하고, ④ 영장범위를 넘어 범죄혐의와 관련성이 없는 문서를 임의로 출력하거나 파일을 복사하는 것은 위법하다고 판단하고 있다. 수행되었으므로 헌법에 반하지 아니한다고 하여 증거배제신청을 기각하고 있다.

---

71) 대법원 2011. 5. 26. 자 2009모1190 결정
72) 대법원 2011. 5. 26. 자 2009모1190 결정

전자적 증거가 기억된 특수매체의 경우 다량의 정보를 담고 있어서 원칙적으로 관련된 부분만을 USB에 복제하거나 출력하여 출력물을 압수하는 것이 원칙이다. 여기서 출력물은 파일원본과는 다른 별개의 물건이므로 이를 영장에서 사전기재 하여야 함은 물론이다. 그러나 현장에서 대용량의 전자적 증거를 하나하나 관련성을 따져보고 압수하기에는 사실상 불가능한 경우가 많고 이러한 경우 매체 자체를 포괄적으로 압수할 수밖에 없을 것이다.

판례가 형사소송법 제106조 제3항이 규정하기 이전부터 컴퓨터 등 특수매체에 기록된 전자적 정보의 압수수색의 방법으로, 원칙적으로 관련부분만을 압수하되, 극히 예외적인 경우에만 매체 자체를 압수할 수 있다고 한다.

이와 같이 「원칙적 선별압수, 예외적 매체압수」라는 압수방식을 통해 검찰에서 영장청구 시 매체 자체를 압수하기 위한 예외적인 상황을 영장에 자세히 기재하고 소명하도록 함으로써, 매체 자체의 압수는 가능한 한 억제되어야 한다는 당위성에 대해서는 이견이 없을 것이다.

법원은 2007년 이래 전자적 증거에 대한 압수·수색 영장 발부 시 영장에 부기해오던 집행방식의 제한에 대한 내용을 명문화된 서식을 이용하여 별첨 형식으로 영장원본에 첨부하도록 하면서 매체 자체를 직접 혹은 하드카피나 이미징의 형태로 압수하는 것을 극히 예외적으로만 허용하고 있다.

매체압수의 예외적인 상황으로는 ① 증거를 인멸·은닉한 정황이 있는 때, ② 집행 현장 상황에 비추어 사본에 대한 압수 또는 복제가 불가능할 때, ③ 피압수자의 영업 환경, 사생활 평온 침해 등에 비추어 현장에서의 사본 압수가 부적절할 때 등을 상정해 볼 수 있다.

그러나 이러한 상황에 대한 판단은 영장의 집행 단계에 가서야 비로소 가능한 것이고, 법원이 영장을 발부하는 시점에서 '예상'하기에는 사실상 곤란한 내용이다.

따라서 형소법 제106조 제3항이나 대상 결정과 같은 영장집행방식에 관한 제한규정은, 정보저장매체의 압수에 따른 피해를 최소화하도록 하는 주의규정이나 매체압수는 예외적이어야 한다는 강제처분의 최소화 원칙을 명언한 선언적인 규정이라고 이해하고, 구체적인 압수방법의 선택은, 현장조사관의 합리적 재량에 맡기는 탄력적인 운영이 필요하다.

또한 원본매체의 압수에 대한 사법적 통제의 필요성은 인정하지만, 예외적으로라도 "매체압수 자체는 허용되지 않는다."는 취지로 영장을 발부하는 것은 피 압수자의 무익한 시비의 빌미를 제공하고, 영장집행의 실효성을 크게 해할 수 있다.

나아가, 압수대상을 일정기간을 정하거나 일정시점 이후의 파일들로만 한정하여 출력하거나 복사 또는 복제하도록 하는 취지의 영장 기재방법을 일반화하는 것도 충분하지는 않다. 검찰에서 압수·수색 영장을 집행할 때에는 해당 사건과 관계가 있다고 인정할 수 있는 것에 한정하여 집행하여야 하지만(제215조 제1항), 혹시라도 삭제된 프로그램이 있는 경우에는 어느 부분을 압수하여 복구할 것인지를 알 수 없는 경우가 많다. 또한 타임테이블 자체의 조작 가능성을 배제할 수 없다는 점에서도 이 또한 전자적 특성에 대한 세심한 배려와 신중한 검토가 필요한 대목이다.

〈미국의 관련 판례〉[73]

부당한 수색과 압수를 방지하는 수정헌법 제4조에 의하여 영장을 집행함에 있어서 그 세부적인 절차는 일반적으로 이를 집행하는 수사관의 재량에 맡겨야 한다.

미국의 판례와 같이 전자적 증거의 특성과 다양한 현장상황에 적절히 대처할 수 있도록 구체적인 압수 / 수색방법은 현장 조사관의 합리적 재량에 맡기고, 사후적으로 필요한 조치 등 조건을 강화하는 방식으로 탄력적인 운영과 이를 뒷받침하는 입법개선을 기대해 본다. 이를 위한 사전적 조치로서 검찰, 경찰단계에서 일선 현장조사관의 행동기준을 표준화할 필요가 있고, 조사관과 수사관의 엄정한 분리 운영 등 제도마련도 검토되어야 한다.

---

73) Dalia v. United States, 441 U.S. 238 (1979)

(3) 관련성 심사

긍정사례[74]는 집행하는 과정에서도 관련성 있는 부분에 한해 문서 출력 또는 파일 복사를 하도록 하고 있다.

〈긍정사례〉

| 판결요지 |

저장매체를 수사기관 사무실로 옮긴 후 전자정보를 탐색하여 문서를 출력하거나 파일을 복사하는 과정에서, 판례는 이 과정 역시 전체적으로 영장의 집행에 포함된다고 전제하면서 그러한 경우 또한 혐의 사실과 관련된 부분으로 한정하여야 함에도 관련성에 대한 구분 없이 저장된 전자정보 중 임의로 문서출력 또는 파일 복사를 하는 행위는 특별한 사정이 없는 한 영장주의 등 원칙에 반하는 위법한 집행이 된다고 한다. … 다만 영장의 명시적 근거 없이 수사기관이 임의로 정한 시점 이후의 접근 파일 일체를 복사하는 방식으로 8,000여 개나 되는 파일을 복사한 영장집행은 원칙적으로 압수·수색영장이 허용한 범위를 벗어난 것으로서 위법하다고 볼 여지가 있는데, 위 압수·수색전 과정에 비추어 볼 때, 수사기관이 영장에 기재된 혐의사실 일시로부터 소급하여 일정 시점 이후의 파일들만 복사한 것은 나름대로 대상을 제한하려고 노력한 것으로 보이고, 당사자 측도 그 적합성에 대하여 묵시적으로 동의한 것으로 보는 것이 타당하므로, 위 영장집행이 위법하다고 볼 수는 없다는 이유로, 같은 취지에서 준항고를 기각한 원심의 조치를 수긍한 사례

〈부정사례〉[75]

| 판결요지 |

휴대폰에 저장된 녹음파일의 경우에도, '피의자'인 甲에 대한 혐의사실과 무관한 이상, 수사기관이 별도의 압수·수색영장을 발부받지 아니한 채 압수한 녹음파일은 형사소송법 제219조에 의하여 수사기관의 압수에 준용되는 형사소송법 제106조 제1항이 규정하는 '피고사건' 내지 같은 법 제215조 제1항이 규정하는 '해당 사건'과 '관계가 있다고 인정할 수 있는 것'에 해당하지 않으며, 이와 같은 압수에는 '적법한 절차에 따르지 아니하고 수집한 증거'로서 증거로 쓸 수 없고, 그 절차적 위법은 헌법상 영장주의 내지 적법절차의 실질적 내용을 침해하는 중대한 위법에 해당하여 예외적으로 증거능력을 인정할 수도 없다.

---

74) 대법원 2011. 5. 26. 자 2009모1190 결정

75) 대법원 2014. 1. 6. 선고 2013도7101 판결

(4) 반출 후 수사기관 사무실 등에서의 조치

〈속칭 종근당 비자금 횡령 사건〉[76]

| 사건개요와 경과 |

수원지방검찰청 검사는 2011. 4. 25. 준항고인 1등에 대하여 횡령 등의 혐의로 압수·수색 영장 ('제1영장')을 발부받아 준항고인 등의 사무실을 압수수색한 결과, 이 사건 저장매체에 영장범죄 사실과 관련성이 있는 부분과 관련없는 정보가 혼재되어 있는 등으로 현장에서 선별압수하기가 현저히 곤란하다고 판단하고, 피압수자의 동의를 받아 저장매체를 압수하는 형식으로 외부에 '반출'하고, 그 익일 대검찰청 디지털포렌식 센타에 인계하여 '이미징'의 방식으로 복제하게 한 후 ('제1처분')같은 해 5. 2. 매체원본을 반환하였다. 위와 같이 이미징한 복제본을 같은달 3.부터 같은 달 6.까지 검사 자신이 소지한 외장 하드디스크에 재 복제(제2처분)하고, 계속해서 같은 달 9.부터 같은 달 20.까지 외장 하드디스크를 통하여 제1영장 기재 범죄와 관련된 전자정보를 탐색 하였는데, 그 과정에서 준항고인 2의 약사법 위반·조세범처벌법 위반 혐의와 관련된 전자정보 등 제1영장 범죄사실과 무관한 정보들도 함께 출력(제3처분)하였고, 그 과정에서 준항고인 측에 게 참여할 기회가 보장되지 않았다.

이어서 동 검사는 준항고인 등의 배임혐의와 관련된 전자정보를 탐색하던 중 우연히 별건 조세 범 처벌법 위반 혐의 등에 관련된 정보를 발견하고 이를 문서로 출력한 후 동 검찰청 특별수사 부에 통보하고, 동 소속 검사가 2011. 5. 26. 다시 압수·수색영장을 청구하여 수원지방법원으로 부터 별도의 압수·수색영장(제2영장)을 발부받아 외장 하드디스크에서 별건 정보를 탐색·출력 하는 방식으로 압수·수색하였고, 그 과정에서 준항고인 측에 압수·수색 과정에 참여할 수 있는 기회가 부여되지 않았고, 압수한 전자정보 목록 또한 교부되지 않았다.

이에 대해 원심[77]은, 2011. 4. 25. '제1영장'과 같은 해 5. 25. '제2영장'의 각 집행과정서 피압수자 등의 참여권이 배제되었고, 압수목록의 부여 등의 절차적 권리가 보장되지 않은 채 각 혐의사실 과 무관한 전자정보에 대하여 까지 무차별적으로 복제·출력하였다는 등을 이유로 각 압수처분 을 취소하고자 검사가 본 건 재항고에 이르렀다.

---

76) 대법원 2015. 7. 16. 자 2011모1839 전원합의체 결정

77) 수원지방법원 2011. 10. 31. 자 2011보2 결정

(1) 전자저장매체에 대한 압수·수색 과정에서 예외적인 사정이 인정되어 전자정보가 담긴 저장 매체 또는 복제본을 수사기관 사무실 등으로 옮겨 이를 복제·탐색·출력하는 경우에도, 형사 소송법 제219조, 제121조에서 규정하는 피압수자나 변호인에게 참여의 기회를 보장하고 혐의 사실과 무관한 전자정보의 임의적인 복제 등을 막기 위한 적절한 조치를 취하는 등 영장주의 원칙과 적법절차를 준수하여야 한다. 준항고인이 전체 압수·수색 과정을 단계적·개별적으로 구분하여 각 단계의 개별 처분의 취소를 구하더라도 준항고 법원으로서는 특별한 사정이 없 는 한 그 구분된 개별 처분의 위법이나 취소 여부를 판단할 것이 아니라 당해 압수·수색 과정 전체를 하나의 절차로 파악하여 그 과정에서 나타난 위법이 압수·수색 절차 전체를 위법하게 할 정도로 중대한지 여부에 따라 전체적으로 그 압수·수색 처분을 취소할 것인지를 가려야 할 것이다(제1처분은 위법하다고 볼 수 없으나, 제2·3처분의 위법의 중대성에 비추어 위 영장 에 기한 압수·수색이전체적으로 취소되어야 한다).

(2) 전자정보에 대한 압수·수색이 종료되기 전에 혐의사실과 관련된 전자정보를 적법하게 탐색 하는 과정에서 별도의 범죄혐의와 관련된 전자정보를 우연히 발견한 경우라면, 수사기관으 로서는 더 이상의 추가 탐색을 중단하고 법원으로부터 별도의 범죄혐의에 대한 압수·수색영 장을 발부받은 경우에 한하여 그러한 정보에 대하여도 적법하게 압수·수색을 할 수 있다고 할 것이다(제2영장 청구 당시 압수할 물건으로 삼은 정보는 그 자체가 위법한 압수물이어서 별건 정보에 대한 영장청구 요건을 충족하지 못하였고, 제2영장에 기한 압수·수색 당시 그 과 정에 참여할 기회나 전자정보 목록 등의 교부가 없어 제2영장에 의한 압수·수색은 전체적으 로 위법하다).

1) 수사기관 사무실로의 '반출'

위 사례에서는 전자저장매체를 예외적으로 압수하여 수사기관 사무실로 이동한 행위 를 '반출'이라고 하고, 그 이후 복제·탐색·출력하는 행위를 압수·수색의 일련의 행위라 고 전제한 다음 반출 이후 과정에서도 피압수처분자 등의 참여가 배제되거나 무분별한 복제 등을 통제하는 적절한 조치를 취해야 한다고 한다.[78]

전자정보의 왜곡이나 훼손, 오·남용 및 임의적인 복제·복사, 무분별한 별건범죄 수사 에의 이용 등을 막기 위한 적절한 통제장치로서 그 과정에서도 피압수자 등의 참여가 필 요하다는 점에 대해서는 동감한다. 그렇다고 하여 외부로 반출하여 영장의 집행이 이미

---

78) 대법원 2017. 9. 21. 선고 2015도12400 판결(전자적 증거의 경우 기록매체를 압수하여 사무실로 이동하고 분석하 는 과정에서도 피압수자나 변호인에게 참여의 기회를 보장하고 혐의사실과 무관한 전자정보의 임의적인 복제 등을 막기 위한적절한 조치를 취하는 등 영장주의 원칙과 적법절차를 준수하여야 한다)

종료한 이후임에도 형사소송법 제219조, 제121조 등을 그대로 적용하여 피압수자 등에게 참여의 기회를 보장하여야 한다고 해석하는 것은 문제가 있다.

먼저, 압수·수색현장에서 영장기재 범죄사실과의 '관련성'을 확인하지 않은 채 저장매체를 압수하여 수사기관 사무실 등 외부로 이동하는 행위를 피압수자로 부터 점유를 강제로 빼앗아 '압수'형태의 '반출'행위로 해석하는 것은 문제가 있다.

압수의 대상은 저장매체에 기록된 '전자적 상태의 정보'이며 이러한 정보는 저장매체와는 독립성을 가지므로 저장매체를 압수한 것만으로는 불충분하다. 결국 매체를 압수한 다음 반출하여 관련성 있는 파일 정보를 검색하여 압수하는 별도의 조치가 필요하기 때문이다.

둘째, 수사기관에서의 전자적인 상태의 정보를 수색하고, 압수하기 위해서는 원본에서 할 수는 없고, 전자적 정보가 손상되지 않도록 쓰기 방지장치를 하고, 전문적인 프로그램을 통해 이미징하는 특별한 작업이 필요하다. 그 과정에서 삭제된 프로그램의 경우 이를 복구하는 작업도 동원된다.

결국 전자적 정보의 경우 원본 증거를 남겨둔 채 복제하는 것은 정보의 '압수'를 위한 처분이기 보다는 오히려 관련성 있는 부분에 대한 새로운 증거의 작출이고, 이러한 과정은 형사소송법 상 오관을 통해 사실을 조사하는 '검증'을 위한 필요한 처분과 유사하다고 할 수 있다.

전자적 정보 자체를 압수할 필요 예를 들면 범에서 소지가 금지된 음란물, 도박물이거나 범행의 수단 또는 도구로 사용되는 기록 등 예외적인 경우를 제외하고는 강제적인 점유를 빼앗는 압수를 위한 '반출'이기보다는 검증에 필요한 처분으로 '제3지에 대한 이동'을 허용 하는 것이 상당하다.

그렇다면 전자정보의 수집을 위한 영장의 성격으로, 영장을 통해 매체나 기록 자체를 통째로 빼앗아 외부로 반출하는 형태의 '수색·압수'보다는 '수색과 검증' 영장에 의하고, 외부에 반출하는 행위를 검증을 위해 필요한 처분으로 이해하는 것이 상당하다.

전자저장매체를 필요 최소한도의 범위 내에서 외부로 이동한 다음 이를 복제하고 원본을 바로 반환하고 있는 실무상으로도 '압수'영장은 논리상 맞지 않는다.[79] 이렇게 검증 영장으로 이해한다면 '압수'영장에 의한 처분보다는 피처분자의 부담을 경감하고, 피압수자의 참여문제도 압수가 이미 종료한 이후임에도 단순히 수색의 연장이라고 하는 것보다는 검증과정에서의 당사자 참여라고 한다면 더욱 법적 근거도 분명해질 것이다.

미국의 판례[80]는, 현장에서의 관련성 유무를 따지기 전에 매체의 제3지에로의 이동가능성을 염두에 두고 있다.

| 판시사항 |

「언젠가 기술이 진보하고 수사기관의 경험이 발전하여 현장에서의 컴퓨터 기록 수색이 가능해지고 실효성을 갖추는 날이 오기 전까지는 (제3지로 이동한 후에 수색할 목적으로), 컴퓨터 하드웨어 전체를 압수하는 것은 적절히 안전장치를 갖춘 이상 필연적으로 수행되어야 하는 경우가 있다. 수정헌법 제4조에서도 이를 허용할 수 있지만, 수사기관은 피압수자의 영업이나 개인생활의 침해를 최소화하도록 가능한 한 빠른 시일 내에 복사를 수행하고 압수한 매체를 반환하여야 한다.」

이를 위해서는 먼저, 현장에서 수색하기 어려운 현실적인 필요성에서 저장매체 등을 포괄적으로 압수하는 '제3지에의 이동'이라는 형식의 새로운 강제처분 제도와 제3지에의 이동 후 검증과정에서의 당사자 참여를 보장하는 입법적 정비가 필요하다. 관련성이 없는 부분은 즉시 환부하거나 폐기하는 등의 적절한 사후통제 규정도 마련되어야 한다.

2) 절차위배의 효과

위 사례에서 대법원은, 특별한 사정이 없는 한 당해 압수·수색과정 전체를 하나의 절차로 파악하여 비록 제1처분은 위법하다고 볼 수 없으나, 제2, 제3처분의 위법의 중대성에 비추어 위 영장에 가한 압수·수색이 전체적으로 취소되어야 한다고 한다.

그동안 대법원의 압수·수색과정 전체를 일련의 과정으로 파악하여 선생행위의 위법의 중대성을 이유로 후행과정에서의 무효를 지적한 사례는 많았다.

---

79) 실무상 이미징을 하고 원본은 바로 반환하고 있다. 그럼에도 압수·수색영장에 의하는 것은 문제가 있다.

80) United States v. Hunter, 13 F.Supp.2d 574 (D.Vt., 1998)

위법한 체포 하에서의 음주측정결과에 대해 이를 탄핵하기 위해 피의자가 스스로 강제채혈을 요구하였더라도 위법한 체포상태에 의한 영향이 완전히 배제되었다고 할 수 없다고 하여 강제채혈 결과에 대해서 증거능력을 배제하거나[81] 진술거부권을 침해한 상태 하에서 피의자를 상대로 작성된 검사의 통화 녹음테이프에 대하여 법관의 검증조서에 대해 증거능력을 배제[82]한 바 있다.

본 판결은 후행처분의 위법의 중대성을 이유로 적법하게 이루어진 제1차 압수처분을 소급해서 무효라고 한 최초의 사례라고 할 수 있다. 이러한 판례의 입장에 대해서는 ① 제1차 처분이 기업의 비자금 조성 경위에 관하여 압수·수색을 하여 관련성여부를 파악하던 중 비자금의 사용처에 대한 확인 작업을 1차 영장범죄사실과 관련성이 없다고 할 수 없고,[83] ② 제2차, 제3차 처분의 경우 사후 법관의 영장에 의해 이루어진 것으로 검사에게 영장주의를 잠탈한 주관적 의도는 없었던 것으로 보인다. 증거배제의 목적을 위법 수사의 억지에서 구한다면 수사기관의 의도적인 절차 위배를 그 대상으로 삼아야 하고 수사기관의 판단의 잘못이나 실수한 것에 대해서까지 증거능력을 배제 할 것은 아니다.[84] ③ 나아가 이미징 자료를 분석하는 과정에서 피압수자의 참여 등의 실효성이 과연 어느 정도인지에 대해서도 검증이 부족하다.

나아가 이와 같이 완고한 대법원의 입장은 세계적인 추세에도 반한다. 독일의 다수의결은 증거수집 금지를 위반한 경우에도 의무적으로 증거 사용이 배제되는 것이 아니나 '핵심영역'이 침해된 경우 등 제한적으로 인정하고 있고, 위법수집배제원칙의 원조 격인 미국의 경우에도 'Mapp 판결' 이후 많은 예외를 인정하면서 그 적용 범위를 좁혀가고 있다.

본 결정과 같이 뇌물공여 등 비자금 사용처 수사에 관한 후행 처분의 위법을 이유로 적법하게 확인된 비자금 조성행위(횡령)에 대한 증거로도 사용할 수 없도록 하는 것은 형사소송의 또 다른 목적인 실체적 진실발견이라는 견지에서 아쉬움이 남는다. 압수·수색의 방법이나 제3지에의 이동 후 수색 방법, 관련성 유무나 다른 범죄사실에 대한 증거의 압수수색 등에 관해서는 구체적인 입법에 의존할 수밖에 없을 것이다.

---

81) 대법원 2013. 3. 14. 선고 2010도 2094 판결
82) 대법원 1992. 6. 23. 선고 92도682 판결
83) 대법원 2015. 1. 16. 선고 2013도710 판결
84) 민만기, 수집절차에 위법이 있는 압수물의 증거능력에 관한 비교법적 고찰, 성균관법학, 365면

제3장 전자적 증거의 압수와 분석 단계별 요령

1. 개 요

먼저 영장에 따라 전자정보를 저장하고 있는 정보저장 매체를 수색하고 현장에서 무결성을 유지하며 압수대상을 선별한다. 압수할 정보저장매체가 선별되면, 그 압수 방법은 압수 상황에 따라 구분하여 진행하여야 한다.

단순·경미사건의 경우 압수대상매체를 현장에서 수색·검증하고, 혐의사실과 관련된 전자정보만을 문서로 출력하거나 수사기관이 휴대한 저장매체에 복사하여 압수하여야 한다.

그런데 많은 경우 이와 같이 간단히 해결되지 않는 경우가 많다. 집행 현장에서 압수목적 달성을 위한 전체 검색·선별에 장시간이 소요되고, 정보저장매체의 비할당공간에 대한 정밀 분석이 필요한 첨단범죄, 산업보안·기밀유출, 강력범죄, 테러·안보관련범죄 등의 경우에는 부득이하게 원본을 압수하거나 하드카피, 이미징을 실행하여야한다.

또한 집행 현장에서 저장매체의 복제가 불가능하거나 현저히 곤란할 때가 있다. 피압수자가 협조하지 않는 경우, 혐의사실과 관련될 개연성이 있는 전자정보가 삭제·폐기된 정황이 발견되는 경우, 출력·복사에 의한 집행이 피압수자의 영업이나 사생활의 평온을 저해하는 경우 등이다. 이런 때에는 피압수자 또는 참여인의 입회하에 저장매체의 원본을 봉인하여 압수하여야 한다.

그런데 정보저장매체나 컴퓨터 그 자체가 밀수품, 증거물, 범죄의 도구 혹은 그 결과물인 경우는 원칙적으로 매체원본을 압수할 필요가 있다.[85] 몰수 또는 폐기, 국고귀속처분되어야할 것이기 때문이다.

---

85) 불법자료를 전송하고, 저장하는데 사용하는 가정용 개인 컴퓨터는 그 자체 범죄의 도구로 평가하여 하드디스크를 압수할 수 있다 [Davis v. Gracey, 111 F. 3d 1472 (10th Cir. 1997)].

2. 단계별 요령

(1) 기본원칙

전자적증거의 무결성유지를 위해 정보저장매체 등을 압수·수색·검증하거나 전자정보를 수집·분석할 때에는 정보저장매체 또는 전자정보를 수집한 때로부터 법정에 증거로 제출할 때까지 변경 또는 훼손되지 않도록 무결성을 유지하여야 하고 그 과정을 기록하여 수사기록에 첨부

압수 현장에 따라 발생하는 여러 가지 상황은 수사목적 달성 및 인권보호를 위한 적절한 방법으로 조치를 취한 후 정보처리 시스템과 정보자료의 압수·수색·검증을 실시하고, 그 과정을 기록하여 첨부

(2) 사전 준비

정보 저장매체등을 압수·수색·검증하거나 전자정보를 수집하고자 할 경우에는 사전에 다음 사항을 확인하고 계획을 수립

① 사건 개요, 압수·수색 장소 및 대상
② 압수·수색대상 정보처리시스템의 유형과 규모
③ 압수·수색대상 현장 네트워크의 구성 형태
④ 기타 정보저장매체의 보유 현황 등

압수목적 달성을 위해 사건의 성질에 따라 대상 범위 선정, 원본 또는 사본 전체, 출력물과 복사물 등 선별압수의 필요성을 다음과 같이 명확하게 구분하여 영장 청구

① 현장에서 범죄와 관련된 증거를 신속하게 획득할 가능성이 높고, 선별하여 압수하더라도 시비가 없을 것으로 평가되는 경미·단순사건은 현장 검색 후 범죄 관련 압수대상 선별 압수
② 현장선별과 분석에 장시간이 소요되거나 범죄와 관련된 파일이 상당 부분 삭제된 흔적이 있거나 증거인멸의 가능성이 높은 경우, 또는 압수대상 디지털매체 전체에 대한 정밀분석이 필요한 '강력범죄, 첨단범죄, 산업보안, 테러·안보·보안범죄 등'사건은 원본 또는 전체사본을 압수 후 사후 범죄와 관련성이 없는 것으로 확인된 부분은 신속하게 반환하거나 폐기처분

③ 정보 저장매체 등 그 자체가 밀수품, 증거물, 도구 혹은 범죄의 결과물인 경우에는 원칙적으로 매체 원본을 압수

※ 불법자료를 전송하고, 저장하는데 사용하는 가정용 개인 컴퓨터는 그 자체 범죄의 도구로 평가하여 하드디스크 압수 가능 (Davisv. Gracey, 111F. 3d 1472, 1480(10th Cir. 1997)

(3) 압수·수색 요령

정보 저장매체 등을 압수·수색·검증하거나 전자정보를 수집하는 현장에서 복제·분석을 실시하는 경우에는 쓰기 방지 기능이 포함된 기기를 사용하는 등으로 자료가 변경 또는 훼손되지 않도록 주의

압수 대상 정보 저장매체는 식별값을 특정할 수 있도록 기록하고 불가능할 경우 촬영, 시리얼 확인(콘트롤러, 볼륨 시리얼 등)등 향후 증명을 위한 적절한 조치 실행

피압수자 또는 참여인을 입회시키고 수색한 결과물이 대상 정보처리시스템의 자료로서 검색된 것임을 확인시킨 후 다음의 내용 작성하여 입회인의 확인 서명

① 압수·수색·검증 착수 시작과 종료시간
② 정보처리시스템의 종류와 구성
③ 정보처리시스템의 고유번호(가능한 경우)
④ 검색, 하드카피, 이미징 도구와 방법
⑤ 압수 디지털 자료에 대한 해시 값(Hash Value)

정보 저장매체 등을 압수·수색·검증하거나 전자정보를 수집하는 현장에서 사용자가 대상 정보시스템의 전원과 운영 장치에 대한 전원차단, 강제종료 등 임의적 조작행위방지를 위한 통제

압수·수색·검증 대상 정보처리시스템이 네트워크에 연결되어 있고 압수·수색대상자가 네트워크로 접속하여 저장된 자료를 임의로 삭제할 우려가 있을 경우에는 네트워크 연결 케이블을 차단

증거물의 획득, 분석 및 보관까지의 일련의 과정을 거치는 증거물에는 꼬리표를 각각
달아 어떠한 과정을 거쳤는지 문서화하여야 한다.

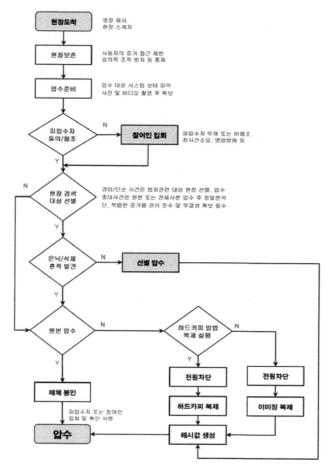

[그림 44] 증거물 압수 과정

(4) 이송 및 보관요령

전자정보가 저장된 정보 저장매체 등을 운반 또는 보관할 경우에는 정전기 차단, 충격
방지 등의 조치를 취하여 해당기기 등이 파손되거나 저장된 디지털자료가 손상되지 않
도록 관리

장기간 보관의 경우 전자적 증거 보관케이스에 넣고, 습기 등을 차단하는 등의 조치를 취하고, 복사본을 만들어둠으로써 손상에 대비하여야 함

배터리에 의해 구동되는 장치에 대해서는 이미징을 하는 등의 즉각적인 대응조치가 필요

(5) 분석과정 요령

- 증거물 육안검사
- 물리적 훼손 유무 검사, 증거물 매체 종류 파악 및 인식장비 준비
- 증거물의 데이터 인식
- 장비에 증거물을 인식, 인식 불가시 복구시도, 복구 실패시 사건담당자에 통지 후 사건종료
- 해시 값 비교
- 증거물이 인식되면 해시 값과 비교, 해시 값이 다르면 훼손된 경우이므로 담당자에 통지 후 사건종료
- 쓰기 방지 장치 사용
- 증거물이 변경 가능한 상태인 경우 쓰기 방지장치를 사용하여 증거물 열람, 정밀분석 필요 시 쓰기 방지 장치 장착 후 이미징
- 복구 시도
- 분석 내용 중 데이터 복구 필요시 복구 시도 (복구 내용, 복구 데이터 사용 시 보고서에 명기)
- 증거 데이터의 소유자 파악
- 증거물 데이터의 소유자를 특정하는 증거를 찾아 소유자에게 확인, 파일 이력 추적하여 생성지 파악
- 증거물의 분석
- 무결성을 유지하기 위해 원본대신 사본을 작성하여 분석을 수행한다. 결정적 증거 발견 시 내용을 캡처 또는 메모하고 보고서에 상세기록, 중요한 사안일수록 다각적인 관점 분석
- 증거물의 확인
- 담당자와의 지속적인 의사소통으로 사건에 최대한 근접한 분석결과 도출, 자료 미발견 시 증거 분석 반복 시도
- 다른 범죄사실의 발견

- 영장에 미기재된 다른 범죄사실 발견시 담당자에게 연락하여 분석범위 판단, 추가 영장을 청구하여 재분석 시도
- 증거분석 보고서의 작성
- 요약부분 먼저 기술, 쉬운 용어 사용, 객관적 사실만을 작성, 결정적 증거물의 경우 캡처하고 상세설명증거자료가 너무 많으면 별지 활용, 분석자 소속 및 성명 기재, 서명 날인

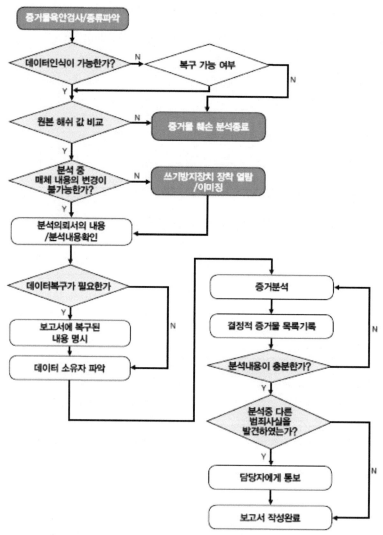

[그림 45] 증거물 분석과정 흐름도

3. 보고서 작성

(1) 법적 성격

포렌식 전문조사관은 수집하고, 분석한 증거물에 대하여 분석결과를 토대로 보고서를 작성하고, 관련된 증거를 첨부하여 제출한다. 이러한 보고서는 의뢰한 사항에 대해 전문가로서의 감정결과를 기재한 것이므로 감정서로서의 성격을 갖는다.

보고서에는 의뢰자, 작성자를 분명히 하고, 분석 대상 디지털매체 정보, 수집 및 분석경과, 분석결과 요약, 분석도구와 분석방법 등에 관한 내용이 기재되어야 한다.

〈보고서 예시〉

증거분석 보고서

의뢰일시	
의뢰장소	
의뢰사항	1. 증거 수집, 복구, 분석의 구체적인 방법 및 절차 2. 도촬 관련 흔적 3. 판매관련 흔적 4. 배포 및 유통시도 흔적 5. 기타 범행입증 자료
분석기간	
참고사항	• 모든 증거는 재현가능한 분석 과정 및 결과를 화면캡쳐 등으로 상세하게 포함해야 함 • 각각의 증거 분석에 사용한 프로그램 이름과 버전, 구매처(제조사)또는 프로그램 다운로드 경로를 포함하여야 함 • 프로그램 자체를 복사하여 제출 하는 것이 저작권에 위배되지 않는 경우에는 보고서와 함께 프로그램을 복사하여 제출할 수 있으며, 직접 개발 또는 제작한 프로그램은 소스를 포함하여 제출하여야 함

의뢰자

소 속	직 급	성 명	연락처	비 고

□ 분석 대상 디지털매체 정보

○

○

□ 수집 및 분석 경과

○

○

□ 분석결과 요약

○

○

□ 절차·방법

○ 수집·분석도구

○ 분석방법

분석관

소 속	직 급	성 명	연락처	서명(인)

(2) 구체적인 압수·분석보고서 작성 예시

〈회사영업비밀 누설 사례〉 – 압수방법 보고서 작성 예시

【설 문】

A 회사의 네트워크 보안 감시팀은 회사의 핵심기술을 보관한 서버에 무단 접속한 접속기록을 확인하고 감사에 착수하였다. 접속한 해당 IP 소유 직원의 사무실에서 ① 활성 상태의 컴퓨터 1대와 ② SD메모리 카드(2GB) 1개, 1GB 용량의 USB 메모리 1개를 발견하였다. 이 경우 적법한 디지털포렌식 절차를 설명하라.

【구체적인 절차】

무결성을 유지하기 위하여 디지털포렌식 조사관은 크게 보아 아래의 다섯 단계로 압수·수색을 실시하게 된다.

① 현장 상태 사진 및 동영상 촬영

모니터의 현존 및 작동상태, 케이블 연결 상태 등에 대한 촬영사진은 추후 휘발성 정보에 대한 증거능력을 인정하는 절대적인 자료가 될 수 있다.

[그림 46] 하드웨어 방식의 쓰기 방지 장치

② 디지털 매체의 본인 확인 및 증거 수집에 관한 동의서 확인
③ 디지털 매체 사진 촬영 및 정보에 대한 기록
④ 디지털 매체의 사본 이미지 생성 및 봉인(〈하드디스크 쓰기 방지 장치〉와 같이 쓰기
　방지장치를 사용하여 이미지 생성시 데이터의 변조가 이루어지지 않도록 조치)
⑤ 피조사자 또는 참관인의 서명 확인

【단계별 절차】

본 사건에서의 구체적인 압수·수색 절차를 단계별로 나열하면 다음과 같다.

① 활성 시스템 조사 절차

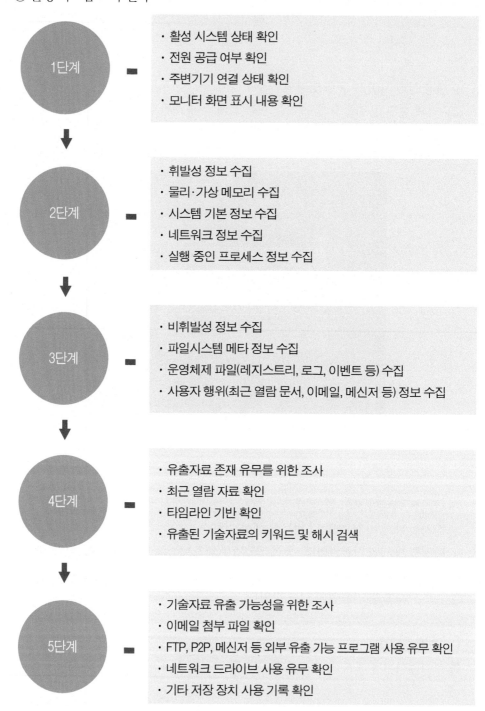

1단계
- 활성 시스템 상태 확인
- 전원 공급 여부 확인
- 주변기기 연결 상태 확인
- 모니터 화면 표시 내용 확인

2단계
- 휘발성 정보 수집
- 물리·가상 메모리 수집
- 시스템 기본 정보 수집
- 네트워크 정보 수집
- 실행 중인 프로세스 정보 수집

3단계
- 비휘발성 정보 수집
- 파일시스템 메타 정보 수집
- 운영체제 파일(레지스트리, 로그, 이벤트 등) 수집
- 사용자 행위(최근 열람 문서, 이메일, 메신저 등) 정보 수집

4단계
- 유출자료 존재 유무를 위한 조사
- 최근 열람 자료 확인
- 타임라인 기반 확인
- 유출된 기술자료의 키워드 및 해시 검색

5단계
- 기술자료 유출 가능성을 위한 조사
- 이메일 첨부 파일 확인
- FTP, P2P, 메신저 등 외부 유출 가능 프로그램 사용 유무 확인
- 네트워크 드라이브 사용 유무 확인
- 기타 저장 장치 사용 기록 확인

② SD카드, USB메모리 압수 절차

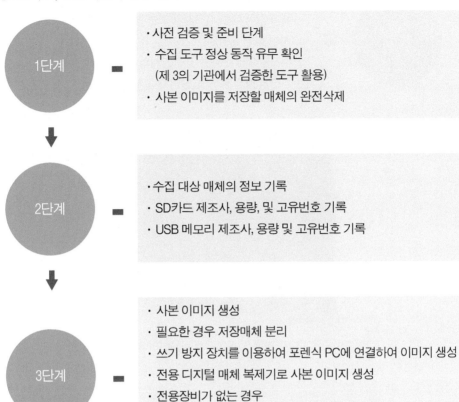

1단계
- 사전 검증 및 준비 단계
- 수집 도구 정상 동작 유무 확인
  (제 3의 기관에서 검증한 도구 활용)
- 사본 이미지를 저장할 매체의 완전삭제

2단계
- 수집 대상 매체의 정보 기록
- SD카드 제조사, 용량, 및 고유번호 기록
- USB 메모리 제조사, 용량 및 고유번호 기록

3단계
- 사본 이미지 생성
- 필요한 경우 저장매체 분리
- 쓰기 방지 장치를 이용하여 포렌식 PC에 연결하여 이미지 생성
- 전용 디지털 매체 복제기로 사본 이미지 생성
- 전용장비가 없는 경우
- SD 메모리 카드는 내장된 쓰기 방지탭을 이용
- USB 메모리의 경우 윈도우 레지스트리 설정 후 이용

[그림 47] 저장매체 분리

- 사본 이미지 생성 검증 및 봉인
- 해시 값에 대한 피조사자 또는 참관인 서명 확인
  (사진 촬영 포함)
- 디지털매체의 봉인 및 봉인자의 서명
- 정전기 방지 봉투 및 봉인지를 사용하여 하드디스크 봉인

4단계

[그림 48] 정전기 방지 봉투 및 봉인지를 사용하여 하드디스크 봉인

〈자전거 절도사범 사례〉 – 분석결과 보고서 작성 예시

【설 문】

피내사자 홍길동은 2010년 10월 09일 경에 중고장터 홈페이지에 판매를 목적으로 자전거 이미지를 등록하였고 올려진 이미지가 분실신고 접수된 자전거의 차대번호와 일치되는 점을 들어 피내사자의 컴퓨터HDD와 디지털카메라를 확보하였다.

【개 요】

이 사건에서 포렌식 조사를 통해 입증하고자 하는 사실은, "홍길동이 2010년 10월 09일에 분실신고 접수된(장물인) 자전거의 사진을 디지털 카메라로 촬영하여 컴퓨터로 옮긴 후 이를 중고장터 홈페이지에 업로드하여 판매를 시도하였다."는 점이다.

따라서, ① 컴퓨터에서 중고장터에 접속하였다는 증명, ② 디지털 카메라 메모리에 이 자전거의 사진이 촬영되어 저장된 흔적, ③ 컴퓨터에 이 자전거 사진이 옮겨져 저장된 흔적을 분석한다면 입증하고자 하는 사실이 증명될 것이다.

【중고장터에 접속 입증 방법】

중고장터 홈페이지에 접속한 기록을 1개 이상 보고서에 기술하고, 그 이유를 정확하게 나타내어야 한다.

- 홈페이지 IP Address가 나타난 1개 이상의 접속기록
- 피내사자의 IP Address를 정확히 기술
- 보고서에 기술한 구체적 이유 명시

【홈페이지에 업로드된 이미지와 동일한 이미지 발견】

- 업로드된 이미지와 동일한 이미지를 찾아 보고서에 첨부
- 업로드된 이미지와 비슷한 이미지를 보고서에 첨부
- 파일이 삭제된 경우 이를 복원
- 홍길동이 증거를 은닉하려 하였다면 감추려 했던 의도를 정확하게 기술
- 다른 방향에서 감추려 했다면 그 의도를 기술

【디지털 카메라에서 촬영되어, 컴퓨터로 옮겨졌다는 사실 입증 방법】

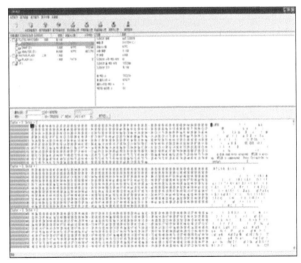

[그림 49] 저장매체 데이터 분석화면

- 먼저 메모리카드에서 자전거와 관련 사진을 복원
- 컴퓨터의 로그를 분석하여, 디지털 카메라가 시스템에 연결된 일시를 파악
- 〈저장매체 데이터 분석화면〉과 같이 하드디스크를 분석하여, 메모리카드에서 복원한 파일과 동일한 사진파일을 컴퓨터에서 발견, 필요시 복원
- 메모리카드에서 해당 자전거 관련 사진이 발견된 것이 어떤 의미인지 기술
- 디지털 카메라와 컴퓨터가 연결된 사실과 그 일시가 가지는 의미를 기술
- 컴퓨터에 해당 파일이 복사되었다는 사실과 그 의미를 기술

【결 론】
- 홈페이지에 접속한 기록과 사건과의 관계 기술
- 확보된 이미지와 피내사자의 HDD에서 발견된 이미지와의 관계 기술
- 종합적으로 분석내용과 사건과의 관계 기술

(3) 소 결

전자적 증거의 유용성이 날로 증가하고 있고, 수요가 증대되는 만큼 개인의 프라이버시 문제도 제기되고 있다. 개인의 권리를 최대한 보장하면서도 적정한 절차로 소기의 증거물을 확보하는 방법이나 이를 수집하기 위한 도구 개발은 아직도 활발하지 못한 상태이다.

다행히 사단법인 한국포렌식학회에서 주관하는 디지털포렌식 전문가 시험제도가 2012년 국가공인을 받았다. 전문적인 조사관제도가 정착되기 위한 첫발을 내딛었다고 할 수 있다. 향후 포렌식 도구에 대한 인증기관으로서의 역할도 기대해 본다.

디지털포렌식 관련 법률

제1편
형사소송법 상 증거법칙

제1장 증거의 의의와 분류

1. 서 론

(1) 사실인정의 자료

형사소송법 제307조는 「사실의 인정은 증거에 의하여야 한다」라고 규정하여 증거재판주의를 선언하고 있다. 범죄를 구성하는 요건사실에 대한 입증은 증거에 의한다는 것은 당연한 명제이다. 형사소송절차는 피고인이 자백하더라도 보강증거를 요하고 있다(제310조). 당사자가 자백하는 경우 증명을 요하지 않고, 착오에 의한 경우 취소할 수 있을 뿐(민사소송법 제288조)인 민사소송 절차와는 다르다[1].

한편 형사소송법 제307조는 단순히 증거재판주의를 선언한 것에 그치지 않는다. 형사소송절차는 피고인에게 형벌을 부과하는 절차이므로 적어도 '사실인정은 엄격한 증거조사절차를 거친 증거능력 있는 증거에 의해서만 인정하라'는 의미로 해석하고 있다. 이와 같이 증거능력이 있는 증거 만에 의해 입증하도록 하는 것을 '엄격한 증명'이라고 한다.

그렇다고 하여 모든 사실인정을 엄격한 증명에 의하도록 하는 것은 아니다. 학설과 판례는 엄격한 증명의 대상은 '형벌권에 관한 사항'에 한하므로 범죄를 구성하는 요건사실과 형벌에 관한 사항이고, 그 이외 소송법적 사실 등은 자유로운 증명으로 충분하다고 한다. 여기서 '자유로운 증명'이란 증거조사의 방법이나 증거능력의 제한을 받지 아니하고 제반사정을 종합 참작하여 적당하다고 인정되는 방법에 의하여 인정할 수 있는 경우를 말한다. 즉, 비록 증거능력이 없는 증거라도 적당한 방법으로 증거조사를 거친 증거라면 사용할 수 있다.

판례는 엄격한 증명의 대상으로 고의,[2] 공모관계,[3] 횡령죄에서 위탁 목적과 용도[4] 등이다.

---

1) 나아가 소명 대상인 경우 증거에 의해 증명하도록 하면서 대체방법을 허용하고 있다(민사소송법 제299조 ① 소명은 즉시 조사할 수 있는 증거에 의하여야 한다. ② 법원은 당사자 또는 법정대리인으로 하여금 보증금을 공탁하게 하거나, 그 주장이 진실하다는 것을 선서하게 하여 소명에 갈음할 수 있다).

2) 대법원 2013. 11. 14. 선고 2013도8121 판결

3) 대법원 2018. 4. 19. 선고 2017도14322 전원합의체 판결

4) 대법원 2013. 11. 14. 선고 2013도8121 판결

| 판결요지 |

국헌문란의 목적은 범죄 성립을 위하여 고의 외에 요구되는 초과주관적 위법요소로서 엄격한 증명사항에 속하나, 확정적 인식임을 요하지 아니하며, 다만 미필적 인식이 있으면 족하다.

그 이외 임의성의 조사[6]등 소송법적 사실,[7][8] 몰수·추징의 사유,[9] 무죄의 증거로 사용하는 경우[10] 등은 자유로운 증명으로 족하다고 한다.

〈 동일성·무결성의 입증〉[11]

| 판결요지 |

출력 문건과 정보저장매체에 저장된 자료가 동일하고 정보저장매체 원본이 문건 출력 시까지 변경되지 않았다는 점은, 피압수·수색 당사자가 정보저장매체 원본과 '하드카피' 또는 '이미징'한 매체의 해시(Hash) 값이 동일하다는 취지로 서명한 확인서면을 교부받아 법원에 제출하는 방법에 의하여 증명하는 것이 원칙이나, 그와 같은 방법에 의한 증명이 불가능하거나 현저히 곤란한 경우에는, 정보저장매체 원본에 대한 압수, 봉인, 봉인해제, '하드카피' 또는 '이미징' 등 일련의 절차에 참여한 수사관이나 전문가 등의 증언에 의해 정보저장매체 원본과 '하드카피' 또는 '이미징'한 매체 사이의 해시 값이 동일하다거나 정보저장매체 원본이 최초 압수 시부터 밀봉되어 증거 제출 시까지 전혀 변경되지 않았다는 등의 사정을 증명하는 방법 또는 법원이 그 원본에 저장된 자료와 증거로 제출된 출력 문건을 대조하는 방법 등으로도 그와 같은 무결성·동일성을 인정할 수 있다고 할 것이며, 반드시 압수·수색 과정을 촬영한 영상녹화물 재생 등의 방법으로만 증명하여야 한다고 볼 것은 아니다.

---

5) 대법원 2015. 1. 22. 선고 2014도10978 전원합의체 판결

6) 대법원 1986. 11. 25. 선고 83도1718 판결

7) 대법원 2010. 10. 14. 선고 2010도5610 판결

8) 소송법적인 사실이란, 당해 증거가 증거능력을 갖추고 있는지, 소송기일은 엄수되었는지, 증인이 증언능력을 갖추고 있는지, 고소는 이루어진 것인지, 고소취소 되었는지 등 소송절차에 관한 사항을 말한다.

9) 대법원 2007. 3. 15. 선고 2006도9314 판결

10) 대법원 1981. 12. 22. 선고 80도1517 판결

11) 대법원 2013. 7. 26. 선고 2013도2511 판결

전자적 증거의 동일성, 무결성 또한 소송법적인 사실이므로 자유로운 증명의 대상이기 때문에 판례의 태도는 타당하다.

(2) 증거의 의의

일반적으로 증거라 함은 사실을 인정하는 단서를 말한다. 이러한 증거는 증거방법과 증거자료의 두 가지 의미를 포함하는 개념으로 사용된다. 증거방법이란 사실인정의 자료인 정보를 전달하는 매체를 말한다. 예를 들면 증인, 서면 또는 증거물이 여기에 속한다.

이에 대하여 증거자료란 증거방법을 조사함으로써 알게 된 정보를 말한다. 예컨대 증인신문에 의하여 얻게 된 증언, 증거물의 조사에 의하여 알게 된 증거물의 성질 등이 그것이다.

2. 증거의 분류

(1) 직접증거와 간접증거

증거는 증거자료와 입증을 요하는 대상(요증사실)과의 관계에 따라 다르다. 직접증거란 그 증거로서 별도의 추론의 단계를 거치지 않고 직접 요증사실을 인정할 수 있는 증거를 말한다. 예컨대 범인의 자백진술, 범행현장을 직접 목격한 목격증인의 증언이 여기에 해당한다.

요증사실을 간접적으로 추인할 수 있는 사실, 즉 간접사실을 증명함에 의하여 일정한 추론을 거쳐 요증사실의 증명에 이용되는 증거를 간접증거라고 한다. 정황증거라고도한다. 예컨대 범행현장에 남아 있는 지문은 간접증거이다. 현장지문은 지문소지자가 범행현장에 다녀갔다는 사실을 인정하는 증거일 뿐 범행사실을 인정하는 직접증거는 아니기 때문이다. 현장에 남아 있는 대다수의 과학수사의 증거물은 많은 경우 정황증거에 불과하다.

증명력은 법관의 자유로운 심증에 의하도록 하는 현행법상의 자유심증주의 원칙[12] 하에서는 이러한 직접증거와 간접증거의 구별은 그다지 실익이 없게 되었다(제308조).[13]

---

12) 반면 직접증거에 우월적 지위를 인정하는 증거법정주의 하에서는 직접증거와 간접증거의 구별 실익이 크다.

13) 제308조(자유심증주의) 증거의 증명력은 법관의 자유판단에 의한다.

| 판결요지 |

행위자에게 이적행위 목적이 있음을 증명할 직접증거가 없는 때에는 표현물의 이적성의 징표가
되는 여러 사정들에 더하여 피고인의 경력과 지위, 피고인이 이적표현물과 관련하여 제5항의 행
위를 하게 된 경우, 피고인의 이적단체 가입 여부 및 이적표현물과 피고인이 소속한 이적단체의
실질적인 목표 및 활동과의 연관성 등 간접사실을 종합적으로 고려하여 판단할 수 있다.

(2) 인증, 물증, 서증 : 인적 증거, 물적 증거

인증, 물증, 서증은 증거방법, 즉 정보 매개체의 성격의 측면에서 본 분류이다. 인증이
란 살아 있는 사람이 증거방법이 되는 것을 말하며 특히 그 진술내용이 증거가 되는 경우
이다. 이를 인적 증거라고 하기도 한다.[15] 피고인, 증인, 감정인 등을 예로 들 수 있다.

이에 반하여 물증 또는 물적 증거는 유체물이 증거방법인 경우로서 물건의 존재, 상태,
내용 등이 증거가 되는 것이다. 결국 인증이 아닌 것은 모두 물증이다. 서증은 물증의 일
종으로서 서면인 유체물이 증거가 되는 경우이다.

여기서 컴퓨터와 같이 특수기록매체에 기억된 정보를 출력하여 증거로 사용하는 경우
당해 전자정보 또는 그 출력물(이하 '전자적 증거'라고 한다)은 서증인가? 우리 형사소송
법이 제정 당시 이러한 전자문자정보나 그 출력물을 예상한 것은 아니지만 실질에 있어
서는 증거서류와 같이 전달매체에 수록된 정보를 증거로 사용하는 것이므로 실질적으로
서증으로 분류된다.

---

14) 대법원 2010. 7. 23. 선고 2010도1189 전원합의체 판결

15) 배/이/정, 527면; 이재상, 497면. 이에 대해 신동운 교수는 인적 증거와 인증을 구별하여 인증은 사람이 증거방법이
    되는 경우로서 진술내용이 증거가 되는 경우와 신체 자체가 증거로 되는 경우를 모두 포함하는 개념으로 사용하나
    (신동운, 859면), 이와 같은 구별은 실무상 의미도 거의 없이 불필요하게 개념만 혼란하게 할 뿐이므로 부적절하다.

〈문자정보 또는 출력물은 증거서류〉[16]

| 판결요지 |

피고인 또는 피고인 아닌 사람이 컴퓨터용디스크 그 밖에 이와 비슷한 정보저장매체에 입력하여 기억된 문자정보 또는 그 출력물을 증거로 사용하는 경우, 이는 실질에 있어서 피고인 또는 피고인 아닌 사람이 작성한 진술서나 그 진술을 기재한 서류와 크게 다를 바 없고, 압수 후의 보관 및 출력과정에 조작의 가능성이 있으며, 기본적으로 반대신문의 기회가 보장되지 않는 점 등에 비추어 그 내용의 진실성에 관하여는 전문법칙이 적용된다.

(3) 증거물인 서면과 증거서류

물증의 일종인 서증에 대하여 종래 증거물인 서면과 증거서류로 분류하고 그 기준에 대한 논란이 있었다. 다수설은, 서류의 내용을 증거로 하는 것이 증거서류이며, 서류의 내용과 동시에 그 존재 또는 상태가 증거로 되는 것이 증거물인 서면이라고 하는 견해이다.[17]

이 견해에 의하면 법원의 공판조서, 검증조서 뿐만 아니라 수사기관이 작성한 조서와 의사의 진단서도 증거서류에 포함된다. 반면 증거물인 서면으로는 합의서, 영수증 등이다. 이와 같이 구분하는 근거는 증거조사방식의 차이를 든다. 즉, 증거서류는 낭독이 증거조사 방법이고, 증거물인 서면은 제시 및 낭독이 요구된다는 것이다.

증거물인 서면을 조사하기 위해서는 원칙적으로 증거 신청인으로 하여금 그 서면을 제시하면서 낭독하게 하거나 이에 갈음하여 그 내용을 고지 또는 열람하도록 하여야 한다.[18]

전자적 증거 또한 존재와 상태가 증거로 되는 경우에는 증거물인 서면이고, 그 이외 서류의 내용이 증거로 되는 경우에는 증거서류가 된다.

---

16) 대법원 2013. 2. 15. 선고 2010도3504 판결

17) 배/이/정, 529면; 정/백, 822면; 손동권, 495면; 신동운, 860면; 신양균, 648면; 이재상, 498면; 임동규, 421면; 차/최,458면

18) 대법원 2013. 7. 26. 선고 2013도2511 판결

(4) 본증과 반증

거증책임을 지는 당사자가 제출하는 증거를 본증이라 하며, 본증에 의하여 증명하려고 하는 사실의 존재를 부인하기 위하여 제출하는 증거를 반증이라고 한다. 형사소송법상 거증책임은 원칙적으로 검사에게 있다는 의미에서 검사가 제출하는 증거를 본증, 피고인이 제출하는 증거를 반증이라고 할 수도 있다.

그러나 피고인에게 거증책임 있는 경우에는 피고인이 제출하는 증거도 본증에 해당한다.

(5) 진술증거와 비진술증거

진술증거란 사람의 진술을 증거로 하는 것을 말한다. 여기서의 진술에는 구두의 진술과 서면에 기재된 진술을 모두 포함한다. 이에 대해 사람의 진술을 내용으로 하지 않는 증거가 비진술증거이다.

진술증거는 일정한 경우 전문증거에 해당한다. 증거법상으로 중요한 구분은 바로 진술증거 중에서 전문증거인 진술증거와 전문증거가 아닌 진술증거를 구분하는 것이다.

우리나라 형사소송법은 진술증거 중 전문증거에 대해 적용하는 전문법칙을 도입하고 있기 때문에 어떤 진술증거가 전문증거에 해당하는가는 전문법칙 규정이 적용되는가를 결정하는 중요한 근거가 되기 때문이다.

전자적 증거의 경우 사람이 작성한 문서는 진술증거로 분류되지만 로그접속내역과 같이 사람의 진술과 관계없이 자동적으로 기억되는 것은 비진술증거가 된다.

(6) 실질증거와 보조증거

실질증거란 주요사실의 존부를 직접·간접으로 증명하기 위하여 사용되는 증거를 말하며, 실질증거의 증명력을 다투기 위하여 사용되는 증거를 보조증거라고 한다. 보조증거에는 증강증거와 탄핵증거가 있다. 전자는 증명력을 증강하기 위한 증거를 말하며, 후자는 증명력을 감쇄하기 위한 증거를 말한다.

3. 증명의 3원칙

(1) 증거재판주의

형사소송법 제307조는 「사실의 인정은 증거에 의하여야 한다」라고 규정하여 증거재판주의를 선언하고 있다. 실체진실의 발견을 이념으로 하는 형사소송에 있어서 법관의 자의에 의한 사실인정이 허용될 수 없고 반드시 증거에 의하여야 한다는 증거재판주의를 선언하고 있다. 이러한 의미에서 증거재판주의는 실체진실을 발견하기 위한 증거법의 기본원칙이라 할 수 있다.

민사소송절차에서는 당사자가 자백한 사실에 대해서는 증명을 요하지 않는다. 다만, 진실에 어긋나는 자백은 그것이 착오로 말미암은 것임을 증명한 때에는 취소할 수 있을 뿐이다(민사소송법 제288조). 소명의 대상인 경우에는 증거이외 당사자의 선서나 공탁에 의해서도 인정할 수 있다(동법 제299조 제1항, 제2항). 그러나 실체진실주의가 적용되는 형사소송절차에 있어서는 자백한 사실일지라도 그 사실의 인정은 증거에 의하지 아니하면 인정할 수 없다. 이와 같이 사실의 인정은 모두 증거에 의하여야 한다는 점에 제307조의 고유한 의미가 있다.

(2) 검사의 거증책임

거증책임이란 요증사실의 존부에 대하여 증명이 불충분한 경우에 불이익을 받을 당사자의 법적 지위를 말한다. 법원은 사실의 존부를 확인하기 위하여 당사자가 제출한 증거와 직권으로 조사한 증거에 의하여 재판에 필요한 심증을 형성한다.

이러한 증거에 의하여도 법원이 확신을 갖지 못할 때에는 일방의 당사자에게 불이익을 받을 위험부담을 주지 않을 수 없다. 이러한 위험부담을 바로 거증책임이라고 하며, 실질적 거증책임 또는 객관적 거증책임이라고 한다.

형사소송법에는 법치국가원리로서 in dubio pro reo의 원리 내지 무죄추정의 원칙이 적용되므로 원칙적으로 검사가 거증책임을 부담하고 있다. 따라서 검사가 피고인의 유죄입증을 충분히 하지 못하면 판사는 피고인에게 무죄를 선고하여야 한다.

거증책임의 분배원칙에 대한 예외를 '거증책임의 전환'이라고 한다. 거증책임의 전환이라고 하기 위해서는 ① 거증책임을 상대방에게 전환하기 위한 명문의 규정이 있어야 하며, ② 거증책임의 예외를 뒷받침할 만한 합리적 근거가 있어야 한다. 거증책임의 전환에 관한 규정으로는 상해죄의 동시범의 특례(형법 제263조)와 명예훼손죄의 공익성과 진실성(제310조)을 들 수 있다.

〈 명예훼손죄의 진실성, 공익성의 입증〉[19]

| 판결요지 |

명예훼손죄에 있어서 이러한 공익성과 진실성의 입증을 피고인이 증명하여야 하지만, 법관으로 하여금 의심의 여지가 없을 정도의 확신을 가지게 할 필요는 없다.

판례는 이와 같이 거증책임의 전환으로 해석하고 있다. 그러나 학설은 형사소송법 제310조의 규정 제목이 위법성조각사유로 기재되어 있는 점에서 특수한 위법성조각사유로 이해하는 것이 상당하므로 "공익성이나 진실성이 없었다."는 점에 대해서도 검사가 여전히 거증책임을 부담한다는 입장이 있다.

(3) 자유심증주의

자유심증주의란 증거의 증명력을 적극적 또는 소극적으로 법정하지 아니하고 법관의 자유로운 판단에 맡기는 주의를 말한다. 즉 증거의 평가를 자유롭게 판단하는 원칙이다. 형사소송법 제308조는 「증거의 증명력은 법관의 자유판단에 의한다」고 하여 자유심증주의를 규정하고 있다.

자유심증주의는 법정증거주의에 대립되는 개념이다. 이러한 자유심증주의의 예외로서는 증거능력의 제한, 자백의 증명력 제한, 공판조서의 증명력이 있다.

법관의 심증은 합리적 의심을 배제할 만한 정도의 확신을 말한다. 민사소송과 같이 단순히 A보다 B가 우월하다는 증명으로는 부족하다. 자유심증주의에 의해 법관은 증거의 증명력을 자유롭게 판단할 수 있다. 증거의 증명력이란 사실인정을 위한 증거의 실질적 가치, 즉 증거로서의 가치를 의미하는 것으로 증거로서의 자격인 증거능력과는 구별된다.

---

19) 대법원 1996. 10. 25. 선고 95도1473 판결

최근 법원은 공판중심주의와 실질적 직접심리주의 등 형사소송의 기본원칙상 검찰에 서의 진술보다 법정에서의 진술에 더 무게를 두어야 한다는 점을 감안하더라도, 乙의 법 정 진술을 믿을 수 없는 사정 아래에서 乙이 법정에서 검찰 진술을 번복하였다는 이유만 으로 검찰 진술의 신빙성이 부정될 수는 없다고 하고 있다.

〈수사기관 작성 조서와 법정진술간의 증명력〉[20]

| 판결요지 |

[다수의견] 진술 내용 자체의 합리성, 객관적 상당성, 전후의 일관성, 이해관계 유무 등과 함께 다 른 객관적인 증거나 정황사실에 의하여 진술의 신빙성이 보강될 수 있는지, 반대로 공소사실과 배치되는 사정이 존재하는지 두루 살펴 판단할 때 자금 사용처에 관한 乙의 검찰진술의 신빙성 이 인정되므로, 乙의 검찰진술 등을 종합하여 공소사실을 모두 유죄로 인정한 원심판단에 자유 심증주의의 한계를 벗어나는 등의 잘못이 없다.

[소수의견] 공판중심주의 원칙과 전문법칙의 취지에 비추어 보면, 피고인 아닌 사람이 공판기일 에 선서를 하고 증언하면서 수사기관에서 한 진술과 다른 진술을 하는 경우에, 공개된 법정에서 교호신문을 거치고 위증죄의 부담을 지면서 이루어진 자유로운 진술의 신빙성을 부정하고 수사 기관에서 한 진술을 증거로 삼으려면 이를 뒷받침할 객관적인 자료가 있어야 한다. 이때 단순히 추상적인 신빙성의 판단에 그쳐서는 아니 되고, 진술이 달라진 데 관하여 그럴 만한 뚜렷한 사유 가 나타나있지 않다면 위증죄의 부담을 지면서까지 한 법정에서의 자유로운 진술에 더 무게를 두어야 함이 원칙이다.

　　형사소송법 제307조 제1항, 제308조는 증거에 의하여 사실을 인정하되 증거의 증명력 은 법관의 자유 판단에 의하도록 규정하고 있는데, 이는 법관이 증거능력 있는 증거 중 필요한 증거를 채택·사용하고 증거의 실질적인 가치를 평가하여 사실을 인정하는 것은 법관의 자유심증에 속한다는 것을 의미한다.

　　따라서 충분한 증명력이 있는 증거를 합리적인 근거 없이 배척하거나 반대로 객관적인 사실에 명백히 반하는 증거를 아무런 합리적인 근거 없이 채택·사용하는 등으로 논리와 경험의 법칙에 어긋나는 것이 아닌 이상, 법관은 자유심증으로 증거를 채택하여 사실을 인정할 수 있다.

---

20) 대법원 2015. 8. 20. 선고 2013도11650 전원합의체 판결

단순히 공판정에서 한 진술이 수사 기관에서의 진술보다 더 신빙성이 있다기보다는 진술 내용이 그 자체 논리적 모순이나 합리성 유무, 객관적 사실과 부합 여부, 진술 전후의 일관성 여부, 공소사실에 점차 부합하는지 여부와 이해관계 유무 등 진술의 왜곡가능성 등을 종합적으로 판단하여야 한다는 점에서 [다수의견]이 타당하다.

4. 증거개시

(1) 증거개시의 의의

공소가 제기된 경우 검찰 측이 가지고 있는 수사서류, 증거서류나 증거물의 열람은 방어권을 행사함에 있어서 필수적인 요소이다.

〈변호인의 수사서류 열람·등사권의 법적 성격〉[21]

| 판결요지 |

피고인의 신속·공정한 재판을 받을 권리 및 변호인의 조력을 받을 권리는 헌법이 보장하고 있는 기본권이고, 변호인의 수사서류 열람·등사권은 피고인의 신속·공정한 재판을 받을 권리 및 변호인의 조력을 받을 권리라는 헌법상 기본권의 중요한 내용이자 구성요소이며 이를 실현하는 구체적인 수단이 된다. 따라서 변호인의 수사서류 열람·등사를 제한함으로 인하여 결과적으로 피고인의 신속·공정한 재판을 받을 권리 또는 변호인의 충분한 조력을 받을 권리가 침해된다면 이는 헌법에 위반되는 것이다.

이에 대해서 우리 형사소송법은 소송계속 중의 관계 서류 또는 증거물에 대한 열람·복사권(제35조 제1항) 만이 아니라 공소제기 후의 검사가 보관하는 서류 등의 열람·등사권(제266조의3, 4)을 폭넓게 인정하고 있다.

(2) 증거개시의 구조

이하에서 검사가 보관하는 서류에 관한 열람·등사의 구조는,

첫째, 검사는 공소제기된 사건에 관한 서류 또는 물건(이하 '서면 등'이라 한다)의 목록(제266조의3 제5항), 공소사실의 인정 또는 양형에 영향을 미칠 수 있는 서류로서 ① '검사가 증거로 신청할 서류 등(제266조의3 제1항 제1호)'과 ② 검사가 증인으로 신청할 사람의 성명, 사건과의 관계 등을 기재한 서면 또는 그 사람이 공판기일 전에 행한

---

21) 헌재 2010. 6. 24. 2009헌마257, 판례집 제22권 1집 하, 621

진술을 기재한 서류(이하에서는 '검사조사신청서면 등' 또는 '제1호, 제2호 서면 등'이라고 한다; 제266조의3 제1항 제2호)에 대해서는 변호인에게 기록열람·등사를 허용할 것이다.

둘째, 1차적으로 변호인은 열람한 기록목록과 제1호, 제2호 서면 등을 검토하여 ③ 이러한 서류 등의 증명력과 관련된 서류 등(이하에서는 '탄핵관련서면 등' 또는 '제3호 서면 등'이라고 한다)을 열람·등사신청하고(제266조의3 제1항 제3호),

자신이 행할 법률상·사실상 주장을 명확히 한 다음 ④ 이러한 법률상·사실상 주장과 관련된 서면 등(이하에서는 '주장관련서면 등' 또는 호서면 등'이라고 한다)(제266조의3 제1항 제4호)의 열람·등사를 신청할 수 있도록 하고 있다. 여기서는 관련 형사재판 확정기록[22], 불기소처분기록 등을 포함한다(제266조의3 제1항).

〈이미징 복제는 허용되는가?〉

'이미징 복제'가 등사에 해당하는가? 형사소송법 제266조의3 제1항[23]은 증거개시의 방법으로 열람, 등사, 서면교부의 방법을 두고 있지만 전자적 증거의 열람 외에 이미징 복제의 경우 이를 '등사'라고 해석하는 것이 타당한가 하는 문제가 있다.

등사라는 용어는 종이로 된 서류를 복사하는 의미로 쓰이는 것이고 기술적인 장치를 이용하여 전자증거를 이미징 하는 것과는 의미에 큰 차이가 있다.

형사소송법 제266조의3 제6항[24]의 규정은 등사를 하는 경우 가능하다면 최소한의 범위에서 시행하라는 규정이라 보아야 할 것이고, 이미징 복제가 등사에 포함되는 것인지에 대한 규정을 둔 것은 아니다. 따라서 열람, 등사, 서면 교부 외에 특수매체 기록에 대한 이미징 복제 등에 관한 문구를 삽입하여 규정을 명확하게 하는 것이 바람직하다고 할 것이다.

---

22) 형사재판확정기록의 공개에 관하여는 정보공개법에 의한 공개청구가 허용되지 아니한다(대법원 2016. 12. 15. 선고 2013두20882 판결).

23) 피고인 또는 변호인은 검사에게 공소제기된 사건에 관한 서류 또는 물건의 목록과 공소사실의 인정 또는 양형에 영향을 미칠 수 있는 서류등의 열람, 등사 또는 서면의 교부를 신청할 수 있다

24) 제1항의 서류등은 도면, 사진, 녹음테이프, 비디오테이프, 컴퓨터용 디스크, 그밖에 정보를 담기 위하여 만들어진 물건으로서 문서가 아닌 특수매체를 포함한다. 이 경우 특수매체에 대한 등사는 필요 최소한의 범위에 한한다

〈증거개시 대상범위〉

가. 문제의 제기

형사소송법 제266의3 제1항 1호는 열람, 등사, 서면교부를 요청할 수 있는 대상으로 "검사가 증거로 신청할 서류"라고 규정을 하고 있다. 따라서 피고인측은 검사가 증거로 제출할 자료에 대하여서만 증거개시 청구가 가능하다. 그렇다면 검사가 증거로 신청할 서류가 아닌 경우 증거개시를 할 수 없는가?

하드디스크와 같은 대용량의 저장매체는 일반문서와는 비교할 수 없을 정도로 방대한 정보를 담고 있기 때문에 이러한 방대한 정보들 중에는 피고인이 방어를 위하여 주장할 수 있는 정보 등도 포함되어 있는 경우가 있을 수 있을 것이다. 만약 검사측이 매체에서 추출한 일부 정보만 선별하여 증거로 제출하는 경우 매체기록에 대한 다른 정보는 확인할 수 없다.

특히 이미징 복제본에는 로그기록, 작성자 정보, 작성시간, 열람기록등 다양한 정보가 담겨져 있어 피고인의 방어권 행사에 필요한 경우가 많을 것이다. 이처럼 검사가 제출하지 않을 정보 중에는 피고인에게 유리한 정보도 있는 경우가 있을 수 있지만, 피고인측이 증거개시를 하더라도 이를 확인하지 못할 우려가 있다.

따라서 전자증거의 경우 검사가 증거로 제출하지 않는 수많은 자료를 제외하고 증거로 제출하려고 하는 자료만 선별하여 피고인에게 제공하는 경우 증거개시의 실효성에 대한 의문이 제기될 수 있기 때문에 이 경우 피고인이 전체에 대하여 요구할 수 있는 지 여부와 특수매체의 경우 개시청구의 범위를 확대할 수 있는 방안이 필요하다고 할 것이다.

나. 소 결

우리 형사소송법은 이러한 4호서면 등 이외 검사가 수중에 가지고 있는 증거에 대해서는 증거목록을 개시하도록 하고 있다. 이러한 증거목록의 개시는, 증거로 사용될 증거의 표제만 기재된 목록을 개시한다고 하면 의미가 없고 석명과 증거개시를 반복적으로 행사하면서 소송의 진행이 방해할 수 있다는 문제점이 있다. 그렇다고 전면적 개시설은 증거 개시에 따른 범죄의 증거 인멸, 증인협박, 관계자의 명예 및 프라이버시 침해 등 폐해가 발생하고 향후 일반 국민들의 고소고발의 위축과 수사과정에서 협력을 기대하기 어려워지며, 제3자의 영업비밀이나 영업기술 누출이 우려된다는 문제점이 있다.

따라서 원칙적으로 전면개시를 하지만 위와 같은 폐해를 막기 위하여 예외적으로 이를 제한 할 수 있도록 명문의 규정을 요한다.

셋째, 검사는 이에 대해서, '국가안보, 증인보호의 필요성, 증거인멸의 염려, 관련 사건의 수사에 장애'를 가져올 것으로 예상되는 구체적인 사유 등 열람·등사 또는 서면의 교부를 허용하지 아니할 상당한 이유가 있다고 인정하는 때에는 열람·등사 또는 서면의 교부를 거부하거나 그 범위를 제한할 수 있다(제266조의3 제2항).

넷째, 법원은 변호인 측의 신청을 받아 신청 서면 등에 대하여 개별적으로 '열람·등사 또는 서면의 교부를 허용하는 경우에 생길 폐해의 유형·정도, 피고인의 방어 또는 재판의 신속한 진행을 위한 필요성 및 해당 서류 등의 중요성 등'을 고려하여 허부 판단을 하도록 하고 있다. 이 경우 검사에게 이를 교부허용을 명하는 경우에도 열람 또는 등사의 시기·방법을 지정하거나 조건·의무를 부과할 수 있다(제266조의4 제2항).

한편 형사소송법 266조의3 제2항[25]에서 증거개시 제한사유로 언급한 '열람·등사 또는 서면의 교부를 허용하지 아니할 상당한 이유'를 두고 있지만 제한의 대상의 범위가 너무 추상적이어서 제한사유가 무한히 확장될 수 있다는 문제가 있으며, 현행 규정으로 대량의 저장매체의 경우 증거개시의 목적 달성에 대한 실효성에 의문이 있다.

따라서 원칙적으로는 모든 증거에 대한 개시가 가능하며 예외적으로 열거된 제한사유에 따라 증거개시를 제한 할 수 있도록 하는 것이 바람직하다. 즉 증거개시 청구의 대상 범위에 대한 형사소송법 규정을 개정하여 확대를 할 필요가 있지만 이를 무한으로 확대되는 것을 방지하기 위하여 증거개시 제한 사유에 대하여 구체적으로 열거를 하여 이를 좀 더 명확히 하는 것이 바람직하다 할 것이다.

다섯째, 검사가 법원의 이러한 열람·등사 또는 서면의 교부에 관한 법원의 결정을 지체 없이 이행하지 아니하는 때에는 해당 증인 및 서류 등에 대한 증거신청을 할 수 없도록 하고 있을 뿐(제266조의4 제5항) 달리 이를 제재하는 규정은 없다.

---

25) ② 검사는 국가안보, 증인보호의 필요성, 증거인멸의 염려, 관련 사건의 수사에 장애를 가져올 것으로 예상되는 구체적인 사유 등 열람·등사 또는 서면의 교부를 허용하지 아니할 상당한 이유가 있다고 인정하는 때에는 열람·등사 또는 서면의 교부를 거부하거나 그 범위를 제한할 수 있다.

따라서 이러한 제재는 제1호, 제2호 서면 등과 같이 검찰이 증거로 신청할 증거에 대해서는 효과가 있으나 검찰이 제출하지 않을 제3호, 제4호 서면 등에 대해서는 사실상 제재규정이 없는 셈이 된다.

(3) 전자적 증거의 특성과 전자개시

1) 배 경

수사기관은 피고인이나 제3자에 대한 압수·수색을 마친 이후 압수한 전자증거에 대한 개시요청이 있는 경우 이를 개시하여야 한다. 특히 컴퓨터 하드디스크와 같은 전자적 증거는 비가시성, 변조용이성, 대량성, 전문성과 같은 특징을 가지고 있기 때문에 이를 개시함에 있어 기존 서류증거의 개시와 다른 다양한 문제가 발생할 수 있다.

특히 원본증거의 열람 허용문제, 소지만으로 처벌하는 금지물의 제공 문제, 수사기관에서의 열람분석을 요구하는 경우의 문제, 전자증거 개시에 따른 전문가 참여 문제, 이미징 복제가 등사에 해당하는지 문제, 증거개시 대상에 관한 문제, 전자증거개시 거부 문제 등 다양한 문제가 발생할 수 있으며 또한 전자증거개시와 관련한 형사소송법상 절차적 규정이 전혀 마련되어 있지 않다는 문제점도 있다.

향후 압수·수색에서 전자증거의 압수·수색 비중이 상당히 증대한 것에 비추어 보면 전자증거개시 비중은 앞으로 계속 증가할 것으로 예상되고 이에 따라 관련 문제들이 상당히 제기될 것으로 보인다. 그럼에도 e-discovery에 대한 연구는 형사소송에서만이 아니라 민사소송절차에서도 도입가능성이 검토되고 있다.[26]

2) 원본증거의 열람 허용문제

가. 문제의 제기

전자증거의 개시요청이 있는 경우 일반적으로 검사측이 분석에 사용한 이미징 복제본을 피고인측에게 열람하게 하여 주던가, 아니면 이미징 복제본을 피고인측에게 제공하

---

26) 미국에서 2006년 12월 연방민사소송규칙(The Federal Rules of Civil Procedure)개정에서 전자증거개시에 대한 규정을 둠에 따라 이와 관련한 연구가 상당수 진행되어 있다. 그 규정 내용은 개시의무(FRCP26(a)(1))A)), 증거개시를 위한 당사자간 협의(FRCP26(f)), 증거개시의 범위(FRCP26(b)(1)), 증거개시의 제한(FRCP26(B)(2)), 합리적으로 접근할 수 없는 전자적 자료에 대한 증거개시(FRCP26(b)(2)(B)), 증거개시 방법(FRCP34(b)(E)), 증거보존의무와 위반에 대한 면책(FRCP26(F))등이 있다. 탁희성, 전자증거개시제도에 관한 연구, 한국형사정책연구원(2011년), 59~64면 참조

여 피고인측이 이를 분석할 수 있도록 하고 있다. 하지만 만약 피고인측이 압수한 원본 하드디스크에 대한 열람이나 제공을 요구하는 경우의 어떻게 해야 하는지에 대하여 검토가 필요하다.

즉 전자증거의 경우 가장 중요한 것이 압수되었을 때와 동일한 상태로 법정에 증거로 제출되어야 하는 것이고 따라서 전자증거의 경우 무결성이 보장되는 것이 가장 중요하다고 할 것이다. 하지만 만약 피고인 측이 검사측이 봉인하여 가지고 있는 원본 하드디스크에 대한 접근을 요구하는 경우 무결성에 대한 훼손가능성이 존재하기 때문에 이를 허용할 것이지가 문제로 된다. 단순히 열람만 하는 경우 쓰기방지장치를 사용하여 변조할 수 없도록 하는 등의 방법을 강구할 수 있지만 로그 기록이나 피고인측에서 기술적인 방법을 사용하여 이를 변조하는 등으로 해쉬값에 변화가 있을 수 있는 위험성이 있기 때문에 열람을 허용할지에 대한 문제가 남아 있다.

나. United States v. Naparst 미국사례

[사안의 개요]
피고인측의 증거개시 요청에 따라 검사는 피고인측에게 증거파일의 이미지 복제본에 대한 열람을 허용하였다. 하지만 피고인측은 당해 컴퓨터 파일들은 원래 있던 컴퓨터 환경에서 작동하고 조사하여야 한다고 하면서 압수된 컴퓨터 하드디스크를 조사하겠다고 주장하면서 법원에 컴퓨터 증거 '원본'을 자유롭게 접근할 수 있도록 해달라는 요청서를 제출하였다.

이에 대하여 검사는 피고인측은 항변을 준비하기 위해서는 컴퓨터 파일 원본이 필요하다고 주장하지만 만일 피고인측이 정말로 포렌식 전문가와 상담하였다면 피고인의 컴퓨터를 그냥 켜거나 '부팅'하는 것만으로도 증거를 영원히 변경시킬 수 있다는 사실을 알고 있을 것이라고 판단된다. 컴퓨터를 작동시키면 결정적인 일부인(日附印)을 변경하여 증거의 상태를 바꿀 수도 있으며, 어쩌면 존재하는 파일 위에 고쳐 쓰거나 지울 수도 있다. 수사기관의 포렌식 전문가가 만든 '이미징 복제본'은 증거 원본을 보존하는 적당한 방법이며 검사는 이 증거가 피고인의 하드 드라이브에 있던 증거 원본과 동일하다는 것을 보여주었다. 컴퓨터 증거를 '이미징 복제본'으로 조사하는 중요성은 전반적으로 이해되고 있으며 또한 피고인은 증거를 접근할 기회를 박탈당했거나 편파적이었다는 사실을 입증하지 못하고 있다. 실제로 피고인이 전문가를 고용하기 전인 2000년 7월 7일에 피고인측 변호인은 컴퓨터 증거에 대한 재조사를 가능케 하려면 포렌식 소프

트웨어를 잘 알고 있는 전문가를 고용하여야 한다는 통보를 받았다. 그 당시에 이의가 제기되지 않았으며 피고인측이 다른 이미징 소프트웨어를 사용하자고 권한적도 없었다. 위에 진술된 이유 때문에 검찰측은 컴퓨터 정보를 접근하려는 피고인의 청구를 기각해주기를 요청하였다.

[법원의 판단]
피고인측의 포렌식 전문가가 원본 파일에 대한 '이미징 복제본'을 만들어서 그것을 본다면 그것으로 원래 컴퓨터 파일에 접근할 수 있는 것이고, 이미징 복제본은 피고인의 하드드라이브에 있던 증거 원본과 똑같으므로 이것을 조사하는 것으로 충분하다.

다. 소 결

미국 판례에서 검사는 포렌식 전문가가 만든 '이미징 복제본'이 증거의 원본을 보호할 수 있는 적정한 방법이며, 피고인측이 요청한 것과 같이 압수된 원본 컴퓨터를 작동하면 결정적인 일부인(日附印)등이 변조되거나 증거 파일들이 변조·위조될 수 있다고 주장하며 피고인측이 요청한 주장에 대하여 반박을 하였고 법원이 이를 인정하였다.

수사기관에서 증거매체에 대한 분석을 하는 경우 이미징 복제본을 이용하고 원본은 봉인을 하여 두는 것이 통상적이고 이는 봉인한 원본 매체의 경우 법정에서 검사측과 피고인측의 전자증거내용에 대한 다툼이 있는 경우 이를 판단할 수 있는 기준자료로 사용하기 위함이기 때문이고, 따라서 원본 매체는 법정에서 이를 확인 할 때까지 무결성을 유지하여 처음에 압수하였던 상태 그대로 존재하여야 하는 것이다.

따라서 피고인측이 수사기관이 보유하고 있는 전자증거에 대한 개시청구를 하면서 원본매체의 이미징 복제본이 아닌 원본매체 자체에 대한 요구를 하는 경우 수사기관은 원본증거의 무결성이 훼손될 위험이 있기 때문에 이를 거부할 수 있다고 보아야 한다.

2) 소지만으로 처벌하는 금지물의 열람 제공

가. 문제의 제기

아동포르노, 불법복제물 등 소지금지 또는 몰수, 폐기가 예상되는 정보에 대하여 피고인측이 증거개시를 요청한 경우 피고인측이 이에 대한 이미징 복제본을 생성하여 가져갈 수 있도록 피고인 측에게 제공하여야 하는가하는 문제가 있다. 우선 이와 관련하여 미국의 United States v. Frabizio와 United States v. Alexander 판례를 검토하여 보도록 한다.

나. 미국 판례 검토

① United States v. Frabizio[27]

[사안의 개요]

피고인인 Frabizio가 아동 포르노 이미지를 가지고 있는 사실로 피고인의 하드드라이브를 압수·수색 당하고 기소되었다. 피고인의 하드드라이브를 FBI가 분석하고 보유하고 있었는데, 피고인측이 변호를 위하여 연방증거법 16(a)(1)(E)에 따라 이미징 복제본을 피고인측에게 제공하여 피고인측에서 직접 열람할 수 있도록 할 것을 요구하였다. 하지만 FBI는 아동 포르노가 담긴 하드드라이브의 이미징 복제본이 피고인측에게 넘어갈 경우 아동 포르노가 재유통될 위험이 있기 때문에 이미징 복제본을 제공할 수 없으며, 피고인측의 포렌식 전문가가 FBI에 와서 직접 열람을 하여야 한다고 주장하였다.

[법원의 판단]

본 사안의 쟁점은 피고인측의 변호를 위하여 FBI가 이미징 복제본을 제공할 것인지 아니면 이미징 복제본은 제공하지 않고 FBI가 있는 건물로 피고인측의 전문가가 찾아와 제한적으로 열람을 제공할 것인지 이다. 피고인측의 포렌식 전문가가 이미지 파일에 대하여 조사를 하는데 16시간이 넘게 걸릴것으로 추정되며 FBI의 사무실에 가서 열람을 하는 것은 피고인측에게 지나친 부담을 지우는 것이고, 정부기관에서 제한적으로 열람을 허용하는 것은 피고인측과 포렌식 전문가가 자유롭게 의견을 개진하는 것이 불가능하게 되기 때문에 피고인측의 증거자료를 열람하는데 너무 많은 제한을 가한것이라고 판단하고 심도 있는 조사를 위해 피고인측에게 하드 드라이브의 이미징 복제본을 제공하라고 판결하였다.

---

27) 2004 WL 2397346 (D. Mass. Oct. 27, 2004).

② United States v. Alexander[28]

[사안의 개요]
피고인은 온라인 채팅 사이트에서 미성년인 소녀를 유인하려 하다가 소녀의 부모가 이 사실을 알게 된 후 고소를 당하여 기소되었다. 검사측은 미성년자에 관한 음란물을 피고인이 소유하고 있다고 보고 영장을 발부받아 피고인의 집을 수색하여 컴퓨터 하드드라이브 자료 등을 비롯하여 증거가 될 물품들을 압수하여 갔다. 재판준비를 위하여 피고인측은 검찰측이 압수해간 하드 드라이브의 이미징 복제본이 필요하다고 주장했다. 하드 드라이브의 이미징 복제본이 있어야만 피고가 인터넷에서 아동 관련 음란물을 접하게 된 경로를 파악할 수 있고 이에 기반하여 변호가 가능하다는 것이 피고인측의 주장이었다. 하지만 검찰측에서 지정하는 장소에서만 제한적으로 하드 드라이브의 이미징 복제본을 열람할 수 있다고 하며 이를 거부하였다.

[법원의 판단]
법원은 피고인측의 포렌식 전문가가 그의 소프트웨어와 하드웨어로 하드 드라이브를 분석해야 할 필요성이 있기 때문에 검찰측이 지정된 장소에서 제한적으로만 자료의 열람을 허용하는 것은 허용될 수 없다고 판결하였다. 다만 포렌식 전문가는 재판을 위한 용도 이외에는 하드 드라이브 이미징 복제본을 사용할 수 없고, 이미징 복제본의 사용에 관한 로그 기록을 작성하여야 하며 자료의 분석이 끝남과 동시에 모든 자료를 다시 정부에 반환할 것을 명하였다.

③ 판례 검토
피고인측의 포렌식 전문가가 그의 소프트웨어와 하드웨어로 하드 드라이브를 정밀 분석해야 할 필요성이 있으며, 검사측이 지정된 장소에서 제한적으로만 자료의 열람을 허용하는 것은 인정될 수 없다고 보아야 할 것이다. 다만 미국 법원은 (i) 포렌식 전문가는 재판을 위한 용도 이외에는 하드 드라이브 이미징 복제본을 사용할 수 없고, (ii) 이미징 복제본의 사용에 관한 로그 기록을 작성하여야 하며, (iii) 자료의 분석이 끝남과 동시에 모든 자료를 다시 정부에 반환할 것을 명하고 있다.

---

28) 2004 WL 2095701 (E.D. Mich. Sept. 14, 2004).

다. 소 결

앞에서 살펴본 바와 같이 전자증거개시의 목적을 달성하기 위하여 아동포르노, 불법복제물 등 소지금지 또는 몰수, 폐기가 예상되는 정보에 대하여 피고인측이 증거개시를 요청한 경우 이에 대한 이미징 복제본을 피고인 측이 생성하여 가져갈 수 있도록 제공하여야 할 것이다.

하지만 이러한 정보를 아무런 보완 장치가 없이 개시하는 것은 바람직하지 못하다. 따라서 이러한 정보를 개시하는 경우 다양한 보완장치를 마련하여 두어야 할 것이고 증거개시된 증거물의 남용을 차단하는 조치로서 아래와 같은 방법을 생각하여 볼 수 있다. 우선 피고인측의 의사와 상관없이 유출이 되는 경우를 방지하기 위하여 이미징 복제본을 기술적으로 암호화 한 다음 비밀번호는 당사자들만 알 수 있게 하는 방안, 둘째 일정한 반납기한을 정한 후 반납기한이 지난 경우 기술적으로 자료가 폐기되거나 Lock이 걸리게 하는 방안, 셋째 피고인이 임의적으로 복제를 하려고 시도하는 경우 당해 매체의 자료가 삭제되거나 Lock이 걸리게 하는 방안(사전적 통제), 넷째 피고인측에게 오직 열람만을 위한 자료로 사용한다는 서약서를 받고 만약 피고인측이 이를 복제 하는 경우 피고인측에게 일정한 제재를 가하도록 함(사후적 통제)등을 고려하여 볼 수 있을 것이다.

3) 수사기관이외의 장소에서 열람분석을 금지하는 경우

가. 문제의 제기

통상적으로 피고인이 원하는 경우 수사기관에서 이를 분석하거나 아니면 이미징 복제본을 전달받아 피고인이 원하는 장소에서 전문가의 도움을 받아 분석을 할 수 있을 것이다. 이와 관련하여 만약 피고인측에게 수사기관에 직접와서 증거를 분석하도록 요구를 하고, 피고인이 원하는 장소에서까지 가지고 가 열람·분석을 하는 것을 금할 수 있는가? 이는 피고인의 방어권에 제한을 가하는 것인지에 대한 문제가 있다. 이에 대하여 미국 판례를 검토하여 보도록 한다.

나. United States v. Hill[29] 미국사례

[사안의 개요]

아동포르노 소지죄로 기소된 피고인에 대하여 FBI는 피고인의 집에서 발견한 2개의 100MB ZIP 디스크에서 아동 포르노 및 아동사진을 찾아내어 증거로 제출하려고 하였다. 이에 피고인 측은 수사기관이 분석한 2개 매체의 이미징 복제본을 손에 넣어 피고인측의 전문가에게 분석을 의뢰하기 위하여 이미징 복제본을 요청하였다. 하지만 FBI는 피고인의 요구는 들어줄 수 없고, 그 대신 피고인이 FBI 사무실에서 그 매체를 보고 분석을 할 수 있도록 하여주겠다고 주장하였다.

[법원의 판단]

수사기관에서 제출하는 증거 자료에 대하여 피고인측이 이미징 복제본을 가지고 있지 않으면 피고인에게 굉장히 불공평 하며 피고인측도 이미지가 언제 열람되었는지, 언제 다운로드 되었는지, 어떻게 다운로드 되었는지 등에 대하여 본인들이 원하는 장소에서 면밀하게 분석을 할 수 있어야 한다. 피고인측의 전문가가 시간을 정하여 FBI의 실험실에서 정부요원의 참석하에 증거매체를 분석하도록 하는 것은 적절치 못하며 특히 피고인측 전문가가 먼 거리에서(다른 주에서) 이를 분석하기 위하여 반복적으로 오가야 하고 또한 그때마다 허락을 받아야 하는 것은 부당한 부담이라고 본다. 또한 변호사 역시 재판을 준비하면서 반복적으로 증거를 접할 수 있도록 하여야 하기 때문에 피고인측에게 이미징 복제본을 제공하도록 하였다.

다. 소 결

미국 판례에서는 피고인이 원하는 장소에서 이를 열람하고 분석하기 위하여 이미징 복제본을 요청하였는데 수사기관이 다양한 이유를 들어 증거매체에 대한 이미징 복제를 거부하고 피고인측에게 수사기관에서 열람분석을 하도록 요구하는 것은 피고인의 방어권에 제한을 가하는 것이라 판단하였다.

수사기관에서 제출하는 전자증거에 대하여 피고인측이 이미징 복제본을 가지고 있지 않으면 피고인에게 불공평하다고 할 것이다. 피고인측도 당해 정보가 언제 열람되었는지, 언제 다운로드 되었는지, 어떻게 다운로드 되었는지 등에 대하여 본인들이 원하는 장소에서 면밀하게 분석을 할 수 있어야 하여야 함에도 불구하고, 피고인측의 전문가가 매

---

29) 322 F.Supp. 1081 (C.D. Cal. 2004).

번 시간을 정하여 수사기관의 허락을 받아 수사기관에서 요원의 참석하에 증거매체를 분석하도록 하는 것은 피고인의 방어권 행사에 중대한 지장을 초래하는 것이라 보아야 할 것이다.

또한 변호사 역시 재판을 준비하면서 반복적으로 증거를 접할 수 있도록 하여야 하기 때문에 열람등사를 거부할 수 있는 사유가 존재하지 않는 한 피고인의 이미징 복제본의 청구가 있는 경우에는 피고인에게 이미징 복제본을 제공하여야 하고 수사기관에서 이를 열람하도록 할 수 없다.

4) 전자증거 개시에 따른 전문가 참여 문제
전자증거를 훼손하지 않고 열람하고 분석하기 위하여서는 전문적인 기술이 필요하다. 따라서 전자증거의 무결성을 유지하면서 이를 열람하기 위하여서는 포렌식 전문가의 도움은 필수적이라 할 것이다.

법원은 무기대등의 원칙에 따라 변호인을 선임할 수 없는 일정한 피고인들에게 국선변호인들을 선임하여 주고 있다. 하지만 피고인에게 선임된 변호인들 역시 전자증거를 열람하고 분석하는 기술을 가지고 있지 못하다. 검사측의 경우에는 각각의 전문가들을 고용하여 이들을 통하여 전자증거에 대한 치밀한 분석이 이루어지고 있지만 피고인의 경우 모든 전자증거자료를 검사측으로부터 넘겨받았다고 하더라도 금전적으로 여유가 있지 못하다면 전문가를 고용하여 이를 치밀하게 분석하지 못할 뿐만 아니라, 전문가의 도움을 받지 못한다면 본인이 필요한 정보가 무엇이고 그 정보가 어디에 존재하는지에 대하여 조차 확인할 수 없는 경우도 있을 것이다. 이 경우에는 수사기관에 찾아가서 수사기관에서 보여주는 대로 열람을 하는 것외에는 방법이 없을 것이다.

따라서 피고인의 방어권보장이라는 측면에서 본다면 국선변호인과 마찬가지로 전자증거를 열람 분석하는데 도움을 주는 전문가를 피고인측에게 지원하여 주는 국선 포렌식 전문가 조력제도에 대한 방안도 검토하여야 한다.

(4) 증거조사 방법

증거조사 방법과 관련하여, 컴퓨터용 디스크 등에 기억된 문자정보의 경우 출력하여 인증한 등본을 낼 수 있다고 하여 서면에 준해서 증거조사하고(형사소송규칙 제134조의 7 제1항), 음성·영상자료 등에 대해서는 녹음·녹화매체 등을 재생하여 청취 또는 시청하는 방법으로 한다(동 제134조의8 제3항).

도면, 사진, 녹음테이프, 비디오테이프와 같은 아날로그 매체와 컴퓨터용 디스크, Digital Video, MP3 등 디지털매체에 대한 증거조사방식은 다를 수밖에 없다. 아날로그 매체는, 연속으로 변화하는 양을 그대로 표현하는 방식으로 저장되므로 전달 내용자체는 변화가 없지만 원본과는 미세한 차이가 존재한다. 반면 디지털 매체는 기본적으로 전자기기와 상관없이 동일한 값이면 동일한 가치를 지닌 정보로 저장된다.

따라서 디지털 저장매체인 경우에는 미국법과 같이 복사본을 원본으로 하거나 이에 대한 증거조사로 원본증거조사를 대체할 수 있도록 하는 명확한 규정이 필요한 시점이다. 물론 사본의 경우에는 원본과의 동일성을 포함하는 진정성 입증이 선행되어야 함은 물론이다.

(5) e-discovery 제도의 의의와 도입 필요성

e-discovery라 함은 미국, 영국 등에서 민사소송에서 증거개시제도를 전자적 증거에 도입한 제도이다. 공정한 재판을 위해 양 당사자가 가지고 있는 증거에 대해 사전에 제시하지 않고는 증거로 사용할 수 없다는 것을 원칙으로 한다. 만약 특별한 이유 없이 자신이 보유한 증거를 공개하지 않거나 이를 변조·왜곡하는 경우에는 법적 제재나 재판상에서 큰 불이익을 받을 수 있다.

우리나라에서도 동 제도가 주목받게 된 대표적인 사례로서는 디자인 특허를 둘러싼 삼성전자와 애플의 미국에서 벌인 소송을 들 수 있다.

한국, 독일 등 대륙법계를 채택한 국가의 경우에는 이러한 영미식의 e-discovery 제도를 도입하지 않고 있다. 우리나라 민사소송법에서도 문서의 제출의무(제344조), 제출신청의 허가여부에 대한 재판(제347조), 당사자가 문서를 제출하지 아니한 때의 효과(제

349조)[30], 당사자가 사용을 방해한 때의 효과(제350조)[31]등을 규정하고 있으나 전자적 증거가 갖는 제반 특성에 비추어 영미식의 e-discovery 제도를 도입할 필요성이 있다.

특히 기업을 대상으로 한 다수피해자의 집단소송[32]이나 의약 또는 의료사고소송[33]과 같이 원고와 피고의 정보비대칭이 심할 수밖에 없는 소송의 불공평함을 해결하기 위해 국내에도 도입이 검토되고 있는 상태다. 국회에 관련 법안이 계류 중이지만, 아직 통과되지는 못하고 있다.

e-discovery 제도의 도입은, ① 기존의 보존된 데이터에 대한 접근가능성을 제고하기 위해 새로운 문서관리 체계가 필요하고, ② 제출하는 경우 문서로 제출하면 메타데이터에 의한 성립의 진정을 입증하기 곤란하고, 파일로 제출하면 그에 맞는 프로그램이 있어야 볼 수 있다는 특성이 있어 포렌식 전문가의 도움이 필요하고, ③ 특히 정보의 유출가능성, 변환가능성, 비용의 부담 등에 대한 문제가 해결되어야 한다.

이를 위해 e-discovery 표준모델(EDRM, Electronic Discovery Reference Model)의 각 단계를 통해 전자적 증거의 무결성을 보장하고, 불합리한 비용의 문제를 해결하기 위한 다양한 솔루션 개발과 그에 필요한 포렌식 전문가의 양성이 뒷받침되어야 한다.

(6) 형사소송법 개정 의견

앞에서 살펴본 바와 같이 전자증거개시와 관련하여 형사소송법 개정은 필수적이라 할 것이다. 따라서 이하에서는 전자증거개시와 관련하여 형사소송법의 개정에 대하여 그 방안을 몇 가지 제시하여 보고자 한다.

---

30) 당사자가 제347조 제1항·제2항 및 제4항의 규정에 의한 명령에 따르지 아니한 때에는 법원은 문서의 기재에 대한 상대방의 주장을 진실한 것으로 인정할 수 있다.

31) 당사자가 상대방의 사용을 방해할 목적으로 제출의무가 있는 문서를 훼손하여 버리거나 이를 사용할 수 없게 한 때에는, 법원은 그 문서의 기재에 대한 상대방의 주장을 진실한 것으로 인정할 수 있다.

32) 예를 들면, Liebeck v. McDonald's Restaurants, P.T.S., Inc., No. D-202 CV-93-02419, 1995 WL 360309, 1994 WL 16777704, 1994 WL 16777705, 1994 WL 16777706(소송당사자인 피해자이와 이미 700여명의 피해자가 있었다)

33) 예를 들면, Lauris v. Novartis AG , 2016 WL 7178602, 2016 WL 4249816 (2016)(Novartis사는 만성 골수성 백혈병 치료를 위한 약인 Tasigna를 생산하였고, 고인이 된 Dainis Lauris는 2001년에 만성 골수성 백혈병 진단을 받고, 2012년 10월에는 종양 전문의로부터 Tasigna를 처방받은 것이 문제되었다).

우선, 사건과의 관련성, 중요성 등에 관한 신청기준을 법률에 명시하고 검사수중의 증거만이 아니라 수사기관 작성 의무화된 서류도 포함시키도록 증거개시의 범위와 대상에 대한 개정이 필요하다.

둘째, 서류 열람 및 등사 서면교부 이외에 전자증거를 프린트 아웃을 하거나 모니터에 띄우거나 특수매체기록에 대한 이미징 복제 등 증거개시방법을 추가하는 개정이 필요하다.

셋째, 특정사건에 대하여 디지털 포렌식 전문가에 대한 국선디지털 포렌식 전문가를 도입할 수 있는 근거규정이 필요하다.

넷째, 열람을 위하여 제공하는 경우 복사방지등 적절한 조치를 취할 수 있도록 하는 증거의 열람 및 제공시 적절한 조치규정을 두는 개정이 필요하다.

다섯째, 증거개시의 거부의 경우 형사소송법 제266조의3 제2항에서 증거개시 제한사유로 언급한 '서면의 교부를 허용하지 아니할 상당한 이유'에 대하여 제한 사유를 구체적으로 열거하여 제한을 두는 방향의 개정이 필요하다.

제2장 증거능력에 관한 일반적 사항

1. 서 설

증거능력이라 함은 증거로서 자격 또는 요건을 말한다. 종래는 이러한 증거능력의 문제도 법관의 자유심증에 따라 판단하였으나 최근 입법의 동향은 각국의 입법정책에 따라 법률로써 이를 규정해 가는 추세에 있다.

우리 형사소송법에서도 증거능력이 부정되는 경우를 규정하고 있고, 최근에는 형사소송법 제308조의2를 신설하여 "위법하게 수집한 증거는 증거로 사용할 수 없다."고 규정함으로써 「위법수집증거배제법칙」을 명문화하였다.

이외에도 우리 법은 "전문증거는 증거능력이 없다."는 전문증거배제법칙 즉, 「전문법칙」(제310조의2)과 "고문·협박 등 진술의 임의성이 없는 자백은 증거능력이 없다."는 「자백법칙」(제309조)을 규정하고 있다. 이외 판례상 거짓말탐지기 검사결과와 같이 과학수사 기법에 의한 결과물에 대해 아직 법칙으로 인정할 수 없다는 이유로 그 자체 증거능력을 부정하는 사례가 있다.

2. 위법수집증거배제법칙

(1) 의 의

위법한 절차에 의하여 수집된 증거는 증거로서 사용할 수 없다(제308조의2). 그 동안 판례상 인정해 오던 것을 명문의 근거를 마련하였다. 원래 위법수집증거배제법칙은 미국 연방대법원의 판례에 의하여 형성된 미국법 고유의 증거법칙이고, 인정하는 폭의 차이는 있지만 대륙법계에서도 이를 받아들이고 있다. 대법원은 위법한 절차에 의해 수집된 진술증거에 대해서는 일찍부터 증거능력을 부정해 왔다.

〈진술증거의 위법수집〉[34]

| 판결요지 |

수사기관이 미리 피의자에게 진술거부권을 고지하지 않은 상황에서 이루어진 피의자의 진술은 위법하게 수집된 증거로서 임의성이 인정되는 경우에도 증거능력이 부인된다.

---

34) 대법원 1992. 6. 23. 선고 92도682 판결

종래 대법원은 물적 증거에 대해서는 위법하게 수집하였다고 하더라도 물적 증거의 존재와 형성은 변함이 없다는 이유에서 증거능력을 인정해 왔었다. 그러나 충분히 심리하지 아니한 채, 압수절차가 위법하더라도 압수물의 증거능력은 인정된다는 이유만으로 압수물의 증거능력을 인정한 것은 위법하다는 취지로 판례변경을 하였다.[35] 그 이후 진술증거와 같이 비진술증거의 경우에도 증거능력이 배제되고 있다.

〈비진술증거와 위법수집〉[36]

| 판결요지 |

규정을 위반하여 소유자, 소지자 또는 보관자가 아닌 자로부터 제출받은 물건을 영장없이 압수한 경우 그 압수물 및 압수물을 찍은 사진은 이를 유죄 인정의 증거로 사용할 수 없다.

- -

(2) 독수독과(毒樹毒果)배제원칙과 그 예외

위법수집증거배제법칙은 파생증거에 대해서도 적용된다. 즉, 위법하게 수집한 증거에 의하여 파생적으로 얻은 2차 증거도 증거능력이 부정된다. 이를 독수독과의 이론이라고 한다.

예를 들면, 살인사건 용의자에게 진술거부권을 고지하지 않은 채 받아낸 자백진술은 1차적 증거로서 위법수집증거배제법칙에 의해 증거능력이 배제된다. 또한 그러한 자백진술로부터 숨겨놓은 시체를 찾아낸 경우 그 시체가 2차적 증거이고 파생증거인데 이러한 파생증거 또한 독수독과배제원칙에 의해 증거능력이 배제된다는 것이다.

이와 같이 2차, 3차 파생증거에 이르기까지 광범위하게 증거사용을 배제하는 경우 한 번의 위법수사로 그 이후에 수집된 모든 증거를 배제된다고 하면 국가형벌권의 행사가 무력화될 우려가 있다.

따라서 적법절차의 원칙과 실체적 진실규명간의 조화를 이루기 위해 어느 정도 제한할 필요가 있다. 즉, 1차 증거의 수집과정에서의 위법이 2차 수집과정에서도 어느 정도 영향을 준 것인지, 그 사이에 어떠한 적법절차를 거쳤는지를 심사하는 등으로 파생증거의 증거능력을 인정하는 예외적 기준을 마련해 갈 필요가 있다.

---

35) 대법원 2007. 11. 15. 선고 2007도3061 전원합의체 판결
36) 대법원 2010. 1. 28. 선고 2009도10092 판결

〈파생증거의 예외인정기준〉[37]

| 판결요지 |

수사기관의 압수·수색을 억제하고 재발을 방지하는 가장 효과적인 대응책은 이를 통하여 수집한 증거는 물론 이를 기초로 하여 획득한 2차적 증거를 유죄인정의 증거로 삼을 수 없도록 하는 것이다. 다만 예외적으로 ① 위반행위가 적법절차의 실질적 내용을 침해하지 않고, ② 증거를 배제하는 것이 적법절차 원칙과 실체적 진실규명의 조화를 도모하여 형사사법의 정의를 실현하려한 취지에 반하는 경우에는 증거로 사용할 수 있다.

- -

미국 연방대법원의 판례는 독수독과원칙에 대한 예외로서, 1차 증거 수집과정에서의 위법이 그다지 영향을 미치지 않아 2차 수집과정에서 오염이 희석되었다거나 단절된 경우(오염의 희석 또는 단절이론)[38], 전혀 다른 독립된 증거원에 의해 2차적인 증거를 수집한 경우(독립입수원의 이론)[39], 결국 다른 방법에 의해서도 불가피하게 발견하였을 증거의 경우(불가피 발견이론)[40], 수사기관이 단순히 모르고 실수한 경우[41](선의의 항변이론) 등에는 증거로 사용할 수 있다고 한다.

우리 판례도 이러한 독수독과배제의 원칙과 그 예외이론을 따르고 있다.

〈구체적인 예외인정 사례〉[42]

| 판결요지 |

제1심 법정에서의 피고인의 자백은 진술거부권을 고지 받지 않은 상태에서 이루어진 최초 자백 이후 40여 일이 지난 후에 변호인의 충분한 조력을 받으면서 공개된 법정에서 임의로 이루어진 것이고, 피해자의 진술은 법원의 적법한 소환에 따라 자발적으로 출석하여 위증의 벌을 경고 받고 선서한 후 공개된 법정에서 임의로 이루어진 것이어서, 예외적으로 유죄 인정의 증거로 사용할 수 있는 2차적 증거에 해당한다.

- -

---

37) 대법원 2007. 11. 15. 선고 2007도3061 전원합의체 판결
38) 예를 들면 2차적 증거 수집 전에 법관이 발부한 영장을 가지고 수집한 증거물
39) 예를 들면 2차적 증거수집과정에서 영장을 발부받아 집행함에 있어서 입회인의 목격진술
40) 예를 들면 1차적인 위법수사가 없었더라도 마을사람들이 횃불을 켜고 찾아내려고 했고, 결국 시체를 반드시 찾아낼 상황인 경우
41) 예를 들면 수사관이 모르고 유효기간이 경과된 영장을 가지고 집행하여 수집한 증거물의 경우
42) 대법원 2009. 3. 12. 선고 2008도11437 판결

경찰에서 위법하게 한 자백진술 이후 40일이 지나 공개된 법정에서 자발적으로 한 진술이라면 1차 위법과는 어느 정도 인과관계가 희석되었거나 단절된 것으로 평가할 수 있다는 것이다. 미국판례와 같이 오염의 희석 또는 단절이론에 따르고 있다.

(3) 입증책임

증거수집과정에서 임의적인 진술이었다는 임의성의 입증, 위법수사와 인과관계의 의 희석 또는 단절여부 등에 관한 입증책임은 증거제출자인 검사에게 있다.

〈임의 제출받은 증거의 임의성에 관한 입증책임과 입증의 정도〉

| 판결요지 |

수사기관이 별개의 증거를 피압수자 등에게 환부하고 후에 임의제출받아 다시 압수하였다면 증거를 압수한 최초의 절차 위반행위와 최종적인 증거수집 사이의 인과관계가 단절되었다고 평가할 수 있으나, 그 과정에서 수사기관의 우월적 지위에 의해 실질적으로 강제적인 압수가 행하여질 수 있으므로, 검사가 합리적 의심을 배제할 수 있을 정도로 증명하여야 한다.

종래 수사초기 과정에서 넓은 범위로 압수해 온 물건 중에 피의사실과 직접적인 관련성이 없는 증거를 1차적으로 환부하고, 다시 수사의 필요성에서 임의 제출받아 온 수사관행을 어느 정도 인정한 것이다. 그러면서도 일반원칙에 따라 임의적으로 돌려받았다는 사실을 검사가 입증하여야 하고, 그 입증은 법관이 합리적 의심을 배제할 정도의 증명이 있어야 한다고 선언하고 있다.

(4) 사인의 위법수집증거

이러한 위법수집증거는 기본적으로 국가기관이 수사기관의 위법행위를 전제로 하는 것이다. 그러나 일반사인의 경우에도 증거수집과정에서 모든 불법이 허용되는 것은 아니므로, 침해되는 법익과 진실발견이라는 공익을 비교형량하여 침해되는 법익이 오히려 중대한 경우에는 증거로서 사용할 수 없도록 하는 것이 상당하다. 이를 이익형량의 원칙이라고 한다.

우리 판례 또한 「효과적인 형사소추 및 형사소송에서의 진실발견이라는 공익과 개인의 사생활 보호이익을 비교형량 하여 그 적용여부를 결정하고, 적절한 증거조사의 방법을 선택함으로써 국민의 인간으로서의 존엄성에 대한 침해를 피할 수 있다」[43]고 하여 이에 따르고 있다.

(구체적인 적용사례)[44]

| 판결요지 |

회사의 직원이 절취한 업무일지를 소송사기의 피해자들이 이를 수사기관에 임의 제출하기 위해 대가를 지급하였다 하더라도 증거로서 사용될 수 있다.

- -

회사직원이 회사에 불만을 가지고 회사 장부를 훔쳐 경쟁회사에 넘긴 것이 형사사건의 증거가 되는 경우 침해되는 이익보다 증거로의 사용이라는 공익이 우선한다는 취지에서 이익형량원칙을 적용한 것이다.

3. 전문법칙

(1) 전문증거와 전문법칙의 의의

전문증거(hearsay)란 ① 사람의 경험적 사실에 관한 대체증거로서, ② 법정 외 진술(out-of court statement)에 관한 증거로서, ③ 그 진술내용의 진위 여부을 입증하기 위해 제출하는 증거를 말한다. 여기서 '대체증거'라는 것은 원진술자의 법정진술이 아닌 법정 외에서 진술자의 진술을 기재한 서류나 원진술자의 진술을 법정에 전달하는 진술을 말한다.

전문증거는 원칙적으로 증거능력이 없다는 원칙을 전문법칙이라고 한다. 예를 들면, "살인하였다."는 피의자의 자백 진술을 피의자의 살인죄 입증에 사용하기 위해 증거로서 제출하는 것을 말한다.

전문증거의 경우에는 경험사실에 대한 대체증거로서 진술자가 기억에 반하거나 사실을 왜곡할 우려가 있다는 점에서 원진술자 또는 전달진술자에 대해 반대신문을 통해 진위여부를 확인하지 않고는 함부로 증거로 사용할 수 없다는 이유에서 증거능력을 부정하고 있다.

---

43) 대법원 1997. 9. 30. 선고 97도1230; 대법원 2010. 9. 9. 선고 2008도3990 판결: 고소인이 피고인이 사용하던 원룸을 복사한 키를 사용하여 무단으로 침입한 다음 증거물을 수집한 사안에서도 증거능력을 인정하고 있다.

44) 대법원 2008. 6. 26. 선고 2008도1584 판결

(2) 전문법칙이 적용되지 않는 경우

전문증거가 아닌 경우에는 전문법칙이 적용되지 않기 때문에 당해 증거가 전문증거인지 여부를 반드시 살펴보아야 한다.

먼저 경험사실이 아니라 범행의 수단으로서 의사표시인 경우에는 전문증거가 아니다.

〈범행의 수단으로서 직접적인 의사표시인 경우〉

| 판결요지 |

정보통신망을 통하여 공포심이나 불안감을 유발하는 글을 반복적으로 상대방에게 도달하게 하는 행위를 하였다는 공소사실에 대하여 휴대전화기에 저장된 문자정보가 그 증거가 되는 경우, 그 문자정보는 범행의 직접적인 수단이고 경험자의 진술에 갈음하는 대체물에 해당하지 않으므로, 형사소송법 제310조의2에서 정한 전문법칙이 적용되지 않는다.[45]

둘째, 진술내용의 진위여부가 입증대상이 아닌 경우로서 예를 들면, 그렇게 진술한 적이 있는지, 또는 진술당시의 정신상태를 판단하기 위한 자료로 사용하는 경우에는 전문증거가 아니다.

〈말한 적이 있는지(존재) 자체를 입증하기 위해 증거로 제출하는 경우〉

| 판결요지 |

타인의 진술을 내용으로 하는 진술이 전문증거인지는 요증 사실과의 관계에서 정하여 지는데, 원 진술의 '내용'인 사실이 요증 사실인 경우에는 전문증거이지만, 원 진술의 '존재' 자체가 요증 사실인 경우에는 본래증거이지 전문증거가 아니다.[46]

A가 살인하는 것을 목격하였다는 B의 진술이 A의 살인죄를 입증하는데 사용하기 위해 제출한 것이라면 전문증거이지만 B가 그런 말을 한 적이 있어서 명예훼손이 된다는 명예훼손죄의 증거로 사용하기 위한 증거로 제출하는 경우에는 전문증거가 아니다.

---

45) 대법원 2008. 11. 13. 선고 2006도2556 판결
46) 대법원 2012. 7. 26. 선고 2012도2937 판결

| 판결요지 |

검증의 내용이 그 진술 당시 진술자의 정신상태 등을 확인하기 위한 것인 경우에도 전문증거가 아니다.[47]

A가 살인하였다고 자백하는 진술을 A의 살인죄를 입증하기 위해 제출하는 것이 아니라 A가 그런 자백을 한 것은 정신착란 상태에서 진술한 것이라는 사실을 확인하기 위해 사용하는 경우에는 전문증거가 아니다.

(3) 영상녹화물이 전문증거인지 여부

1) 영상녹화물의 분류

그렇다면 영상녹화물은 전문증거인가? 영상녹화물은 현장녹음의 영상녹화물과 진술 영상녹화물의 경우로 나누어 살펴보자.

먼저 피고인이 버스에서 소매치기하는 장면이 녹화된 CCTV 녹화물을 피고인의 절취 범행을 입증하기 위해 제출하는 경우는 어떤가? 이와 같이 단순이 현장녹음의 영상녹화물이라면 비진술증거이다. 따라서 진술증거가 아니므로 전문증거가 아니다.

반면 사람이 진술하는 과정을 녹화한 진술 영상녹화물인 경우는 ① 사람의 진술을 기록한 것이므로 진술기록이라는 점에서는 진술증거이고, ② 사람이 진술하는 상황을 기록한 것이므로 그 상황기록의 점에서는 현장 영상녹화물로서 비진술증거이다. 따라서 상황기록이라는 측면과 진술기록이라는 측면을 모두 고려하여야 한다.

만약, 진술 영상녹화물을 진술부분을 듣지 않고 진술상황만을 입증하기 위한 증거로 제출하는 경우 예컨대, 진술과정의 임의성 등을 입증하려는 경우 제출된 영상녹화물은 현장 영상녹화물과 같이 전문증거가 아니다. 반면 기록된 진술내용을 확인하는 증거로 사용하는 경우에는 진술증거이다.

---

47) 대법원 2008. 7. 10. 선고 2007도10755 판결

2) 전문증거인지 여부

한편, 진술증거로서의 진술영상녹화물이 전문증거인지 여부는 그 기록된 진술의 성질에 따라 결정된다.

그 진술이 전문진술, 즉 경험사실의 진술로서 진술내용의 진위여부를 입증하기 위해 제출되는 것이면 그 진술 영상녹화물은 전문진술을 기록한 것이므로 전문증거이다.

전문진술을 기록한 영상녹화물, 사진, 녹음테이프 등은 형사소송법 제310조의 2에서 말하는 '서류'에 준해서 전문법칙을 적용하고 있다.[48]

(4) 전문법칙의 예외

이러한 전문법칙은 어디까지나 원칙일 뿐이고 역사적으로 이를 증거로 사용하기 위해 수많은 예외사유들을 발전시켜 왔다. 그래서 전문증거는 어느 경우에 증거로 사용할 것인지에 대한 전문법칙의 예외들의 법칙이라고 까지 말하고 있다.

형사소송법은 제310조의2에 전문증거의 의의와 증거배제원칙의 선언규정을 1개 조문으로 하고, 이어서 제311조부터 제316조까지 그 예외규정 6개 조문을 두고 있다.

그 예외로서는 법관작성의 조서(제311조), 수사기관 작성 조서(제312조), 그 외 진술서(제313조)와 당연히 증거능력이 있는 서면(제315조)이 있고, 서면이외 진술로서 타인의 진술을 내용으로 하는 법정에서의 전문진술(제316조)이 있다.

당해 서류가 증거능력을 인정하기 위해서는 법 소정의 요건을 갖추어야 한다. 수사기관 작성서류의 경우 경찰작성 피의자신문조서는 법정에서 당해 피고인이 내용을 부인하면 증거능력이 없다(제312조 제3항). 그러나 검사작성의 피의자신문조서, 검사 또는 사법경찰관작성의 참고인 진술조서는 내용을 부인하더라도 성립의 진정이 인정되면 증거능력이 인정된다. 다만 이를 당해인 진술인이 성립을 부인하면 영상녹화물 기타 객관적인 방법에 의해 이를 증명할 수 있도록 하였다(제312조 제2항, 제4항).

---

48) 대법원 2006. 1. 13. 선고 2003도6548 판결

4. 자백배제법칙

피고인의 자백이 고문, 폭행, 협박, 신체구속의 부당한 장기화 또는 기망 기타의 방법으로 임의로 진술한 것이 아니라고 의심할 만한 이유가 있는 때에는 이를 유죄의 증거로 하지 못한다(제309조). 이를 자백배제법칙이라고 한다.

자백배제법칙은 피고인이 행한 임의성이 의심되는 자백을 증거로 하지 못하게 하는 것이므로 공판정에서 행한 자백뿐만 아니라 공판정 외에서 행한 자백도 포함한다. 공판정 외에서 행한 자백진술도 증거로 제출되는 경우가 있기 때문이다.

따라서 공판정에서 피고인으로서 행한 자백뿐만 아니라 수사절차에서 피의자의 지위에서 한 자백도 포함되며, 나아가 수사절차에서 참고인의 지위에서 행한 자백도 포함된다. 한편, 사인 사이에 행한 자백도 이에 포함되고 일기 등에 자기의 범죄사실을 기재하는 경우와 같이 상대방이 없는 경우도 포함한다.

경찰에서의 고문의 영향으로 인한 피의자의 심리상태가 검사의 조사단계에까지 계속되어 검사 앞에서도 임의성이 인정되지 못한 상태라면 임의성의 문제로 증거능력을 배제할 수 있을 것이다.

〈경찰의 고문과 검찰에서 자백의 증거능력〉[49]

| 판결요지 |

피고인이 출석한 공판기일에서 증거동의 한 경우 그 후 피고인이 불출석한 공판기일에 변호인만이 출석하여 종전 의견을 번복하여 증거로 함에 동의하였더라도 특별한 사정이 없는 한 효력이 없다.[50] 피고인이 검사 이전의 수사기관에서 고문 등 가혹행위로 인하여 임의성 없는 자백을 하고 그 후 검사의 조사단계에서도 임의성 없는 심리상태가 계속되어 동일한 내용의 자백을 하였다면 검사의 조사단계에서 고문 등 자백의 강요행위가 없었다고 하여도 검사 앞에서의 자백도 임의성 없는 자백이라고 볼 수밖에 없다.

---

49) 대법원 1992. 11. 24. 선고 92도2409 판결
50) 대법원 2013. 3. 28. 선고 2013도3 판결

임의성 없는 심리상태가 검사의 조사단계까지 계속된 경우에는 검사 앞에서의 자백도 증거능력이 없다는 점에서 판례의 취지는 상당하다. 다만 경찰에서의 위법의 정도와 검찰에서 조사기간, 진술거부권의 고지유무, 변호인참여권의 보장 등 적법절차 준수여부 등을 종합적으로 판단하여야 할 것이다.

5. 증거의 동의

(1) 의 의

검사와 피고인이 증거로 할 수 있음을 동의한 서류 또는 물건은 진정한 것으로 인정한 때에는 증거로 할 수 있다(제318조 제1항). 비록 경미한 절차에 위배하였더라도 당사자가 동의하면 증거로 사용할 수 있다는 것이다. 증거능력과 관련하여 당사자의 일정한 처분권을 인정한 것이다.

(2) 동의 주체

동의의 주체는 당사자, 즉 검사와 피고인이다. 검사 또는 피고인이 신청한 증거에 대하여는 상대방의 동의가 있으면 족하다.

〈변호인의 증거동의〉[51]

| 판결요지 |

피고인이 출석한 공판기일에서 증거동의 한 경우 그 후 피고인이 불출석한 공판기일에 변호인만이 출석하여 종전 의견을 번복하여 증거로 함에 동의하였더라도 특별한 사정이 없는 한 효력이 없다.

실무상 공소사실의 입증책임을 지는 검사가 주로 증거를 제출하고 이에 대해 피고인이 증거 동의 여부에 대한 의견을 진술하는 것이 대부분이지만 피고인이 제출하는 증거에 대해서도 검사가 동의여부의 의견을 진술하고 있다.

---

51) 대법원 2013. 3. 28. 선고 2013도3 판결

(3) 동의 효력

동의는 전문증거인 서류에 있어서는 전문증거로서의 증거능력 요건에 대한 다툼과 동시에 모든 증거에 기본적으로 요구되는 진정성에 대한 다툼을 하지 않겠다는 의사표시로서의 의미를 가진다. 따라서 전문증거가 아닌 물건도 그 진정성을 다투지 않겠다는 의미를 가지므로 물건을 동의의 대상으로 한 것은 그 의미가 있는 것이다.

동의는 원칙적으로 증거조사 전에 하여야 한다. 동의가 증거증력의 요건의 충족에 대한 다툼을 하지 않겠다는 의사표시이므로 증거능력 판단 전에 행해지는 것이 적절하기 때문이다. 그러나 증거조사 후에 동의가 있는 때에도 그 하자가 치유되어 증거능력이 소급적으로 인정된다고 하는 것이 타당하다.

피고인의 출정 없이 증거조사를 할 수 있는 경우에 피고인이 출정하지 아니한 때에는 피고인의 대리인 또는 변호인이 출정한 때를 제외하고 피고인이 증거로 함에 동의한 것으로 간주한다(제318조 제2항).

피고인의 출석 없이 증거 조사할 수 있는 경우로는, ① 경미사건과 공소기각 또는 면소의 재판을 할 것이 명백한 사건(제277조), ② 법정형이 장기 10년의 징역 또는 금고 미만의 경우는 피고인이 소재불명임을 사유로 하여 피고인의 진술 없이 재판할 수 있는 경우(소송촉진 등에 관한 특례법 제23조), ③ 구속된 피고인이 정당한 사유 없이 출석을 거부하고, 교도관에 의한 인치가 불가능하거나 현저히 곤란하다고 인정되는 때로서 피고인의 출석 없이 공판절차를 진행하는 경우(제277조의2 제1항), ④ 간이공판절차의 결정(제286조의2)이 있는 사건의 증거에 관하여는 전문증거에 대하여도 동의가 있는 것으로 간주한다. 다만 검사·피고인 또는 변호인이 증거로 함에 이의가 있는 때에는 그러하지 아니한다(제318조의3).

〈피고인의 무단퇴정에 대해 방어권남용으로 인정되는 경우〉[52]

| 판결요지 |

피고인과 변호인들이 출석하지 않은 상태에서 증거조사를 할 수밖에 없는 경우에는 형사소송법 제318조 제2항의 규정상 피고인의 진의와는 관계없이 형사소송법 제318조 제1항의 동의가 있는 것으로 간주하게 되어 있다.

---

52) 대법원 1991. 6. 28. 선고 91도865 판결

(4) 동의의 예외

　단순한 절차를 위반한 것이 아니라 중대한 절차위배가 있는 경우에는 당사자가 동의하더라도 증거로 사용할 수 없게 된다. 구체적인 사례는 다음과 같다.

〈구체적인 부정사례〉

| 판결요지 |

특히 위법하게 긴급체포한 상태 하에서의 자백조서,[53] 가족의 동의만으로 피의자로부터 영장 없이 강제 채혈한 경우,[54] 사후영장은 미비한 경우[55] 등에는 피고인이 동의하더라도 증거능력이 부인된다.

---

53) 대법원 2009. 12. 24. 선고 2009도11401 판결

54) 대법원 2011. 4. 28. 선고 2009도2109 판결

55) 대법원 2009. 12. 24. 선고 2009도11401 판결

제3장 전자적 증거의 증거능력

1. 서 론

(1) 현장조사관의 재량과 합리적인 판단법칙

증인의 증언, 서증, 물증 등 형사절차법상 증거방법 외에 정보의 증거법상 위치가 문제된다. 전자적 증거는 물증인가? 이에 대해서 이미 살펴본 바와 같이 전자적 증거는 가시성, 가독성이 없는 무체정보이고 대용량, 변조용이성 등의 특성에 따른 증거법상의 원칙을 그대로 적용할 수 없는 한계가 있다.

디지털 정보가 압수의 대상이 되는가, 문서로 인쇄되거나 모니터로 출력해 보는 것은 가능한가, 인쇄 출력물은 정보와 동일한 것인가 등 많은 문제 등이 제기된다. 특히, 쉽게 조작할 수 있다는 점에서 진정성의 문제가 있다.

전자적 증거의 이러한 특성으로 인해 증거가치가 손상되지 않도록 과학적 기법을 활용하여 증거를 수집·분석하는 일련의 절차인 '디지털포렌식(Digital Forensics)'이 요구되는 연유도 여기에 있다.

전자적 증거와 같이 대량적이고 전문적인 증거를 압수·수색함에 있어서는 특히 현장조사관의 합리적 판단은 존중되어야 한다. 비록 압수·수색이 영장기재 범위를 초과하였다고 하더라도 합리적인 판단에 따른 선의의 항변은 인정된다.[56] 이를 위하여 조사관의 합리적 판단을 유도하기 위한 '전자적증거의수집매뉴얼'이나 행동준칙을 사전에 제정하여 주지시키는 것이 필요하다.

영장의 청구서에 구체적인 수색 전략 즉, 「컴퓨터 하드웨어의 압수가능성, 제3지로의 이동가능성, 압수 후 수색여부, 현장에서 사용되는 tool의 종류, 분석기술의 유형 등」을 기재하여 사전에 판사로부터 판단을 받아 둘 필요가 있다.

---

56) 연방형사소송규칙 Rule 41 (d)(3)(D)는 "악의가 없이 Rule 41(d)(3)(A)에서 발급된 영장에 의하여 얻은 증거는 그렇게 영장을 발부하는 것이 어떤 상황에서 상당하지 않다는 이유만으로 배제되지 않는다."고 하고 있다.

이러한 영장기재는 현장의 조사관에게 Guide Line을 제공하고, 행동 준칙에 따른 합리적 판단이었다는 점을 입증케 함으로써 피고인 측의 증거능력 부인에 대해 적절한 대응이 가능하게 된다.

(2) 디지털포렌식의 필요성

1) 형사증거의 법정화 필요성

현재 우리나라에서는 전자적 증거의 증거능력이 주로 형사사건에서 문제된다. 형사사건은 범죄사실을 입증하기 위해서는 엄격한 증명이 요구되는 것이어서 진정성, 적법절차성, 신뢰성 등의 요건이 엄격히 적용되어야 하기 때문이다. 형사증거의 대다수가 디지털화되어 있다는 점에서 전문가로서 포렌식 전문가의 역할과 증거의 진정성 등을 검증할 수 있는 제3의 검증기관이 필요하다.

〈포렌식 전문가의 능력과 정확성 담보〉[57]

| 판결요지 |

압수물인 디지털 저장매체로부터 출력한 문건을 증거로 사용하기 위해서는 디지털 저장매체 원본에 저장된 내용과 출력한 문건의 동일성이 인정되어야 하고, 이를 위해서는 디지털 저장매체 원본이 압수시부터 문건 출력시까지 변경되지 않았음이 담보되어야 한다. 특히 디지털 저장매체 원본을 대신하여 저장매체에 저장된 자료를 '하드카피' 또는 '이미징' 한 매체로부터 출력한 문건의 경우에는 디지털 저장매체 원본과 '하드카피' 또는 '이미징' 한 매체 사이에 자료의 동일성도 인정되어야 할 뿐만 아니라, 이를 확인하는 과정에서 이용한 컴퓨터의 기계적 정확성, 프로그램의 신뢰성, 입력·처리·출력의 각 단계에서 조작자의 전문적인 기술능력과 정확성이 담보되어야 한다.

컴퓨터의 기계적 정확성, 프로그램의 신뢰성, 입력·처리·출력의 각 단계에서 조작자의 전문적인 기술 능력과 정확성이 담보되어야 한다는 점에서 향후 압수·수색절차에서 포렌식 전문가의 필수적 참여를 보장하는 취지의 입법적 개선이 요구된다. 이를 수행할 디지털포렌식 전문가 자격 제도의 국가기술자격화도 요구된다.

---

57) 대법원 2007. 12. 13. 선고 2007도7257 판결

2) 민사증거의 법정화 필요성

민사소송에서는 아직 전자적 증거의 증거능력을 배제하는 취지의 판결은 눈에 띄지 않는다. 그러나 미국에서는 일찍부터 포렌식 절차는 당사자의 의무라는 인식이 특히 강했기 때문에, 이에 대하여 법정화의 필요성을 제기하여 왔다.

⟨Gates Rubber Co. v. Bando Chemical Industries, Ltd., 167 F.R.D. 90 (D.Colo.1996)⟩

| 판결요지 |

소송에서 이득을 얻으려고 하는 당사자에게 부여되는 책임---- 활용할 수 있는 가장 높은 수준의 기술을 사용하여 증거를 수집할 의무가 있다.

컴퓨터에서 삭제된 파일을 복원의 방법은 가장 완벽하고 정확한 결과를 도출하는 방법을 채택하여야 하므로 민사소송에서도 이러한 포렌식 전문가의 참여가 의무화된다는 것이다. 이를 수행하기 위해 미국은 포렌식 전문가를 법정사무관으로 채용하여 이러한 요구에 응하고 있다.

2. 과학적 증거의 허용성

(1) 배 경

과학적 증거의 허용성을 인정하기 위해서는 과학적 법칙 및 그것을 이용한 과학적 검사기술의 타당성이 인정되어야 한다. 그러한 법칙이나 기술의 인정방법은, 법원의 확지, 입법에 의한 승인, 소송상의 합의, 전문가의 증언이 일반적이다.

특히 새로운 기술의 경우에는 당사자의 입증, 특히 전문가의 증언에 의한 인정이 필요로 되는 경우가 많다. 이러한 전문가 증언에 의한 경우에는 먼저 관련성만 인정되면 족하다고 하는 입장과 그 과학기술이 학계에서 일반적으로 승인된 것임을 요한다는 입장으로 나눌 수 있다. 미국 판례의 주류는 후자의 입장이다.

(2) 두 가지 기준 - Frye 기준

1) 프라이(Frye) 기준

미국은 Frye v. Unate States[58] 사건의 판례에서 연방항소법원은 「과학적 원리나 발견이 실험의 단계에서 확증의 단계로 언제 이동하는가를 명확히 하는 것은 곤란하다. 그래서 어느 중간 영역에서 그 원리의 증명력이 인정되지 않으면 안 된다. 인정된 과학적 원리 내지 발견으로부터 연역된 전문가 증언을 허용하는 것은 사건해결에 도움이 되지만, 그 연역의 근거가 되는 사항은 그것이 속하는 특정 분야에 있어서 일반적인 승인을 얻은 충분히 확증된 것이어야 한다」고 하였다.

동 기준은 과학적 원리나 법칙에 관한 전문가 증언은 그것이 속하는 특정 분야에 있어서 일반적인 승인을 얻은 충분히 확증된 것임을 요한다고 하여 엄격한 기준을 제시하고 있다. 이 기준에 따라 연방과 주 법원을 불문하고, 거짓말탐지기 결과만이 아니고 성문감정, 권총발사의 잔류물, 최면법, 모발감정 기타 법의학적 검사에 널리 적용되어 증거능력을 배제해 왔다.

〈Frye v. United States, 293 F. 1013 (D.C. Cir. 1923)〉

| 판결요지 |

"과학적 원칙은 그것이 속해 있는 특정분야에서 보편적 승인(general acceptance)을 얻어야 한다."고 설시한 다음, '심혈압거짓말측정(the systolic blood pressure deception test)'은 아직까지 생리학적(physiological)·심리학적(psychological) 분야에서 그러한 지지나 과학적 승인을 얻지 못했다고 판단하고, 설사 감정인이 당해 사건에 사용된 과학적 절차가 신뢰할만하다고 인정할지라도 특정 과학계의 보편적 승인이 없는 경우에는 당해 자료를 증거로 허용할 수 없다.

동 판결은 2급 살인혐의로 기소된 피고인이 자신의 무죄 입증을 위하여 감정인이 실시한 일종의 거짓말 탐지 방법인 '심혈압거짓말측정(the systolic blood pressure deception test)'을 배심의 면전에서 실시할 것을 법원에 요청한 사안에 대해 배척한 사안이었다.

---

58) 293 F. 1013(D. C. Cir. 1923).

이러한 프라이 기준에 대하여 ① 그 기준이 적용되는 대상으로서의 과학적인 증거와 그 이외의 전문가 증언의 구별이 뚜렷하지 않고, ② 일반적 승인을 받기 위한 시간적인 지체로 신뢰할만한 증거가 상당수 배제되고 만다는 점, ③ 결국 과학적 증거의 허용성 판단을 법원이 아닌 학계에 맡겨 버렸다는 비판도 가능하다.

2) Daubert 기준

미국 대법원은, Frye기준을 어느 정도 완화하여 과학적 증거의 타당성 판단과 당면 문제와의 관련성을 추정하는 완화된 Daubert 기준을 제시하였다.

〈Daubert v. Merrell Dow Pharmaceuticals, Inc.〉 [59]

○ 사실관계와 소송경과
- Daubert가 임신 중 구역질 방지약인 Merrell Dow사의 Bendectin이 기형아를 야기하고 또한 이에대한 경고문구가 없다는 이유로 Merrell Dow사를 상대로 소송 제기
- 소송과정에서 Daubert측은 8인의 전문가를 통해 실험실 테스트 및 동물 임상실험 등을 거쳐 Merrell Dow사의 Bendectin과 기형아 출산가능성을 인정하는 감정결과를 법원에 제출
- 캘리포니아 연방지방법원과 항소법원은 이전의 'Frye 판결을 기준으로' 이러한 감정결과는 출판된 것이거나 검증되지 않았기 때문에 증거로 허용할 수 없다고 판단했고, 이에 불복한 Daubert는 미연방증거규칙 제정 후에도 'Frye 판결의 보편적 승인 기준이 여전히 유효한지 여부'를 묻기 위해 연방대법원에 상고

○ 판결요지
연방대법원은 Frye의 일반적 승인기준은 미연방증거규칙의 제정에 의해 폐기되었음을 선언 (Frye's 'general acceptance' test was superseded by the Rules' adoption)하면서 특히 규칙 제702 조상의 전문가에 의한 과학적 증언과 관련하여 판사는 규칙 제104조에 따라 그 증언의 핵심추론과 방법론이 과학적으로 유효하고 문제된 사건에 적절히 적용될 수 있는지 여부를 사전 판단하고, ① 문제된 이론과 기술이 검증될 수 있는지 또는 검증된 바 있는지 여부, ② 그것이 동료에 의해 평가(peer review)되거나 출판된 적이 있는지 여부, ③ 잘 알려진 또는 잠재적 오류율이 있는지 여부, ④ 문제된 이론과 기술의 운용을 통제하는 기준의 존재 및 지속성 여부, ⑤ 관련된 과학적 공동체 내에서 일반적으로 기법이나 이론을 수용하고 있는지 여부를 판단하도록 제시하였다.

---

59) 509 U.S. 579, 113 S. Ct 2786, 125 L.Ed.2d 469 (1993)

이어서 전자적 정보와 관련하여 Daubert 기준이 적용된 State of Nebraska v. Nhouthakith[60) 사건은, 아동 학대행위의 증거를 복원하기 위해 사용된 2001년 「EnCase 소프트웨어의 사용에 관하여 법원은 「EnCase 포렌식 도구에 특별히 사용된 컴퓨터 자료의 획득, 확인, 그리고 복구 기술은 사실 인정자가 증거를 이해하고 사실을 인정하는데 도와주는데 관련이 있고, 또한 그러한 방법이 검증되고, 동료 심사와 발표가 있었고, 관련된 과학계 내에서 일반적으로 인정받았기 때문에 확실하고 정당하다」고 판단하였다.

3) 우리 대법원의 입장
대법원은 거짓말탐지기의 검사결과에 대하여 정확성의 담보가 충분하지 않다는 점을 들어 자백의 증거능력을 부정하고 있다.

〈거짓말탐지기의 증거능력 인정요건〉[61)

| 판결요지 |

거짓말탐지기의 검사결과에 대하여 사실적관련성을 가진 증거로서 증거능력을 인정할 수 있으려면 첫째로, 거짓말을 하면 반드시 일정한 심리상태의 변동이 일어나고 둘째로, 그 심리상태의 변동은 반드시 일정한 생리적 반응을 일으키며 셋째로, 그 생리적 반응에 의하여 피검사자의 말이 거짓인지 아닌지가 정확히 판정될 수 있다는 세가지 전제요건이 충족되어야 할 것이며, 특히 마지막 생리적 반응에 대한 거짓여부 판정은 거짓말 탐지기가 검사에 동의한 피검사자의 생리적 반응을 정확히 측정할 수 있는 장치이어야 하고, 질문사항의 작성과 검사의 기술 및 방법이 합리적이어야 하며, 검사자가 탐지기의 측정내용을 객관성 있고 정확하게 판독할 능력을 갖춘 경우라야만 그 정확성을 확보할 수 있는 것이므로 이상과 같은 여러가지 요건이 충족되지 않는 한 거짓말탐지기 검사결과에 대하여 형사소송법상 증거능력을 부여할 수는 없다.

위 판결은 과학적 증거의 허용성을 인정하기 위한 요건으로 과학적 법칙 및 그것을 이용한 과학적 검사기술의 타당성을 요구하면서, 분명하지는 않지만 프라이 기준을 적용하여 아직 과학계의 일반적인 승인을 받지 못하였고, 검사기술의 타당성도 인정되기 어렵다고 판단하고 있다.

---

60) Case No. CR01-13, District Court of Johnson Country, Nebraska.

61) 대법원 2005. 5. 26. 선고 2005도130 판결

반면 일본의 경우[62] 거짓말탐지기검사 결과를 피검사자의 진술의 신용성 판단자료에 사용하는 것에는 신중한 고려를 요하면서도 검사에 사용된 기기의 성능과 작동기술로 보아 검사결과를 신뢰할 수 있다고 하여 증거능력을 인정한 원심판례를 시인하고 있다.[63]

Frye기준에서 요구하는 특정 과학계의 일반적 승인기준은 과학적 사실에 관하여 법원이 이를 현저한 사실로 받아들이기 위한 요건으로서는 적절하다고 할 수 있지만, 과학적 증거의 허용성의 기준으로 받아들이기에는 너무 엄격하다는 생각이 든다.

과학적 증거의 사용이 날로 늘어가고 있는 상황 하에서 그러한 새로운 기술 개발은 매우 전문적인 반면 당해 기술 또한 날로 새로워지고 있다. 일반적인 승인을 받기까지 기다릴 수는 없을 것 같다.

심지어는 특정 분야의 전문가의 증언에 의해 확인된 관련성 있다는 취지의 결론은 다른 특별한 배제이유가 없는 한 허용되어야 한다[64]는 주장까지 나올 정도이다.

향후 일반적 승인기준은 지나치게 엄격하고 형식적이어서 이를 극복해 가면서, 관련성기준을 너무 완화해 가면 자연적 관련성을 포기할 수 있다는 위험성을 어떻게 피해 갈 것인지 양자의 절충점을 모색해 가는 것이 중요하다.

3. 전자적 증거의 압수·수색의 방법

(1) 서 설

최근 5년간 전자파일 형태의 증거능력과 관련하여 적법절차, 무결성, 동일성, 관련성, 참관인, 성립의 진정, 진정성 등의 용어가 대법원 판례 상 다수 인용되고, 학계에서도 이에 대한 논의가 활발히 진행되고 있다.

---

62) 最決, 1968. 2. 8. 刑集 22-2-55

63) 이 판결에 대해 비판적인 견해로서 長沼範良, 科學的技術の許容性, 刑事法學の現代的状況, 內藤謙先生古稀祝賀, 479면 참조

64) C. McCorMICK, Evidence(Cleary rev. 1984), at 608

전자적 정보는 그 자체 대량성, 전문성, 변조나 복제용이성, 매체독립성, 초국경성 등의 제반 특성에 비추어 적절한 절차와 방식에 의해 수집이나 분석이 이루어지지 않으면 진정성 입증에 치명적인 상처를 입게 될 우려가 있다.

이 점에서 판례는 압수·수색 등 수집과정에서의 사소한 실수도 위법수집증거라고 하여 증거능력을 부정하는 엄격한 태도를 보이고 있다. 특히 속칭 '종근당' 사건에서는 제2차, 3차 처분이 중대한 절차위법으로 취소되는 경우 일련의 관계에 있는 적법하게 이루어진 1차처분도 소급해서 취소하고 있다.[65]

이하에서는 최근 증거능력을 문제 삼아 판단한 주요 사례를 통해 전자적 증거의 증거능력을 인정하기 위한 요건을 자세히 설명하기로 한다.

(2) 선별압수 원칙과 예외적 매체압수

형사소송법 제106조 제3항은 「법원은 압수의 목적물이 컴퓨터용디스크, 그 밖에 이와 비슷한 정보저장매체(이하 이 항에서 '정보저장매체등'이라 한다)인 경우에는 기억된 정보의 범위를 정하여 출력하거나 복제하여 제출받아야 한다. 다만, 범위를 정하여 출력 또는 복제하는 방법이 불가능하거나 압수의 목적을 달성하기에 현저히 곤란하다고 인정되는 때에는 정보저장매체 등을 압수할 수 있다」고 규정하고 있다.

원칙적으로 선별 압수하고, 예외적으로 전체를 이미징하거나 매체를 압수할 수 있도록 하였다. 물론 그 과정에서든 관련성이 있는 증거에 한해 출력해 볼 수 있다는 것이어서 관련성 여부를 따져보지 않고 무분별하게 출력하면 그 출력물은 위법하게 수집한 증거가 되어 증거로 사용할 수 없게 된다.

(3) 관련성의 유무

압수새대상은 피의사실과 관계가 있다고 인정할 수 있는 것에 한정하여 증거물 또는 몰수할 것으로 사료하는 물건을 압수할 수 있다(제106조 제1항).

---

65) 대법원 2015. 7. 16. 자 2011모1839 전원합의체 결정

| 판결요지 |

경찰관이 이른바 전화사기죄 범행의 혐의자를 긴급체포하면서 그가 보관하고 있던 다른 사람의 주민등록증[67], 운전면허증 등을 압수한 사안에서, 어떤 물건이 긴급체포의 사유가 된 범죄사실 수사에 필요한 최소한의 범위 내의 것으로서 압수의 대상이 되는 것인지는 당해 범죄사실의 구체적인 내용과 성질, 압수하고자 하는 물건의 형상·성질, 당해 범죄사실과의 관련 정도와 증거가치, 인멸의 우려는 물론 압수로 인하여 발생하는 불이익의 정도 등 압수 당시의 여러 사정을 종합적으로 고려하여 객관적으로 판단하여야 한다고 하여 긍정하였다.

| 판결요지 |

수사기관이 피의자 甲의 공직선거법 위반 범행을 영장 범죄사실로 하여 발부받은 압수·수색영장의 집행 과정에서 乙, 丙 사이의 대화가 녹음된 녹음파일(이하 '녹음파일'이라 한다)을 압수하여 乙, 丙의 공직선거법 위반 혐의사실을 발견한 사안에서, 압수·수색영장에 기재된 '피의자'인 甲이 녹음파일에 의하여 의심되는 혐의사실과 무관한 이상, 수사기관이 별도의 압수·수색영장을 발부받지 아니한 채 압수한 녹음파일은 형사소송법 제219조에 의하여 수사기관의 압수에 준용되는 형사소송법 제106조 제1항이 규정하는 '피고사건' 내지 같은 법 제215조 제1항이 규정하는 '해당 사건'과 '관계가 있다고 인정할 수 있는 것'에 해당하지 않는다.

관련성의 의미에 대해서, 판례[69]는 「압수의 대상을 압수·수색영장의 범죄사실 자체와 직접적으로 연관된 물건에 한정할 것은 아니고 압수·수색영장의 범죄사실과 ① 기본적 사실관계가 동일한 범행 또는 ② 동종유사의 범행과 관련된다고 의심할만한 상당한 이유가 있는 범위 내에서 압수할 수 있다」고 한 바 있다. 그러나 그 이후 판결은 단순히 동종사유의 범행이라는 이유만으로는 관련성을 부정하고 있다.

---

66) 대법원 2008. 7. 10. 선고 2008도2245 판결
67) 주민등록증은 재물이므로 절도죄의 객체가 될 수 있다(대법원 1969. 12. 9. 선고 69도1627 판결).
68) 대법원 2014. 1. 16. 선고 2013도7101 판결
69) 대법원 2015. 1. 16. 선고 2013도710 판결

| 판결요지 |

혐의사실과의 객관적 관련성은 압수·수색영장에 기재된 혐의사실 자체 또는 그와 기본적 사실 관계가 동일한 범행과 직접 관련되어 있는 경우는 물론 범행 동기와 경위, 범행 수단과 방법, 범행 시간과 장소 등을 증명하기 위한 간접증거나 정황증거 등으로 사용될 수 있는 경우에도 인정될 수 있다. 그 관련성은 압수·수색영장에 기재된 혐의사실의 내용과 수사의 대상, 수사 경위 등을 종합하여 구체적·개별적 연관관계가 있는 경우에만 인정되고, 혐의사실과 단순히 동종 또는 유사 범행이라는 사유만으로 관련성이 있다고 할 것은 아니다.

〈압수·수색영장이 허용한 범위를 벗어났지만 적법하다고 한 사례〉[71]

| 판결요지 |

수사기관이 저장매체 자체를 수사기관 사무실로 옮긴 것은 영장이 예외적으로 허용한 부득이한 사유의 발생에 따른 것으로 볼 수 있고, 나아가 당사자 측의 참여권 보장 등 압수·수색 대상 물건의 훼손이나 임의적 열람 등을 막기 위해 법령상 요구되는 상당한 조치가 이루어진 것으로 볼 수 있으므로 이 점에서 절차상 위법이 있다고는 할 수 없으나, 다만 영장의 명시적 근거 없이 수사기관이 임의로 정한 시점 이후의 접근 파일 일체를 복사하는 방식으로 8,000여 개나 되는 파일을 복사한 영장집행은 원칙적으로 압수·수색영장이 허용한 범위를 벗어난 것으로서 위법하다고 볼 여지가 있는데, 위 압수·수색 전 과정에 비추어 볼 때, 수사기관이 영장에 기재된 혐의사실 일시로부터 소급하여 일정 시점 이후의 파일들만 복사한 것은 나름대로 대상을 제한하려고 노력한 것으로 보이고, 당사자 측도 그 적합성에 대하여 묵시적으로 동의한 것으로 보는 것이 타당하므로, 위 영장 집행이 위법하다고 볼 수는 없다.

---

(4) 참여권의 보장과 사전 통지

전자적 증거의 경우 매체자체 또는 전체를 이미징한 다음 수사기관에서 관련 정보를 수색하는 것은 압수·수색집행의 연장이라는 이유로 피의자 또는 변호인에게 미리 집행의 일시와 장소를 사전통지하고 당사자의 참여를 요구하고 있다.

---

70) 대법원 2017. 12. 5. 선고 2017도13458 판결
71) 대법원 2011. 5. 26. 자 2009모1190 결정

| 판결요지 |

수사기관 사무실 등으로 옮긴 저장매체에서 범죄 혐의 관련성에 대한 구분 없이 저장된 전자정보 중 임의로 문서출력 혹은 파일복사를 하는 행위는 특별한 사정이 없는 한 영장주의 등 원칙에 반하는 위법한 집행이다.

특히 혐의사실과 관련된 정보는 물론 그와 무관한 다양하고 방대한 내용의 사생활 정보가 들어 있는 저장매체에 대한 압수·수색영장을 집행할 때 영장이 명시적으로 규정한 위 예외적인 사정이 인정되어 전자정보가 담긴 저장매체 자체를 수사기관 사무실 등으로 옮겨 이를 열람 혹은 복사하게 되는 경우에도, 전체 과정을 통하여 ① 피 압수·수색 당사자나 변호인의 계속적인 참여권 보장, ② 피 압수·수색 당사자가 배제된 상태의 저장매체에 대한 열람·복사 금지, ③ 복사대상 전자정보 목록의 작성·교부 등 압수·수색 대상인 저장매체 내 전자정보의 왜곡이나 훼손과 오·남용 및 임의적인 복제나 복사 등을 막기 위한 적절한 조치가 이루어져야만 집행절차가 적법하게 된다.

검사나 사법경찰관이 압수·수색영장을 집행할 때에는 자물쇠를 열거나 개봉 기타 필요한 처분을 할 수 있지만 그와 아울러 압수물의 상실 또는 파손 등의 방지를 위하여 상당한 조치를 하여야 한다(형사소송법 제219조, 제120조, 제131조 등).

나아가 검사, 피고인 또는 변호인은 압수·수색영장의 집행에 참여할 수 있다(제121조). 압수·수색영장을 집행함에는 미리 집행의 일시와 장소를 통지하여야 한다. 단, 전조에 규정한 자가 참여하지 아니한다는 의사를 명시한 때 또는 급속을 요하는 때에는 예외로 한다(제122조).

---

72) 대법원 2011. 5. 28. 자 2001모1190 결정

(참여권의 보장 없이 재 이미징 한 경우)[73]

| 판결요지 |

검사가 압수·수색영장(이하 '제1 영장'이라 한다)을 발부받아 甲 주식회사 빌딩 내 乙의 사무실을 압수·수색하였는데, 저장매체에 범죄혐의와 관련된 정보(이하 '유관정보'라 한다)와 범죄혐의와 무관한 정보(무관정보)가 혼재된 것으로 판단하여 甲 회사의 동의를 받아 저장매체를 수사기관 사무실로 반출한 다음 乙 측의 참여하에 저장매체에 저장된 전자정보파일 전부를 '이미징'의 방법으로 다른 저장매체로 복제하고, 乙 측의 참여 없이 이미징한 복제본을 외장 하드디스크에 재 복제하였으며, 乙 측의 참여 없이 하드디스크에서 유관정보를 탐색하던 중 우연히 乙 등의 별건 범죄혐의와 관련된 전자정보(이하 '별건 정보'라 한다)를 발견하고 문서로 출력하였고, 그후 乙 측에 참여권 등을 보장하지 않은 채 다른 검사가 별건정보를 소명자료로 제출하면서 압수·수색영장(이하 '제2 영장'이라 한다)을 발부받아 외장 하드디스크에서 별건정보를 탐색·출력한 사안에서, 제2 영장 청구 당시 압수할 물건으로 삼은 정보는 제1 영장의 피 압수·수색 당사자에게 참여의 기회를 부여하지 않은 채 임의로 재복제한 외장 하드디스크에 저장된 정보로서 그 자체가 위법한 압수물이어서 별건정보에 대한 영장청구 요건을 충족하지 못하였다.

피의자 또는 변호인은 압수·수색영장의 집행에 참여할 수 있고, 이를 위해 미리 집행의 일시와 장소를 통지하여야 한다. 피의자도 방어활동의 주체로서 최대한의 방어권, 권리보장이 인정되어야 하기 때문이다. 특히 혐의사실과 관련된 정보는 물론 그와 무관한 다양하고 방대한 내용의 사생활 정보가 들어 있는 저장매체에 대한 압수를 한 경우에는 압수·수색 대상인 저장매체 내 전자정보의 왜곡이나 훼손과 오·남용 및 임의적인 복제나 복사 등을 막기 위한 적절한 조치가 이루어져야 한다는 점에서 수긍이 간다.

그렇다고 하여 압수한 컴퓨터나 파일을 수사관서에서 이미징 작업을 하고, 검색, 복구하는 과정을 수색의 일환이라고 보는 것은 영장의 유효기간 등 여러 가지 문제가 따른다. 파일 분석과정에서의 당사자의 이익이나 절차의 공정성 확보를 위한 대안마련이 시급하다는 점에서 본 판결의 의미가 크다는 점에서 향후 '제3지에의 이동'이라는 새로운 수색의 방법을 도입하는 것도 생각해 볼 수 있다. 판례 상 원격지 압수·수색의 경우 접속권한 범위 내에서 다운로드 받아 수색장소에서 압수할 수 있지만 수색장소를 이동하기 위해서는 입법조치가 필요하다.

---

73) 대법원 2015. 7. 16. 자 2011모1839 전원합의체 결정

(사전통지누락이 증거수집에 영향을 주지 않은 경우)[74]

| 판결요지 |

수사관들이 압수한 디지털 저장매체 원본이나 복제본을 국가정보원 사무실 등으로 옮긴 후 범죄 혐의와 관련된 전자정보를 수집하거나 확보하기 위하여 삭제된 파일을 복구하고 암호화된 파일을 복호화하는 과정도 전체적으로 압수·수색과정의 일환에 포함되므로 그 과정에서 피고인들과 변호인에게 압수·수색 일시와 장소를 통지하지 아니한 것은 형사소송법 제219조, 제122조 본문, 제121조에 위배되나, 피고인들은 일부 현장 압수·수색과정에는 직접 참여하기도 하였고, 직접 참여하지 아니한 압수·수색절차에도 피고인들과 관련된 참여인들의 참여가 있었던 점, 현장에서 압수된 디지털 저장매체들은 제3자의 서명하에 봉인되고 그 해시(Hash)값도 보존되어 있어 복호화 과정 등에 대한 사전통지 누락이 증거수집에 영향을 미쳤다고 보이지 않는 점 등 그 판시와 같은 사정을 들어, 위 압수·수색과정에서 수집된 디지털 관련 증거들은 유죄 인정의 증거로 사용할 수 있는 예외적인 경우에 해당한다는 이유로 위 증거들의 증거능력을 인정하였다.

(급속을 요하는 경우 통지생략의 위헌성)[75]

| 판결요지 |

피의자 또는 변호인은 압수·수색영장의 집행에 참여할 수 있고(형사소송법 제219조, 제121조), 압수·수색영장을 집행함에는 원칙적으로 미리 집행의 일시와 장소를 피의자 등에게 통지하여야 하나(형사소송법 제122조 본문), '급속을 요하는 때'에는 위와 같은 통지를 생략할 수 있다(형사소송법 제122조 단서). 여기서 '급속을 요하는 때'라고 함은 압수·수색영장 집행 사실을 미리 알려주면 증거물을 은닉할 염려 등이 있어 압수·수색의 실효를 거두기 어려울 경우라고 해석함이 옳고, 그와 같이 합리적인 해석이 가능하므로 형사소송법 제122조 단서가 명확성의 원칙 등에 반하여 위헌이라고 볼 수 없다.

(5) 압수 · 수색영장의 제시

압수·수색영장은 처분을 받는 자에게 반드시 제시하여야 한다(제118조). 전자적 정보의 압수의 경우에도 마찬가지이다. 영장제시는 현장에서 여러 명인 경우에는 피압수자 전원에게 개별적으로 제시하여야 한다.

---

74) 대법원 2015. 1. 22. 선고 2014도10978 전원합의체 판결
75) 대법원 2012. 10. 11. 선고 2012도7455 판결

| 판결요지 |

압수·수색영장은 처분을 받는 자에게 반드시 제시하여야 하는바(형사소송법 제219조, 제118조), 현장에서 압수·수색을 당하는 사람이 여러 명일 경우에는 그 사람들 모두에게 개별적으로 영장을 제시해야 하는 것이 원칙이고, 수사기관이 압수·수색에 착수하면서 그 장소의 관리책임 자에게 영장을 제시하였다고 하더라도, 물건을 소지하고 있는 다른 사람으로부터 이를 압수하고자 하는 때에는 그 사람에게 따로 영장을 제시하여야 한다.

〈영장원본의 제시〉[77]

| 판결요지 |

수사기관이 2010. 1. 11. 공소외 1 주식회사에서 압수·수색영장을 집행하여 피고인이 공소외 2에게 발송한 이메일(증거목록 순번 314-1, 3, 5)을 압수한 후 이를 증거로 제출하였으나, 수사기관은 위 압수수색영장을 집행할 당시 공소외 1 주식회사에 팩스로 영장 사본을 송신한 사실은 있으나 영장 원본을 제시하지 않았고 또한 압수조서와 압수물 목록을 작성하여 이를 피압수·수색 당사자에게 교부하였다고 볼 수도 없다고 전제한 다음, 위와 같은 방법으로 압수된 위 각 이메일은 헌법과 형사소송법 제219조, 제118조, 제129조가 정한 절차를 위반하여 수집한 위법수집증거로 원칙적으로 유죄의 증거로 삼을 수 없다.

원본과 사본의 구분이 어려운 전자적 증거에 대해 원본과 사본의 동일성을 인정하는 규정이 없다. 판례는 영장 원본의 제시를 요구하고 있으나 이미 예금통장 계좌추적 영장의 집행의 경우 요청과 회신을 사실상 팩스나 이메일, 온라인 시스템을 이용하여 접수하고 있는 현실을 감안한다면 팩스에 의한 영장제시도 긍정적으로 검토할 만하다. 특히 압수·수색의 장소가 여러 장소인 경우 사실상 사본으로 제시하고 있는 것이 실무이다.

(6) 전자정보 목록의 작성·교부 등

압수한 경우에는 목록을 작성하여 소유자, 소지자, 보관자 기타 이에 준할 자에게 교부하여야 한다(제129조).

---

76) 대법원 2009. 3. 12. 선고 2008도763 판결
77) 대법원 2017. 9. 7. 선고 2015도10648 판결

| 판결요지 |

법원은 압수·수색영장의 집행에 관하여 범죄 혐의사실과 관련 있는 정보의 탐색·복제·출력이 완료된 때에는 지체 없이 압수된 정보의 상세목록을 피의자 등에게 교부할 것을 정할 수 있다. 압수물 목록은 피압수자 등이 압수처분에 대한 준항고를 하는 등 권리행사절차를 밟는 가장 기초적인 자료가 되므로, 수사기관은 이러한 권리행사에 지장이 없도록 압수 직후 현장에서 압수물 목록을 바로 작성하여 교부해야 하는 것이 원칙이다.

이러한 압수물 목록 교부 취지에 비추어 볼 때, 압수된 정보의 상세목록에는 정보의 파일 명세가 특정되어 있어야 하고, 수사기관은 이를 출력한 서면을 교부하거나 전자파일 형태로 복사해 주거나 이메일을 전송하는 등의 방식으로도 할 수 있다.

(7) 원격지 압수·수색

1) 의 의

범죄 소재지에 있는 단말기와 정보의 저장 장소 매체가 네트워크로 연결되어 잇는 경우 저장장소에 있는 정보를 다운로드 받거나 제출명령하는 형식으로 압수·수색할 수 있는지 여부이다.

2) 전자적 정보 수집 방법

일반적으로 휴대폰이나 컴퓨터로부터 정보를 수집하는 방법으로는 ① 전자적 기록에 관한 출력물의 압수 또는 '이미징'과 기록매체 자체를 압수하는 방법, ② 서버보존 메일 등의 압수, ③ 기록명령후 압수·수색, ④ 전기통신망으로 연결된 기록매체로부터 다운로드 후 압수, ⑤ 검증 등의 방법이 가능하다.

먼저 ①, ② 기록자체를 압수하는 방법은 형사소송법 제106조 제3항에 근거를 두고 있다. ③ 기록명령 후 압수·수색제도는 통신사업자가 이에 따르지 않는 경우 제재할 수는 없다. 특히 형사소송법 제106조 제2항은 「법원은 압수할 물건을 지정하여 소유자, 소지자 또는 보관자에게 제출을 명할 수 있다」고 하지만 수사기관에 대해서는 법관의 영장에 의하지 않고서는 동 규정을 준용하지 않는 것으로 해석된다.[79]

---

78) 대법원 2018. 2. 8. 선고 2017도13263 판결

79) 노명선/이완규, 형사소송법, 99면

④ 전기통신망으로 연결된 매체에 기록된 정보에 관한 압수 문제가 원격지 압수·수색의 문제이다. 이에 대해서는 서버가 국내에 있는 경우도 있지만 해외에 있는 경우 관할권의 문제가 추가된다.

우리나라는 2017. 7. 26. 「클라우드컴퓨팅 발전 및 이용자에 보호에 관한 법률(클라우드컴퓨팅법)」을 제정하여 시행하고 있다. 여기서 '클라우드컴퓨팅'(Cloud Computing)이란 「집적·공유된 정보통신기기, 정보통신설비, 소프트웨어 등 정보통신자원(이하 '정보통신자원'이라 한다)을 이용자의 요구나 수요 변화에 따라 정보통신망을 통하여 신축적으로 이용할 수 있도록 하는 정보처리체계를 말한다.」고 하고 있다.

동 법률 제27조에서는 「클라우드컴퓨팅서비스 제공자는 법원의 제출명령이나 법관이 발부한 영장에 의하지 아니하고는 이용자의 동의 없이 이용자 정보를 제3자에게 제공하거나 서비스 제공 목적 외의 용도로 이용할 수 없다. 클라우드컴퓨팅서비스 제공자로부터 이용자 정보를 제공받은 제3자도 또한 같다」고 하여 이용자 정보를 보호하고 있다.[80]

다만 이런 규정은 클라우드컴퓨터서비스제공자에 대한 직접적인 영장에 의해 압수하는 것이어서 원격지의 압수·수색과는 차이가 있다.

3) 외국의 입법례

2017. 6. 「유럽평의회사이버범죄방지협약」의 당사국 들은 클라우드 소재 전자증거의 확보, 사법공조의 증진, 관련 기업의 협력, 정보보호 조치를 내용으로 하는 선택의정서 초안을 작성하고 2019. 12. 성안을 예정하고 있다. 그 중 제2부가 선택의 정서는 특정범죄 수사에 필요한 데이터 확보를 위해 국경을 넘는 한계를 극복하기 위한 법적정비를 요구하고 있다.

2018. 4. 17. 유럽의회에는 '전자증거에 관한 역외접근에 관한 법률안'이 제출되었고, 동 법률안은 ISP에게 직접 정보를 요청할 수 있도록 하고, 데이터 보전명령도 가능하도록 하고 있다.

미국은 2018. 3. 23. CLOUD(Clarifying Lawful Overseas Use of Data) Act를 제정하여 미국기업들의 데이터가 해외에 있는 경우 법관의 영장이나 제출명령에 의해 데이터

---

80) 제출명령이나 영장집행에 비협조적인 경우 제재조항이 없고, 당사자에 통지조항, 유보조항, 통보누설제재 조항 등 입법적 개선이 요구된다.

를 수집할 수 있도록 입법적으로 해결하였다. 특히 '데이터 소재와 관계없이'라는 문구를 명문화하였다는 점에서 매우 의미가 크다. 나아가 행정협정을 체결한 나라들과는 호혜성의 원칙에 따라 미국 ISP에게 직접 데이터를 요구하고 있다.

일본은 형사소송법 제218조 제2항을 신설하여 압수물이 컴퓨터인 경우 일정한 기록매체의 데이터를 당해 컴퓨터 등 또는 다른 기록매체에 복사한 다음 당해 컴퓨터 또는 당해 다른 기록매체를 압수할 수 있도록 하였다.

여기서 '일정한 기록매체'라 함은 당해 컴퓨터에 전기통신망으로 연결되어 있는 기록매체로서, 당해 컴퓨터 등으로 작성 혹은 변경한 데이터 또는 당해 컴퓨터 등으로 변경 혹은 소거하는 것이 가능한 데이터를 보관하기 위하여 사용되고 있다고 인정하기 충분한 상황에 있는 것을 말한다. 즉 컴퓨터나 휴대폰을 압수할 때 그것으로 접속가능한 영역에 있는 일정한 데이터를 당해 휴대폰 등으로 다운로드한 다음 당해 휴대폰 등을 압수할 수 있다는 것이다.

형사소송법 제219조 제2항에서는 원격지 압수·수색 영장에는 '전자적 기록을 복사할 범위'를 필요적으로 기재하도록 하고 있다. 그 범위는 ① 압수할 컴퓨터 등의 사용자 계정에 의해 접속 가능한 기록영역, ② 압수할 컴퓨터 등에 인스톨되어 있는 메일에 기록되어 있는 계정에 의해 접근가능한 영역, ③ 압수할 컴퓨터 등에 인스톨되어 있는 어플리케이션에 기록되어 있는 계정에 의해 접속 가능한 기록영역이다.

결국 일본은 원격지 압수는 압수영장 집행 시 접속가능한 영역에 있는 정보를 다운로드 받을 수 있으나, 휴대폰 등을 압수한 후에는 그 휴대폰으로 통상 접속하는 서버 내의 데이터라도 당해 휴대폰으로 다운로드 받아 압수하는 것이 불가능하다.

따라서 일본의 수사기관에서는 압수한 컴퓨터를 분석하여 계정 접속이력을 확인하고, 동 계정 서버에 접속하여 데이터를 확보하기 위해 동 컴퓨터를 대상으로 검증영장을 발부받아 집행하였다. 이에 대해 변호인 측의 주장을 받아 들여 법원은 위법하다는 결정을 하였다.[81] 항소심 또한 1심판결을 인정하였고[82] 현재 상고 중이다.

---

81) 일본 요코하마지방재판소 2016. 3. 17. 제1심 판결 참조

82) 일본 동경고등재판소 2016. 12. 7. "본 건 검증은, 본 건 컴퓨터의 내용을 복제한 컴퓨터로부터 인터넷에 접속하여 메일서버에 접속하고, 메일의 열람, 보존한 것인데, 본건 검증영장에 근거하여 행할 수 없는 강제처분에 해당한다."

4) 우리나라 판례

이에 대해 명문의 규정을 두고 있지 않은 우리나라의 경우 수사실무는 단말기 소재지와 서버 소재지를 압수장소와 대상으로 하여 압수·수색을 하여 왔다. 그러나 중앙서버의 소재지를 알 수 없거나 그것이 해외에 보관되어 있는 경우에는 사실상 압수·수색할 수 없게 된다.

이러한 원격지 압수·수색에 대해 하급심 판결의 입장이 각기 나뉘어졌는데[83] 최근 대법원에서는 이를 인정하는 판결을 한 바 있다.

대법원은 「수사기관이 인터넷서비스이용자인 피의자를 상대로 피의자의 컴퓨터 등 정보처리장치 내에 저장되어 있는 이메일 등 전자정보를 압수·수색하는 것은 전자정보의 소유자 내지 소지자를 상대로 해당 전자정보를 압수·수색하는 대물적 강제처분으로 형사소송법의 해석상 허용된다」[84]고 전제한 다음 영장에 의한 원격지 압수·수색의 적법성을 인정하고 있다.

> **(원격지 압수·수색의 적법성)[85]**
>
> **| 판결요지 |**
>
> 피의자의 이메일 계정에 대한 접근권한에 갈음하여 발부받은 압수·수색영장에 따라 원격지의 저장매체에 적법하게 접속하여 내려받거나 현출된 전자정보를 대상으로 하여 범죄 혐의사실과 관련된 부분에 대하여 압수·수색하는 것은, 압수·수색영장의 집행을 원활하고 적정하게 행하기 위하여 필요한 최소한도의 범위 내에서 이루어지며 그 수단과 목적에 비추어 사회통념상 타당하다고 인정되는 대물적 강제처분 행위로서 허용되며, 형사소송법 제120조 제1항에서 정한 압수·수색영장의 집행에 필요한 처분에 해당한다. 그리고 이러한 법리는 원격지의 저장매체가 국외에 있는 경우라 하더라도 그 사정만으로 달리 볼 것은 아니다.

---

83) 서울고등법원 2017. 6. 13. 2017노23 판결(가칭 목자단 간첩사건)에서는 외국계 이메일 계정에 대한 수사기관의 압수·수색을 위법이라고 하고, 서울고등법원 2017. 7. 5. 2017노146 판결(가칭 PC 방 간첩사건)에서는 적법하다고 한 바 있다.

84) 대법원 2017. 11. 29. 선고 2017도9747 판결

85) 대법원 2017. 11. 29. 선고 2017도9747 판결

이 판결은, 그 동안 원격지에 있는 전자적 정보의 압수·수색에 대해 법관이 발부한 영장에 의해 가능하다는 점을 인정한 최초의 판결이고, 향후 빈번히 활용할 수 있는 수사기법이라는 점에서 고무적이다. 그러나 이러한 원격지 압수·수색을 법관의 영장에서 인정하는 것은 자칫 남용의 여지가 있다. 따라서 법적근거를 명확히 할 필요가 있다.

먼저 수사기관이 피의자의 이메일 계정에 대한 접근권한에 대해 이를 갈음하여 법관으로부터 발부받은 영장을 근거로 제시하고 있으나 과연 이메일에 대한 접속권한을 법률이 아닌 법관의 영장으로 갈음할 수 있는지는 여전히 의문이고 입법적인 개선이 요구된다.

둘째, 위 판결은 「형사소송법 제109조 제1항, 제114조 제1항에서 영장에 수색할 장소를 특정하도록 한 취지와 정보통신망으로 연결되어 있는 한 정보처리장치 또는 저장매체 간 이전, 복제가 용이한 전자정보의 특성 등에 비추어 보면, 수색장소에 있는 정보처리장치를 이용하여 정보통신망으로 연결된 원격지의 저장매체에 접속하는 것이 위와 같은 형사소송법의 규정에 위반하여 압수·수색영장에서 허용한 집행의 장소적 범위를 확대하는 것이라고 볼 수 없다」고 한다.

수색장소에 있는 정보처리장치를 이용하여 원격지 저장매체에 접속하는 것이 집행의 장소적 범위를 확대하는 것은 아니라는 점은 동의할 수 있으나 무진장 확대할 수는 없을 것이다. 압수·수색의 방법으로 사용하는 기록매체를 제한하거나 접속가능한 영역을 법률로 제한하는 것이 바람직하다.

셋째, 원격지 압수·수색이 가능하다면 법관의 영장이외 ISP에 대한 기록명령 후 제출제도를 명문화하고, 기록보존명령과 이에 대한 불이행시 제재규정을 마련하는 것이 상당하다.

넷째, 수집된 전자적 정보의 동일성과 무결성을 확보하기 위하여 당해 이메일 사용자의 참여권이나 포렌식 전문가의 입회를 허용하는 제도적 보장도 필요하다.

(8) Plain View 이론 적용 가능성

1) 문제제기

전자정보에 대한 압수·수색 영장을 적법하게 집행하는 과정에서 영장범죄사실과 전혀 관련성이 없음에도 다른 범죄의 증거임이 분명한 증거를 발견한 경우 수사관은 어떻게 하여야 하는가?

처음부터 의도한 별건수사가 아니라면 수사기관은 당연히 이를 인지하여 수사하여야 한다(제196조). 위 제3사건에서와 같이 배임이나 횡령혐의로 회사의 장부 등을 압수·수색한 이후 횡령한 돈의 사용처를 수사하다보면 리베이트나 공무원에 대한 뇌물사건으로 나아가는 것은 충분히 예견가능한 일이다. 수사는 살아서 움직이는 생물과 같은 것이어서 우연한 기회로 수사가 확대되는 경우가 많다. 이러한 특성을 지적하여 수사의 역동성이라고도 한다.

2) Plain View 이론의 전개

미국 판례(Coolidge v . New Hampshire)[86]상 인정해 오고 있는 플레인 뷰(Plain View)이론은 ① 대상물을 발견한 장소에 수사기관의 출입이 적법하고, ② 수사기관의 입장에서 다른 범죄의 증거임이 명백하고, ③ 당해 증거물의 발견이 우연한 경우에는 그 증거물을 영장 없이 압수할 수 있다는 원칙이다. 이러한 판례는 우연성의 요건에 대해 완화되는 모습으로 정착되어 가고 있다. 독일 형사소송법도 다른 범죄의 실행을 시사하는 물건을 발견한 때에는 임시 압수할 수 있다는 근거규정을 두고 있다(제108조 제1항). 이에 대해서는 전자적 증거의 특수성에 비추어 전통적인 플레인 뷰 이론은 수정되어야 한다는 지적도 있다.[87]

---

86) 403 U.S 433 U.S 443(1971)

87) Orio S Kerr, "Searches and Seizures in a DIGITAL WORD", Harvard Law Review, 2005

3) 대법원 판례의 입장

〈 Plain View 이론의 부정〉[88]

| 결정요지 |

위 종근당 사건에서도 이 점을 염두에 두고 별건 범죄의 증거를 적법하게 압수·수색을 할 수 있는 일응의 기준을 제시하고 있다. 즉 ① 수사기관으로서는 더 이상의 추가 탐색을 중단하고 법원으로부터 별도의 범죄혐의에 대한 압수·수색영장을 발부받은 다음, ② 당해 정보의 원래의 피압수자에게 형사소송법 제219조, 제121조, 제129조에 따라 참여권을 보장하고 압수한 전자정보 목록을 교부하는 등 피압수자의 이익을 보호하기 위한 적절한 조치를 요구하고 있다.

위 사안에서와 같이 매체를 1차 압수하여 검사실에 보관 중인 자료이므로 이와 같이 수사를 중단하고 다른 영장을 발부받아 압수할 수는 있다. 그러나 사건이나 일선 현장에서 압수·수색 중 다른 범죄의 증거임이 명백한 증거를 발견한 경우에는 어떻게 할 것인가? 이 경우 현장보전이 어렵다면 일단 영장 없이 압수를 허용한 다음 사후영장을 받을 수 있도록 하는 입법개선이 필요하다. 법률의 개정 전이라도 우연성의 요건 또한 완화해서 인정하는 취지의 판례 변경을 기대해본다.

4. 전문법칙(Hearsay Rule)과 전자적 증거

(1) 전자적 증거의 전문법칙 적용여부

기본적으로 전문증거는 진술을 대신하는 서류 또는 타인의 진술을 애용으로 하는 전문진술이다. 따라서 전자적 증거를 서류로 해석할 수 있는지 다툼이 있다. 판례는 서류로 보아 전문법칙을 적용하고 있다.

〈문자정보 또는 출력물은 증거서류〉[89]

| 판결요지 |

피고인 또는 피고인 아닌 사람이 컴퓨터용디스크 그 밖에 이와 비슷한 정보저장매체에 입력하여 기억된 문자정보 또는 그 출력물을 증거로 사용하는 경우, 이는 실질에 있어서 피고인 또는 피고인 아닌 사람이 작성한 진술서나 그 진술을 기재한 서류와 크게 다를 바 없고, 압수 후의 보관 및 출력과정에 조작의 가능성이 있으며, 기본적으로 반대신문의 기회가 보장되지 않는 점 등에 비추어 그 내용의 진실성에 관하여는 전문법칙이 적용(된다).

---

88) 위 2015도2625 전원합의체 판결

89) 대법원 2013. 2. 15. 선고 2010도3504 판결

판례와 같이 전자적 정보의 경우 실질에 있어서 서류와 크게 다르지 않는다는 점에서 증거서류로 보아 전문법칙을 적용할 수 있다는 점은 이해된다. 그러나 "압수 후의 보관 및 출력과정에 조작의 가능성이 있다."는 이유로 전문법칙을 적용하여야 한다는 것은 설득력이 부족하다. 이러한 보관이나 조작 여부는 진정성에 관한 것으로 이는 전문증거이든 물적 증거이든 모든 증거의 전제조건이 되는 것이기 때문이다.

개정 법률은 '피고인 또는 피고인이 아닌 자가 작성한 진술서나 그 진술을 기재한 서류로서 그 작성자 또는 진술자의 자필이거나 그 서명 또는 날인이 있는 것(피고인 또는 피고인 아닌 자가 작성하였거나 진술한 내용이 포함된 문자·사진·영상 등의 정보로서 컴퓨터용디스크, 그 밖에 이와 비슷한 정보저장매체에 저장된 것을 포함한다)'고 하여 전자저장매체에 저장된 전자적 정보가 제313조의 서류에 준해서 적용대상임을 분명히 하였다.

(2) 사적인 상황에서 작성한 진술서의 증거능력

1) 법적근거

형사소송법 제313조 제1항은 증거능력의 요건으로 "공판준비나 공판기일에서의 그 작성자 또는 진술자의 진술에 의하여 그 성립의 진정함이 증명된 때에는 증거로 할 수 있다. 단, 피고인의 진술을 기재한 서류는 공판준비 또는 공판기일에서의 그 작성자의 진술에 의하여 그 성립의 진정함이 증명되고 그 진술이 특히 신빙할 수 있는 상태 하에서 행하여 진 때에 한하여 피고인의 공판준비 또는 공판기일에서의 진술에 불구하고 증거로 할 수 있다."고 하고 있다.

2) 성립의 진정

가. 성립의 진정의 의미

종래 다수설은 제313조의 '성립의 진정'에 대해서는 작성자 또는 진술자가 "내가 작성한 것이 맞다."거나 녹음진술의 경우에는 "내가 말한 대로 녹음되어 있다."고 이해하였다.[90]

여기서 "내가 작성한 것이 맞다."는 취지의 진술은 "내가 작성한 것이고, 내가 작성한 그대로 변경되지 않고 기재되어 있다."는 의미로서 형사소송법 제312조 제2항, 제4항에서의 '진술한 내용과의 기재의 동일성'이라고 하는 정도로 이해 할 수 있다.

---

90) 형사소송법 제313조 제1항 본문과 단서조항과의 관계에서 피고인의 진술에 경우에는 '내용 인정'을 포함하는 개념

그러나 전자적 문서의 경우에는 종이문서와 달리[91] 작성자가 자기가 작성한 사실을 인정하면서도 기재사실이 다르다고 주장하는 것은 논리적인 모순에 불과하다.

왜냐 하면 전자적 증거는 매체와 독립된 정보(매체독립성)라는 특성을 가지고 있어서 동일한 내용이라면 다른 저장장치에 복사하더라도 동일한 가치를 가지기 때문이다. 물론 자신이 작성한 내용이 다르다고 주장할 수는 있지만 이 경우에는 자신이 작성한 것이 아니라는 주장으로 보아야 한다.

그렇다면 전자적 정보의 경우 제313조에서 말하는 '성립의 진정'은 "내가 작성한 것이 맞다."고 하는 형식적 성립의 진정을 의미하며,[92] "기재내용이 다르다."는 취지의 주장은 "수정·편집·왜곡되었다."는 취지의 진정성을 다투는 것에 불과하다고 판단된다. 이는 "내가 작성한 것이 아니다."는 취지의 주장에 불과하므로 결국 작성자를 누구로 특정할 것인가 라는 문제로 귀착될 것이다.

구 법률은 이러한 성립의 진정에 대해 원진술자가 법정에서 구두에 의한 방법만으로 인정하도록 하였으나 법률의 개정으로 원진술자의 진술이외 객관적인 방법에 의해 증명할 수 있도록 하였다.

나. 원진술자가 성립의 진정을 부인하는 경우

법정에서 원진술자로 추정되는 자가 전자상태의 진술서에 대해 '나는 모르는 문건'이라고 주장하면 어떤가?

이는 성립의 진정을 부인하는 것으로 종래 판례는 이런 경우 증거능력을 부정해 왔다. 개정 법률 제313조 제2항은, "진술서의 작성자가 공판준비나 공판기일에서 그 성립의 진정을 부인하는 경우에는 과학적 분석결과에 기초한 디지털포렌식 자료, 감정 등 객관적 방법으로 성립의 진정함이 증명되는 때에는 증거로 할 수 있다. 다만, 피고인 아닌 자가 작성한 진술서는 피고인 또는 변호인이 공판준비 또는 공판기일에 그 기재 내용에 관하여 작성자를 신문할 수 있었을 것을 요한다."고 하여 객관적인 방법에 의해 성립의 진정을 증명할 수 있는 길을 열어 두었다.

---

91) 종이문서는 원본을 복사하거나 수정하는 경우에는 이를 용이하게 식별할 수 있으나 전자문서는 다른 저장장치에 복사하더라도 내용이 동일하다면 동일한 가치를 가지므로 원본과 사본의 식별이 곤란하다.

92) 진술서의 경우에는 성립의 진정은 큰 의미가 없으며 형식적 진정성립이 곧 실질적 진정성립으로 연결된다는 지적도 이러한 점을 염두에 둔 것으로 보인다(양동철, '진술서, 진술녹취서의 증거능력' 경희법학 제48권 제1호,2013), 442면

나아가 동조 제3항 "감정의 경과와 결과를 기재한 서류도 제1항 및 제2항과 같다."고 하여 감정의 경과와 결과를 기재한 서류에도 디지털포렌식 자료에 의한 성립의 인정을 인정할 수 있도록 추가하였다.

다. 제1항 본문과 단서의 관계

제1항 본문은 원진술자가 직접 작성한 진술서와 타인의 진술을 받아 작성한 진술기재 서면을 모두 포함하고 있으나 단서는 진술기재서류만을 규정하고 있다. 즉, 피고인의 진술을 기재한 서류라고 하여 피고인의 진술기재서면임을 분명히 하고 있다. 그렇다면 제1항 본문과 단서의 관계는 어떤가?

제1항 단서의 기재 중 '그 진술에도 불구하고'의 의미를 '성립의 진정을 부인하는 경우'로 이해하는 것이 타당하고 판례 또한 같은 입장으로 평가된다.

> ### 〈피고인의 진술을 녹음한 녹음테이프의 증거능력〉[93]
>
> | 판결요지 |
>
> 피고인이 그 녹음테이프를 증거로 할 수 있음에 동의하지 않은 이상 그 녹음테이프 검증조서의 기재 중 피고인의 진술내용을 증거로 사용하기 위해서는 형사소송법 제313조 제1항 단서에 따라 공판준비 또는 공판기일에서 그 작성자인 피해자의 진술에 의하여 녹음테이프에 녹음된 피고인의 진술내용이 피고인이 진술한 대로 녹음된 것임이 증명되고 나아가 그 진술이 특히 신빙할 수 있는 상태 하에서 행하여진 것임이 인정되어야 한다.

따라서 원진술자가 성립의 진정을 부정하더라도 <u>피고인의 진술을 기재한 서면의 경우</u>에는 <u>제1항 단서에 따라</u> 작성자의 진술에 의해 성립의 진정과 특신상황이 인정되면 증거로 사용할 수 있다고 본다.

결국 형사소송법 제316조 제1항 조문과의 형평성이라는 측면에서도 단서조항을 완화요건으로 이해하고, <u>피고인의 진술기재 서류의 경우에는</u> 제1항 본문과 중첩 적용되는 것이 아니고 <u>단서만 적용된다고</u> 보고 있다.[94]

---

93) 대법원 2008. 3. 13. 선고 2007도10804 판결
94) 이와 반대되는 입장으로는, 조광훈, '전자정보의 증거능력을 둘러싼 쟁점별 검토와 해석론', 법학논문집, 2015. 218면; 손동권·신이철 「형사소송법(제2판)」, 세창출판사, 2014. 9, 619면; 배종대·이상돈·정승환·이주원 「형사소송법(제4판)」, 홍문사, 2012, 652면 등이 있다.

라. 제2항의 적용범위

신설된 제2항은 "제1항 본문에도 불구하고 진술서의 작성자가 공판준비나 공판기일에서 그 성립의 진정을 부인하는 경우에는 …"이라고 규정하여 문언 상 '진술서'가 그 적용대상임은 분명하다. 그러나 이 조문을 피고인의 진술을 기재한 진술기재서면에도 적용 또는 준용할 수 있을까?

진술기재서류에 대해서는 입법자가 간과한 것이고 이를 배제할 하등의 이유가 없다는 점에서 해석상 당연히 포함된다는 의견도 가능하지만 문언 상 기재대로 진술기재서류는 제외된다고 하는 것이 입법자의 의도이고 다른 규정과의 균형상 타당하다고 생각한다.

결국 문언상 제313조 제1항 단서조항은 피고인의 '진술기재서류'에만 적용되고, 제313조 제2항은 문언상 '진술서'라고 하여 '진술기재서류'는 제외하고 있음이 분명하다. 따라서 동조 제2항의 적용대상은 제1항 본문에 해당하는 서류 중 피고인의 진술서, 참고인의 진술서만 이라고 해석된다.

마. 객관적인 방법에 의한 증명방법

"내가 작성한 문건이 아니다."고 주장하는 경우 당해 문건의 작성자를 추정할 수 있는 자료는 무엇일까?

가장 기본적으로, 작성자의 장치에서 직접 MS Office, 한컴오피스 등 워드프로세서를 통해 문서파일을 생성한 경우에는 해당 파일의 메타데이터 및 문서 고유 메타데이터(문서정보)를 통해 작성자와 마지막 저장한 사용자를 비교하는 방법으로 작성자를 확인할 수 있을 것이다. 파일 메타데이터에는 접근 권한자, 접근 제어 및 사용 권한, 파일의 이름, 유형, 경로, 크기, MAC-Time 뿐만 아니라 장치 이름 및 장치 소유자 등의 정보가 자동적으로 기록되기 때문이다. 또한 시스템 로그와 문서 고유 메타데이터의 비교를 통해서도 작성자를 추정해 볼 수 있다. 따라서 이 두 가지의 접근방법을 통하여 보다 정확한 작성자를 특정할 수 있을 것이다.

둘째, 작성자의 장치를 이용하여 원격으로 외부장치에서 작성한 경우에는 원격접속 시스템의 로그와 외부장치에서 생성된 파일의 메타데이터를 단순 비교하는 방법으로는 작성자의 추정이 불가능하다. 원격접속 시간과 MAC-Time을 비교하여 작성 시점을 유추해볼 수 있으나, 이는 신뢰성의 결여로 참고사항 정도일 뿐이다. 다만, 첫 번째의 경우처럼, 외부장치에서 작성된 해당 파일의 메타데이터, 문서 고유 메타데이터 및 시스템 로그와 작성자 장치의 이름 및 소유자 정보 등을 비교하여 상관관계를 분석하는 방법으로 작성자를 추정해 볼 수는 있다. 또한 작성자의 장치에도 외부장치에서 생성한 동일 파일이 존재한다면 두 파일을 비교하여 작성자를 추정할 수 있을 것이다.

셋째, 외부장치에서 작성하여 외장하드 및 USB 메모리 등 휴대용 저장매체를 통해 작성자의 장치로 저장한 경우를 가정해 볼 수 있다. 이러한 경우에도 첫 번째의 방법으로 작성자를 추정할 수 있다. 또한, 외부장치 및 작성자 장치의 레지스트리 내 USB 메모리 사용 로그를 분석하여 파일 입출력 정보 등 작성자 특정을 위한 정보를 확보할 수 있을 것이다.

넷째, 외부장치에서 작성하여 인터넷을 통해 작성자의 장치로 저장한 경우에는 사용 프로그램의 다운로드 로그를 분석해야 한다. 먼저 이러한 경우에도 첫 번째의 방법으로 작성자 추정을 위한 접근을 시도해야 한다. 추가적으로 크롬, 파이어폭스 등 일부 인터넷 브라우저의 경우, 사용자 로그인이 되어 있다는 전제하에 해당 계정을 통해 저장한 파일 내역을 확인할 수 있다. 여기서 다운로드 테이블 스키마에 사용자 계정과 관련된 컬럼이 존재한다면 파일의 작성자를 추정 할 수 있을 것이다. 다만, 이러한 컬럼이 없는 경우에는 추정이 불가능하다는 난점이 있다.

다섯째, 제3자의 장치에 저장되어 있는 경우를 가정해 볼 수도 있다. 이러한 경우에도 첫 번째의 방법으로 작성자 추정을 고려할 수 있다. 또한 작성자의 장치에도 제3자의 장치에 저장된 동일 파일이 존재한다면 두 파일을 비교하여 작성자를 추정할 수 있을 것이다.

최근에는 저장매체(하드드라이브, USB등)의 물리적 훼손 및 손상 등으로 Antiforensics 활동을 하는 사례가 늘고 있다. 이러한 경우에는 파일의 난독화 및 암호화 등으로 작성자를 추정하기가 더욱더 어려워지고 있는 것이 현실이다.

이러한 작성자 입증방법에 필요한 객관적인 자료에 대해 기억매체나 유통경로별로 간단히 정리해 보면 다음 표와 같다.

〈 매체별 작성자 입증 방법 〉

구분	내용
Device	– 장치 이름 및 장치 소유자 – 접근 권한자(관리자, 그룹 또는 사용자)의 계정(ID, PWD) – 접근 제어 및 사용 권한(수정, 읽기 및 실행, 쓰기, 특정 권한 등) – 시스템 이벤트, 시스템 로그
File	– 파일 속성 또는 문서 정보(만든 날짜, 수정한 날짜, 액세스한 날짜) – 문서 내용(작성자 식별 특정 문구, 패턴, 서명) – 파일 접근(사용) 로그
사내 및 상용 E-mail	– 사용자 계정(ID, PWD) – 메일 설정(별명, 자동전달 주소, 외부 메일 연결, 주소록, 서명) – 메일 사용 내역(받은, 보낸, 임시, 지운, 예약 편지함) – 메일 송수신 및 참조 주소 – 메일 본문 내용(익숙한 표현, 상대방 인적 사항, 서명) – 메일 첨부 파일 – 메일 헤더 – 사용 로그(사용자 장치) – 시스템 로그(메일 서버 접근 이력)
사내 그룹웨어	– 사용자 계정(ID, PWD) – 사용 내역(파일 업로드&다운로드 이력, 메신저, 쪽지, 메일) – 사용 로그(사용자 장치) – 시스템 로그(그룹웨어 서버 접근 이력)
개인 및 상용 웹하드 (스토리지) 및 클라우드	– 사용자 계정(ID, PWD) – 사용 내역(파일 업로드&다운로드 이력) – 사용 로그(사용자 장치) – 시스템 로그(웹하드 및 클라우드 서버 접근 이력)
포털 및 SNS	– 사용자 계정(ID, PWD) – 사용 내역(파일 업로드&다운로드 이력) – 사용 로그(사용자 장치) – 시스템 로그(포털 및 SNS 서버 접근 이력)

최근 하급심 판례[95]는, "피고인들이 대북보고문 등의 문건에 대한 성립의 진정을 부인하더라도, 수사기관의 디지털포렌식 절차에 의해 분석된 디지털증거분석 보고서와 국립과학수사연구원의 감정결과를 통하여 그러한 문서 파일이 작성되어 존재한다는 사실 및 그 기재내용의 실제 진실성과 관계없이 간접사실에 대한 정황증거로서의 증거능력은 인정할 수 있다."고 하여 개정 형사소송법의 시행 이후 첫 적용 사례라고 할 수 있다.

향후 압수·수색영장 청구 시 이러한 객관적자료를 압수대상으로 명시하여 작성자를 추정하는데 필요한 객관적 자료의 수집에도 소홀히 해서는 안 된다.

이러한 객관적 자료 중에는 컴퓨터 포렌식 전문가의 증언도 포함되는가?

종래 수사기관 작성의 조서의 '성립의 진정'을 증명함에 있어서 영상 녹화물 등 객관적 자료에는 수사관의 증언은 포함되지 않는다는 것이 대법원의 기본 입장[96]이다. 물론 조서를 작성한 수사관과 포렌식 전문 조사관은 다를 수 있다. 그러나 포렌식 조사관의 증언을 특별히 제외한 입법경위[97]로 보나 「피고인을 피의자로 조사하였거나 조사에 참여하였던 자들의 증언은 오로지 증언자의 주관적 기억 능력에 의존할 수밖에 없어 객관성이 보장되어 있다고 보기 어렵다」는 위 판례의 취지를 종합해 보면 전문조사관의 주관적 진술 하나만으로 전자파일의 '성립의 진정'을 인정받기는 어려울 것 같다.

다만 시스템 자료 등을 직접 수집하거나 분석한 조사관이 이들 자료를 제시하면서 수집이나 분석과정을 설명하는 취지의 법정 증언은 감정 등의 개념에 포섭해서 해석할 수 있을 것이다.

결국 '객관적 자료'라 함은 작성자를 특정할 수 있는 포렌식 전문 시스템 자료, 시스템 이벤트, 파일생성 로그 등 위 표에서 언급한 자료 및 이를 수집하거나 분석한 감정 증언 등을 포함하는 개념으로 해석되며, 이러한 자료에 의해서도 작성자를 특정할 수 있도록 한 이상 서명/날인 없는 전자파일도 포함된다는 점은 분명해졌다. 형사소송법 상 이 점을 분명히 하는 취지의 입법적 보완이 필요하다.

---

95) 서울중앙지방법원 2016. 12. 23. 선고 2016고합675 판결

96) 대법원 2016. 2. 18. 선고 2015도16586 판결

97) "과학적 분석결과라는 것 자체가 이미 디지털포렌식 조사관이 행한 것들이기 때문에 그 조사관이 조사했던 내용 그대로이다." 라는 이유로 포렌식 조사관의 증언 능력을 인정하게 되면 "제3자에 의한 증언만으로 진정성립을 인정해 버리는 결과가 돼서 형사소송법 제313조를 완전히 무력화시키는, 근본 원칙을 무너뜨린다." 는 반박에 포렌식 조사관의 증언은 포함되지 않게 되었다. 「법제사법소위 제2차 회의록」, 제342회, 2016. 5. 16.

3) 동일성, 무결성

가. 동일성, 무결성의 의미

출력문건과 정보저장매체에 저장된 자료가 동일하고(동일성), 정보저장매체 원본이 문건 출력하여 법정에 제출할 때까지 변경되지 않았다(무결성)는 점을 말한다.

이러한 동일성, 무결성의 형사소송법적 지위는 어떤가? 이에 대해서 구체적인 언급은 없으나 필자는 진정성과 동일한 의미로 해석된다. 결국 동일성이라 함은 성립의 진정에 말하는 실질적 성립의 진정과는 다른 의미 이다.

(동일성, 무결성의 의미)[98]

| 판결요지 |

압수물인 컴퓨터용 디스크 그 밖에 이와 비슷한 정보저장매체에 입력하여 기억된 문자정보 또는 그 출력물을 증거로 사용하기 위해서는 정보저장매체 원본에 저장된 내용과 출력 문건의 동일성이 인정되어야 하고, 이를 위해서는 정보저장매체 원본이 압수 시부터 문건 출력 시까지 변경되지 않았다는 사정, 즉 무결성이 담보되어야 한다.

나. 동일성, 무결성의 입증방법

이러한 진정성의 요건은 소송법적 사실이기 때문에 법관의 자유로운 증명으로 족하다. 따라서 ① 당해 매체가 피고인으로부터 압수된 것인지 여부, ② 모든 매체의 해시(Hash) 값을 검증할 것인지, 비교적 용량이 작은 USB 메모리나 몇 개의 하드디스크를 샘플링하고 나머지는 조사관이나 입회인의 증언에 의할 것인지, ③ 원본을 가지고 쓰기 방지장치를 하여 검증할 것인지, 이미징을 작성하여 사본으로 검증할 것인지 여부 등은 법관이 자유로운 방식에 의해 판단할 수 있는 사항이다.

동일성, 무결성 입증 방법

	입증대상	입증방법
동일성	작성일시	해시 값, 촬영사진, 영상녹화물 재생, 입회인 진술 등
	문서파일 원본 존재	
	사본의 동일성 입증(해시 값)	
무결성	복제한 이후 변경 가능성 없음	

---

98) 대법원 2013. 7. 26. 선고 2013도2511 판결 등

| 판결요지 |

출력문건과 정보저장매체에 저장된 자료가 동일하고 정보저장매체 원본이 문건 출력시까지 변경되지 않았다는 점은, ① 피압수·수색 당사자가 정보저장매체 원본과 '하드카피' 또는 '이미징'한 매체의 해시(Hash) 값이 동일하다는 취지로 서명한 확인서면을 교부받아 법원에 제출하는 방법에 의하여 증명하는 것이 원칙이나, 그와 같은 방법에 의한 증명이 불가능하거나 현저히 곤란한 경우에는, ② 정보저장매체 원본에 대한 압수, 봉인, 봉인해제, '하드카피' 또는 '이미징' 등 일련의 절차에 참여한 수사관이나 전문가 등의 증언에 의해 정보저장매체 원본과 '하드카피' 또는 '이미징'한 매체 사이의 해시 값이 동일하다거나 정보저장매체 원본이 최초 압수 시부터 밀봉되어 증거 제출 시까지 전혀 변경되지 않았다는 등의 사정을 증명하는 방법 또는 ③ 법원이 그 원본에 저장된 자료와 증거로 제출된 출력 문건을 대조하는 방법 등으로도 그와 같은 무결성·동일성을 인정할 수 있다고 할 것이며, 반드시 ④ 압수·수색 과정을 촬영한 영상녹화물 재생 등의 방법으로만 증명하여야 한다고 볼 것은 아니다.

개정 형사소송법은 유비쿼터스 상황 하에서 과학수사기법의 발달로 작성자 또는 진술자가 구두에 의해 '성립의 진정'을 인정하지 않더라도 아이디와 비밀번호의 소유자, 로그기록, IP주소, 작성자만의 고유한 암호 사용 등을 통해 객관적인 방법으로 성립의 진정을 확인할 수 있다면 이를 최대한 증거로 현출해 법정에서 다투도록 하자는 데[100] 있다.

형사소송법 제313조 제1항의 개정과 제2항의 신설은 동 조항의 적용범위를 전자적 정보에 까지 확장하는 법적 근거를 제시하고, 디지털포렌식 자료와 감정의 결과 등 객관적인 방법에 의해서도 성립의 진정을 증명할 수 있도록 증명 방법을 확대하였다는 점 에서 높이 평가된다.

이러한 입법취지를 충분히 살리고 실체적 진실을 발견하기 위해서는 종전 판례의 취지, 학설 등을 감안하여 사적상황 하에서 피고인 또는 피고인 아닌 자의 진술서는 원진술자의 성립의 진정에 대한 부인하는 취지의 진술에도 불구하고 객관적인 자료에 의해 작성자로 특정이 되고, 진정성의 요소로서 원본과 '하드카피', '이미징'을 한 매체, 그로부터 출력물과의 동일성, 무결성이 담보된다면 일응 증거능력이 인정된다고 해석함이 상당하다.

---

99) 대법원 2013. 7. 26. 선고 2013도2511 판결

100) 남궁석, 「형사소송법일부개정안 검토보고서」, 법제사법위원회, 2015. 11, 6면; "디지털 증거, 증거능력 인정받기 쉬워진다." 법률신문, 2016. 5. 12.

향후 사적인 상황에서의 진술서면의 경우에도, 형사소송법 제312조 제2항, 제4항과 같은 예외조항을 신설하여, 포렌식 절차 등 객관적인 방법에 의하여 성립의 진정을 인정할 수 있도록 하거나 전문가자격증을 소지한 포렌식 조사관의 증언에 의해서도 이를 인정할 수 있도록 하는 법률의 개정을 기대해 본다.

4) 형사소송법 제315조의 적용가능성

사적인 상황 하에서 작성된 문건이라도 업무와 관련하여 작성하는 등 일정한 경우에는 당연히 증거능력이 인정될 수 있다. 즉, 형사소송법 제315조의 어느 각 호에 해당하는 문서는 당연히 증거능력이 인정된다. 그렇다면 사적 상황 하에서 작성한 진술서에 관해 형사소송법 제315조를 적용할 수 있을까?

동법 제315조는 당연히 증거능력이 인정되는 서류로서, 제1호 가족관계기록사항에 관한 증명서, 공정증서등본 기타 공무원 또는 외국공무원의 직무상 증명할 수 있는 사항에 관하여 작성한 문서, 제2호 상업 장부, 항해일지 기타 업무상 필요로 작성한 통상문서, 제3호 기타 특히 신용할 만한 정황에 의하여 작성된 문서를 열거하고 있다.

여기서 전자문서로 된 비즈니스 기록(Business Record)의 경우에는 위 제2호의 문서에 해당한다. 기업의 일상적인 사업 활동 과정에서 비즈니스와 관련된 어떤 사실을 기록하기 위해 준비되거나 이용되는 모든 회계 장부나 문서를 포함한다.

우리 대법원은 제2호 문서와 관련하여, 어떠한 문서가 형사소송법 제315조 제2호가 정하는 업무상 통상문서에 해당하는지를 구체적으로 판단함에 있어서는, 형사소송법 제315조 제2호 및 제3호의 입법 취지를 참작하여 당해 문서가 정규적·규칙적으로 이루어지는 업무활동으로부터 나온 것인지 여부, 당해 문서를 작성하는 것이 일상적인 업무 관행 또는 직무상 강제되는 것인지 여부, 당해 문서에 기재된 정보가 취득된 즉시 또는 그 직후에 이루어져 정확성이 보장될 수 있는 것인지 여부, 당해 문서의 기록이 비교적 기계적으로 행하여지는 것이어서 기록 과정에 기록자의 주관적 개입의 여지가 거의 없다고 볼 수 있는지 여부, 당해 문서가 공시성이 있는 등으로 사후적으로 내용의 정확성을 확인·검증할 기회가 있어 신용성이 담보되어 있는지 여부 등을 종합적으로 고려하여야 한다고 전제한 다음 이를 엄격히 제한하고 있다.[101]

---

101) 대법원 2015. 7. 16. 선고 2015도2625 전원합의체 판결

〈제2호 문건 긍정례 : 매춘부 성매매 기록의 증거능력〉[102]

| 판결요지 |

성매매업소에 고용된 여성들이 성매매를 업으로 하면서 영업에 참고하기 위하여 성매매 상대방의 아이디와 전화번호 및 성매매 방법 등을 메모지에 적어 두었다가 직접 메모리카드에 입력하거나 업주가 고용한 다른 여직원이 그 내용을 입력한 사안에서, 위 메모리 카드의 내용은 형사소송법 제315조 제2호의 '업무상 필요로 작성한 통상문서'로서 당연히 증거능력 있는 문서에 해당한다.

〈제3호 문건 : 구속적부심문조서의 증거능력〉[103]

| 판결요지 |

피의자의 진술 등을 기재한 구속적부심문조서는 형사소송법 제311조가 규정한 문서에는 해당하지 않는다고 할 것이나 특히 신용할 만한 정황에 의해 작성된 문서이어서 특별한 사정이 없는 한 형사소송법 제315조 제3호에 의해 당연히 증거능력이 인정된다.

〈제2호, 제3호 문건 부정례〉[104]

| 판결요지 |

그 작성자의 업무수행 과정에서 작성된 문서라고 하더라도, 위 두 파일에 포함되어 있는 업무 관련 내용이 실제로 업무수행 과정에서 어떻게 활용된 것인지를 알기도 어려울 뿐만 아니라 다른 심리전단 직원들의 이메일 계정에서는 위 두 파일과 같은 형태의 문서가 발견되지 않는다는 사정은 위 두 파일이 심리전단의 업무 활동을 위하여 관행적 또는 통상적으로 작성되는 문서가 아님을 보여 준다. 나아가 업무수행을 위하여 작성되었다는 위 두 파일에는 업무와 무관하게 작성자의 개인적 필요로 수집하여 기재해 놓은 것으로 보이는 여행·상품·건강·경제·영어 공부·취업 관련 다양한 정보, 격언, 직원들로 보이는 사람들의 경조사 일정 등 신변잡기의 정보도 포함되어 있으며 그 기재가 극히 일부에 불과하다고 볼 수도 없어, 위 두 파일이 업무를 위한 목적으로만 작성된 것이라고 보기도 어렵다.

---

102) 대법원 2007. 7. 26. 선고 2007도3219 판결
103) 대법원 2004. 1. 16. 선고 2003도5693 판결
104) 위 2015도2625 전원합의체 판결

사적인 상황 하에서 통상적인 업무의 일환으로 작성된 것이라면 형사소송법 제315조 제2호의 '업무상 필요로 작성한 통상서류'이거나, 제3호의 '기타 특히 신용할 만한 정황에 의하여 작성된 문서' 개념에 포섭하여 당연히 증거능력이 인정되는 것으로 볼 여지가 충분이 있다.

그럼에도 동 규정을 이와 같이 엄격히 해석하여 이를 배제하는 판례의 태도[105]는 합리적인 해석방법이라고 할 수 없다.

미국 연방 형사증거규칙 제803조(6)은 업무기록에 관하여 「정기적으로 행해진 업무활동의 과정에서 저장되었고 메모·보고·기록 또는 데이터 자료모음을 만드는 것이 그 업무활동의 정기적인 관례였다면 메모·보고·기록 또는 데이터 편집물에 대하여 그 형식을 불문하고 그에 관한 지식을 가지고 있는 자가 그 당시 또는 그에 근접한 시점에서 작성하고 또는 그 사람의 전달에 근거하여 작성된 것이며…기타 자격을 허용하는 법률에 따른 증인의 증언에 의해 입증된 모든 것은 전문법칙의 예외로서 증거로 허용될 수 있다」라고 규정하고 있다.

이러한 업무기록의 정의규정에 의한다면, 본 사건의 문서들을 업무상 작성된 기록이라고 하여 당연히 증거능력이 인정되는 것으로 볼 수 있다.

현재 판례의 동향은 현행 형사소송법 제313조를 엄격히 해석하여 작성자의 구두 진술에 의해서만 진술서의 증거능력을 인정해 오던 종래의 입장을 재확인하고 있다. 그러면서도 본 사건 파일에 대해 어떻게 업무에 활용되었는지 알 수 없다거나 개인적인 신변잡기의 내용기재도 있다는 이유만으로 제315조의 적용을 배제한 것은 부당하다.

---

105) 업무수행 과정에서 작성된 문서라고 하더라도 실제로 업무수행 과정에서 어떻게 활용된 것인지 알기 어렵다는 점 등을 이유로 업무를 위한 목적만으로 사용 되었다고 판단하기 어렵다(대법원 2015. 7. 16. 선고 2015도2625 전원합의체 판결).

5. 총 결

　대법원은 실질적인 공판중심주의와 직접주의를 강조하면서 수사기관 작성 조서에 대해 증거능력을 가능한 한 제한하고자 수사과정에서의 절차 위반을 엄하게 적용하고 있다.

　특히 컴퓨터의 압수·수색에 대하여는 형사소송법상 유일하게 압수·수색 방법에 관한 유일한 한 개의 조문만을 두고 있다. 전자적 정보에 관하여 원칙적으로 관련 부분만을 선별 압수하고, 현장에서 압수·수색이 현저히 곤란한 경우에 예외적으로 매체 자체를 압수할 수 있을 뿐이다. 따라서 현장조사관의 재량이 부족하고, 매체자체를 압수한 후 수사기관 사무실에서 분석하는 과정도 수색의 연장으로 해석하여 피압수자의 참여등 절차를 보장하도록 요구하고 있다.

　압수방법에 관한 현장조사관의 재량인정, 증거보전이나 제출명령 등에 관한 입법개선이 요구됨에도 법원과의 입장차이가 커 실현되지 못하고 있음이 심히 안타까울 따름이다.

　형사소송법 제313조의 개정으로 포렌식 분석결과의 중요성이 부각되고 있다. 작성자를 추정할 수 있는 단서를 찾아내고 이를 인정해 가는 취지의 판례의 축적을 기대해본다.

제4장 증명력에 관한 사항

1. 증명력의 의의

증거능력은 어떤 증거가 사실인정의 자료로서 허용되는가의 문제이고, 허용되는 증거의 유용성이 증명력이다. 즉 증명력이라 함은 증거능력이 있는 증거가 요증사실의 증명에 어느 정도 가치를 가지는가 하는 문제이다.

이러한 증명력은 법관의 자유판단에 의한다(형사소송법 제308조). 이와 같이 증거의 증명력을 적극적 또는 소극적으로 법정하지 아니하고 법관의 자유로운 판단에 맡기는 것을 자유심증주의라고 한다. 증거의 증명력을 법관의 자유판단에 의하고 법률적 제한을 받지 않는다는 것을 의미한다. 즉 어떤 증거가 있어야 사실이 증명되고, 어느 증거에 어떤 가치가 있는가에 관해 법관의 판단을 제약하는 것을 금지하는 것이다.

증거의 취사선택은 법관의 자유판단에 맡겨지며, 모순되는 증거가 있는 경우에 어느 증거를 믿는가도 법관의 자유에 속한다. 다만 합리적 재량이어야 하며, 논리칙이나 채증법칙에 위배해서는 안 된다.

2. 주요 판례동향

(1) 조서와 법정진술간의 증명력[106]

| 판결요지 |

[다수의견] 제1심 법정에서는 이를 번복하여 자금 조성 사실은 시인하면서도 피고인에게 정치자금으로 제공한 사실을 부인하고 자금의 사용처를 달리 진술한 사안에서, 공판중심주의와 실질적 직접심리주의 등 형사소송의 기본원칙상 검찰진술보다 법정진술에 더 무게를 두어야 한다는 점을 감안하더라도, 乙의 법정진술을 믿을 수 없는 사정 아래에서 乙이 법정에서 검찰진술을 번복하였다는 이유만으로 조성 자금을 피고인에게 정치자금으로 공여하였다는 검찰진술의 신빙성이 부정될 수는 없고, 진술 내용 자체의 합리성, 객관적 상당성, 전후의 일관성, 이해관계 유무 등과 함께 다른 객관적인 증거나 정황사실에 의하여 진술의 신빙성이 보강될 수 있는지, 반대로 공소사실과 배치되는 사정이 존재하는지 두루 살펴 판단할 때 자금 사용처에 관한 乙의 검찰진술의 신빙성이 인정되므로, 乙의 검찰진술 등을 종합하여 공소사실을 모두 유죄로 인정한 원심판단에 자유심증주의의 한계를 벗어나는 등의 잘못이 없다.

---

106) 대법원 2015. 8. 20. 선고 2013도11650 전원합의체 판결

[소수의견] 공판중심주의 원칙과 전문법칙의 취지에 비추어 보면, 피고인 아닌 사람이 공판기일에서 선서를 하고 증언하면서 수사기관에서 한 진술과 다른 진술을 하는 경우에, 공개된 법정에서 교호신문을 거치고 위증죄의 부담을 지면서 이루어진 자유로운 진술의 신빙성을 부정하고 수사기관에서 한 진술을 증거로 삼으려면 이를 뒷받침할 객관적인 자료가 있어야 한다. 이때 단순히 추상적인 신빙성의 판단에 그쳐서는 아니 되고, 진술이 달라진 데 관하여 그럴 만한 뚜렷한 사유가 나타나있지 않다면 위증죄의 부담을 지면서까지 한 법정에서의 자유로운 진술에 더 무게를 두어야 함이 원칙이다.

형사소송법 제307조 제1항, 제308조는 증거에 의하여 사실을 인정하되 증거의 증명력은 법관의 자유판단에 의하도록 규정하고 있다. 이는 법관이 증거능력 있는 증거 중 필요한 증거를 채택·사용하고 증거의 실질적인 가치를 평가하여 사실을 인정하는 것은 법관의 자유심증에 속한다는 것을 의미한다. 따라서 충분한 증명력이 있는 증거를 합리적인 근거 없이 배척하거나 반대로 객관적인 사실에 명백히 반하는 증거를 아무런 합리적인 근거 없이 채택·사용하는 등[107]으로 논리와 경험의 법칙에 어긋나는 것이 아닌 이상, 법관은 자유심증으로 증거를 채택하여 사실을 인정할 수 있다.

단순히 공판정에서 한 진술이 수사기관에서의 진술보다 더 신빙성이 있다기보다는 진술 내용이 그 자체 논리적 모순이나 합리성 유무, 객관적 사실과 부합여부, 진술 전후의 일관성 여부, 공소사실에 점차 부합하는지 여부와 이해관계 유무 등 진술의 왜곡가능성 등을 종합적으로 판단하여야 한다는 점에서 [다수의견]이 타당하다.

최근 공판중심주의가 강조되면서 1심의 공판정에서의 조사결과에 대해 항소심에서 쉽게 뒤집을 수 없다는 것이 판례의 입장이다.

포렌식 조사관의 경우에도 보고서의 기재내용 보다는 반대 심문을 거친 법정에서의 진술을 더 신빙할 수 있을 것이므로 수사기관에 조사보고서를 작성 제출할 때 추후 법정 증언에 대비해서 요건에 맞게 자세히 기재할 것이 요망된다.

---

107) 낮 시간대 다수의 사람들이 통행하는 공개된 장소에서 어린 피해자에 대한 추행 행위가 이루어질 것으로 예상하기 곤란한 상황에서 강제 추행이 있었는지를 판단하는 데 피해자의 진술 또는 피해자와 밀접한 관계에 있는 자의 진술이 유일한 증거인 경우, 그 이 합리적인 의심을 할 여지가 없어 무죄주장을 배척하기에 충분히 신빙성이 있어야 한다(대법원 2017. 10. 31. 선고 2016도21231 판결).

(2) 과학증거와 증명력

| 판결요지 |

① 유전자 감식과 같은 확실성이 높은 과학적 경험칙을 합리적 근거 없이 배척하는 것은 자유심
증주의의 한계를 벗어나는 것이다.[108] ② 형사사건에서 상해진단서는 피해자의 진술과 함께 피
고인의 범죄사실을 증명하는 유력한증거가 될 수 있다. 그러나 상해 사실의 존재 및 인과관계 역
시 합리적인 의심이 없는 정도의 증명에 이르러야 인정할 수 있으므로… 피해자가 상해 사건 이
후 진료를 받은 시점, 진료를 받게 된 동기와 경위, 그 이후의 진료 경과 등을 면밀히 살펴 논리와
경험법칙에 따라 증명력을 판단하여야 한다.[109]

이러한 논리칙이나 경험법칙을 실무에서는 채증법칙이라고 표현하며 채증법칙은 자
유심증주의의 한계로서 법령과 같은 효력을 가지므로 채증법칙 위반은 법률심인 상고심
의 판단대상이 된다.

---

108) 대법원 2007. 5. 10. 선고 2007도1950 판결
109) 대법원 2016. 11. 25. 선고 2016도15018 판결

제5장 증거조사 절차

1. 증거조사신청

현행 형사소송법은 당사자주의를 채택하고 있어서 기본적으로 증거조사 신청은 당사자가 주도권을 가지고 있다. 다만 법원은 직권에 의해 피고인 측의 열악한 지위를 보충하고 있다. 검사, 피고인 또는 변호인은 특별한 사정이 없는 한 필요한 증거를 일괄하여 신청하여야 한다(규칙 제132조). 검사, 피고인 또는 변호인이 증거신청을 함에 있어서는 그 증거와 증명하고자 하는 사실과의 관계를 구체적으로 명시하여야 한다(규칙 제132조의2 제1항). 피고인의 자백을 보강하는 증거나 정상에 관한 증거는 보강증거 또는 정상에 관한 증거라는 취지를 특히 명시하여 그 조사를 신청하여야 한다(동 제2항).

〈내용부인으로 증거능력이 없는 사경작성의 피신조서를 탄핵증거로 사용할 수 있는지〉[110]

| 판결요지 |

피고인이 내용을 부인하여 증거능력이 없는 사법경찰리 작성의 피의자신문조서에 대하여 비록 당초 증거제출 당시 탄핵증거라는 입증취지를 명시하지 아니하였지만 피고인의 법정진술에 대한 탄핵증거로서의 증거조사절차가 대부분 이루어졌다고 볼 수 있는 점 등의 사정이 있다면 피의자신문조서를 피고인의 법정 진술에 대한 탄핵증거로 사용할 수 있다.

서류나 물건의 일부에 대한 증거신청을 함에 있어서는 증거로 할 부분을 특정하여 명시하여야 한다(동 제3항). 이를 증거분리제출제도라고 한다. 특히 형사소송법 제311조부터 제315조까지 또는 제318조에 따라 증거로 할 수 있는 서류나 물건이 수사기록의 일부인 때에는 검사는 이를 특정하여 개별적으로 제출함으로써 그 조사를 신청하여야 한다.

법원은 서류 또는 물건이 증거로 제출된 경우에 제출한 자로 하여금 그 서류 또는 물건을 상대방에게 제시하게 하여 그 상대방으로 하여금 그 서류 또는 물건의 증거능력유무에 관한 의견을 진술하게 하여야 한다(규칙 제134 제2항). 흔히 의견란에 동의여부, 진정성립의 인정여부, 임의성 인정여부 등을 기재할 것이다. 성립의 진정은 명시적인 의사표시를 필요로 하기 때문이다.

---

110) 대법원 2005. 8. 19. 선고 2005도2617 판결

〈입증취지의 부인의 의미〉[111]

| 판결요지 |

의견란 기재내용 중에 '입증취지부인'이라고 기재한 것만으로 '성립의 진정을 인정하고 증명력
만을 다투는 취지'라고 쉽게 판단해서는 안 된다.

증거조사가 완료되기 전까지 철회나 취소는 가능하다는 것이 판례의 입장이다. 다만
증거조사가 완료된 이후라도 피고인의 귀책사유가 없이 중대한 하자에 의한 의사표시라
고 인정된다면 취소할 수 있고 이러한 경우, 전에 인정된 증거능력은 배제한다는 취지의
결정을 하여야 한다(규칙 제139조 제4항).

임의성에 대한 주장은 소송법상 중대한 의미를 가지므로 증거조사가 완료된 이후에도
가능하다고 하고 임의성의 존재에 대해서는 검사가 입증하여야한다는 것이 판례[112]의 입
장이다.

검사가 영상 녹화물을 조사신청 한 경우에는 그 영상 녹화물이 적법한 절차와 방식에
따라 작성되어 봉인된 것인지 여부에 관한 의견을 진술하게 하여야 한다(동 제134조의4
제1항).

2. 증거조사 순서와 방법

증거조사의 순서는 우선 채택 결정된 검사 신청의 증거를 조사하고, 다음에 피고인 및
변호인이 신청한 증거 중 채택결정이 있었던 것을 조사하는 것을 원칙으로 한다(제291
조의2 제1항). 다만 직권 또는 검사, 피고인·변호인의 신청에 따라 사안의 내용, 심리경
과 등에 비추어 수시로 필요한 증거를 먼저 조사할 수 있다(동 제3항).

증거내용면에서 보면, 우선 범죄사실에 관한 직접적이거나 객관적인 증거부터 시작하
여 순차적으로 간접적이거나 주관적인 것으로 이행하여 최후에 정상에 관한 증거에 이
르는 것이 보통이다. 사실상 소송절차 이분론을 염두에 둔 것으로, 피고인신문을 증거조
사가 완료된 이후에 하도록 한 취지와 같다(규칙 제135조).

---

111) 대법원 2013. 3. 14. 선고 2011도8325 판결
112) 대법원 2008. 7. 10. 선고 2007도7760 판결

증거서류나 증거물은 증거를 제출한 자가 법정에서 증거서류를 개별적으로 지시·설명하고, 증거서류를 조사하는 때에는 신청인이 이를 낭독하고(제292조 제1항), 증거물을 조사하는 때에는 신청인이 이를 제시하여야 한다(제292조의2 제1항) (「일괄신청, 개별제시」)를 원칙으로 한다.

| 판결요지 |

검사가 피고인들의 체포 장면이 녹화된 동영상 CD를 별도의 증거로 제출하지 않고 내용을 간략이 요약한 수사보고서에 CD를 첨부하여 서증조사 한 것만으로는 CD의 증거능력을 인정할 수 없다.[113]

수사보고서, 검증조서 등에 첨부된 사진이나 동영상 등은 수사보고서나 검증조서와 별개로 증거 조사하여야 한다(구별설).

컴퓨터용 디스크 등에 기억된 문자정보 등에 대한 증거조사는, 읽을 수 있도록 출력하여 인증한 등본을 낼 수 있고(제134조의7), 음성·영상자료 등에 대한 증거조사는, 녹음·녹화매체 등을 재생하여 청취 또는 시청하는 방법으로 한다(제134조의8).

도면, 사진, 녹음테이프, 비디오테이프와 같은 아날로그 매체와 컴퓨터용 디스크, Digital Video, MP3 등 디지털매체에 대한 증거조사방식은 다를 수밖에 없다. 아날로그 매체는, 연속으로 변화하는 양을 그대로 표현하는 방식으로 저장되므로 전달 내용자체는 변화가 없지만 원본과는 미세한 차이가 존재한다. 반면 디지털 매체는 기본적으로 전자기기와 상관없이 동일한 값이면 동일한 가치를 지닌 정보로 저장된다.

따라서 디지털 저장매체인 경우에는 미국법과 같이 복사본을 원본으로 하거나 이에 대한 증거조사로 원본증거조사를 대체할 수 있도록 하는 명확한 규정이 필요한 시점이다. 물론 사본의 경우에는 원본과의 동일성을 포함하는 진정성 입증이 선행되어야 함은 물론이다.

---

113) 대법원 2011. 10. 13. 선고 2009도13846 판결

〈전자적 증거의 증거능력과 증명력 테스트〉

1) 적법한 절차와 방식에 따라 수집된 증거인가?
– 포렌식 자격이나 능력을 갖춘 조사관에 의해 수집한 것이다.
– 포렌식 절차 매뉴얼에 따른 적법한 절차를 수행하였다.
– 영장에 의한 적법한 절차와 범위, 방식에 의해 이루어졌다. 영장주의 예외의 경우에
  도 사후영장 등의 요건 등을 갖추고 있다.

2) 수집된 증거의 진정성은 확보되었는가?
– 원본과 동일한가
– 진정성은 인정되는가
– 운송·보관·분석 과정에서 무결한가[114]

3) 전자적 증거가 전문증거인가?
– 기록은 전문법칙의 적용을 받는 서류에 준하는가
• 전문법칙이 형사소송법상(제310조의2) 처음 도입 당시인 1961년경만 하더라도 진
  술을 기록하는 매체로는 주로 서류만이 문제되었다.
• 그래서 형사소송법은 전문증거를 서류와 진술만의 형태로 규정하였으나 과학기술
  의 발달과 경제적 성장으로 인하여 서류 이외에 다양한 기록매체 즉, 녹음테이프, 파
  일형태로 저장되는 컴퓨터 저장매체, 영상녹화물 등이 대두되었다.
• 이를 서류로 보아 전문법칙의 적용할 수 있을 것인가 하는 문제가 제기되었다. 판례
  나 실무는 이러한 새로운 매체를 서류에 준하여 증거능력을 판단하는 전문법칙적용
  설[115]을 취하고 있다.

– 기록내용은 사람의 진술인가
• 사람의 진술이 아닌 자동적으로 생성되는 헤더정보나 접속내역 등은 전문증거가 아
  니다.

– 경험사실에 관한 것인가
• 단순한 의사표시인 경우에는 전문증거가 아니다.

---

114) 대법원 2012. 11. 29. 선고 2010도3029 판결
115) 대법원 1999. 9. 3. 선고 99도2317 판결

- 그 진술내용이 진실임을 입증하기 위해 제출되는 것인가
- 그러한 진술이 있었는지 그 진술의 존재자체를 입증하기 위한 것이거나 진술당시의 진술인의 상황등을 입증하기 위한 경우에는 전문증거가 아니다.

4) 사적 상황에서 작성된 문서의 경우 형사소송법상 제313조의 요건은 충족되는가?

- 사적인 상태에서 작성된 컴퓨터 파일의 경우 : 형사소송법 제313조 적용
- 종래 법정에서 원진술자의 구술에 의해 성립의 진정을 인정한 경우에 한해 컴퓨터파일의 증거능력을 인정할 수 있었으나, 디지털포렌식 분석자료, 감정 등 객관적인 방법에 의해 인정 가능(동조 제2항)

- 따라서 컴퓨터 파일의 작성자라고 강력히 추정되는 피고인이 법정에서 구술로 '자신은 모르는 문건'이라고 변명하면 포렌식 분석자료를 토대로 포렌식 조사관의 법정 증언을 통해 증거능력이 인정될 수 있다.
- 컴퓨터가 생성한 접속로그 내역 등은 위에서 본 바와 같이 전문증거가 아니므로 진정성만 입증되면 증거로 사용할 수 있다.

- 당사자가 증거사용에 동의하였는가?
- 당사자가 동의하면 증거능력이 있다(제318조).

5) 형사소송법 제315조의 예외적인 서류는 아닌가?

- 공무원의 직무상 증명할 수 있는 사항에 관하여 작성한 문서인가.
- 상업장부, 항해일지 기타 업무상 필요로 작성한 통상문서인가.
- 기타 특히 신용할 만한 정황에 의하여 작성된 문서인가.

6) 증명력은 어느 정도인가?

- 기재내용이 경험법칙과 논리법칙에 합치하는가.
- 객관적인 사실과 일치하는가.
- 기재내용의 작성시기, 일관성은 유지되는가.
- 진술의 현장감, 비밀폭로 등 정황은 신빙성이 있는가.

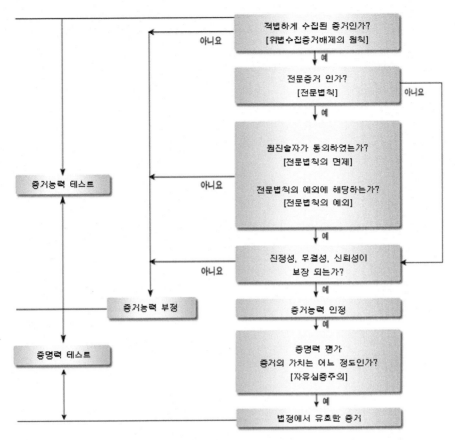

[그림 1] 증거능력 테스트

제6장 전문조사관의 증언능력과 증언 예시

1. 전문조사관의 의의와 필요성

컴퓨터 전문조사관은 컴퓨터에 관한 자료의 수집과 복구, 증거분석의 전문가로서 일반 수사관과는 구분되어 운영되고 있다. 특정 분야에 대한 고도의 전문지식을 가지고 수사현장에서 투입되어 초동수사에서부터 법정의 증언에 이르기까지 관여하는 자를 일응 전문조사관이라고 할 수 있다.

전문적인 지식을 가지고 있으면서도 수사절차에도 정통한 전문조사관이 증거수집활동을 한다면 수집과정에서의 절차적인 위법은 물론 기술적인 오류까지도 시정하면서도 결정적인 단서를 찾아내는 일석삼조의 효과를 거둘 수도 있다.

그런 차원에서 전문조사관제도의 활용은 무리한 자백이나 수사관의 직감에 의존하던 사실인정으로부터 물증을 중시하는 분석적 객관적인 사실인정으로의 전환을 의미한다.

이러한 전문조사관은 감정인이나 외부 전문가와 달리 직접 일선 수사현장에서 조사하고 끊임없이 수사관과 일정한 범위에서 대화를 나누고 있으므로 전문조사관이 만들어 낸 수사결과물이나 법정증언에 대해서는 중립성 시비가 끊이지 않고 있다. 전문가이면서 동시에 수사관이라는 특성 때문에 다음과 같은 문제점이 제기될 수 있다.

① 현장에서 수집하였다는 증거가 조작된 것이 아닌지 여부를 둘러싼 공정성 시비가 상존하고 있다. ② 나아가 전문조사관은, 초동수사부터 조사에 이르러 각종 절차에 참여하면서 접하게 되는 수사 자료로부터 예단이나 부당한 영향을 받지 않을 수 없다는 점에서 증언의 신빙성을 문제 삼기도 한다. 이것이 증명력의 문제이다. 이러한 증거수집 상의 공정성 시비와 증언의 신빙성을 확보하기 위한 방안은 무엇일까?

이하에서는 전문조사관의 증언적격과 증명력에 관하여 논하고, 구체적인 증언방식에 대해서 설명하기로 한다.

2. 전문조사관 작성의 분석보고서의 증거능력

(1) 분석보고서의 법적 성격

전문수사관이 자신이 압수·수색하는 과정, 증거수집에 사용한 도구, 분석 결과 등에 대하여 작성한 보고서는 일종의 내부 보고서이지만 전문적인 능력을 가지고 있는 전문가의 검증과 같은 이중적인 성격을 가진다. 검사의 지시에 의해 작성한 것이지만 일정한 절차와 형식을 갖추어 작성된 것이므로 단순히 내부보고서라고 하여 증거능력이 없다고 할 것만은 아니다.

전문가로서 자신이 오감을 통해 압수·수색한 파일의 상태와 분석결과를 기재한 것이 므로 검증조서와 같은 성질도 병행하고 있다고 할 수 있다.

(2) 증거능력의 요건

분석결과에 대한 전문적인 의견이라면 수사기관 작성의 검증조서의 성격을 가진다. 따라서 형사소송법 제312조 제6항에 의해 적법한 절차와 방식에 따라 작성된 것으로서 공판준비 또는 공판기일에서의 작성자의 진술에 따라 그 성립의 진정함이 증명된 때에는 증거로 할 수 있다고 본다.

(3) 전문조사관의 증인적격

전문조사관이 자신이 작성한 보고서가 증거로 제출되면, 증거제출자[116]인 검찰에서 보고서의 증거능력을 입증하여야 한다. 증거능력의 전제로서 전문조사관은 증인적격이 문제된다. 자신이 담당하는 사건이나 이해관계가 있는 법관이나 통역인 등은 법에서 증인적격을 부정하고 있고(제146조, 제17조, 제25조), 피고인은 묵비권이 있으므로 증인적격이 부정되고, 공동피고인 또한 같다.[117] 변호인도 일정한 경우 증언거부권이 있다(제149조).

반면 검사나 수사관에 대해서는 증인적격을 부정하는 명문의 규정이 없다. 따라서 전문조사관도 증인으로서 자신이 작성한 보고서에 대해 성립의 진정을 인정할 수 있다.

---

116) 민사이든, 형사이든 증거의 증거능력에 필요한 요건의 충족에 관해서는 제출인 측에서 입증하여야 한다.

117) 대법원 2008. 6. 26. 선고 2008도3300 판결

(4) 조사관의 증언능력

전문조사관은 증언능력은, 증인적격의 문제라기보다는 자신이 압수·수색에 사용한도구나 그것을 사용하여 얻은 결과물에 대한 전문적인 증언을 할 능력은 어느 정도 갖추어야 하는가가 문제된다. 이것이 증언능력의 문제이다.

미국에서는 법관이 특정 분야의 증거나 사실관계를 이해함에 있어서 과학적, 기술적 또는 기타 전문지식의 조력을 받기 위해 전문가를 증인으로 소환하는 경우, 당해 전문가가 증인으로서 자격을 갖추기 위해서는, 그에 관련된 주제에 대한 '지식, 기술, 경험, 훈련, 아니면 교육'을 갖추고 있음을 입증하면 충분하다고 한다. 연방증거법 제702조가 이를 규정하고 있고 이 규정에 근거하여 훈련 받은 컴퓨터 포렌식 전문조사관들이 자격을 갖춘 전문가로서 미국의 법정에서 증언하고 있다.

〈전문조사관의 증언능력의 요건〉[118]

| 사건개요 |

피고인이 Paul Taylor에 대한 전문가의 증언을 막으려고 예비적으로 재정신청을 하였다. 컴퓨터 포렌식 분야에서 5년 동안 일해 온 테일러는 아홉 개의 하드 드라이브를 분석하였으며 피고인이 삭제한 특정파일을 복구하여 동 파일에 기록된 내용을 전문가 보고서에 상세히 기재하였다. 원고는 복구된 문서를 증거로서 인정하고, 증거문서의 불법 파기에 관한 고의적인 범행을 저질렀다는 사실을 배심원 설시(jury instruction)에 포함시킬 수 있도록 허용해줄 것을 요구하면서 테일러를 증인으로 신청하였다.[119] 한편, 피고인은 「테일러 조사관은, 컴퓨터 전문가로서 증언할 자격이 없다. 왜냐하면 ① 그는 컴퓨터과학 학위를 가지고 있지 않았다. ② 그는 다른 컴퓨터 언어를 유창하게 구사하지 못한다. ③ 그는 컴퓨터 프로그래머가 아니다. ④ 그는 컴퓨터과학 증명서를 가지고 있지 않았다. ⑤ 그는 마이크로소프트 증명서를 받기 위한 특별한 교육이나 훈련을 받지 못하였다」등의 주장을 하였다.

| 판결요지 |

이에 대해 법원은 「조사관의 지식, 기술, 일정한 보고서 작성 경험과 훈련, 그리고 직무 교육 등을 근거로 그는 전문가 증인으로서 자격이 충분하다」고 판결하였다. 결론적으로 컴퓨터 포렌식 분야는 컴퓨터 프로그래밍이나 또는 코드를 읽고 쓰는 전문적인 지식을 요구하지 않고 있다. 위 조사관과 같이 일정한 기간 즉, 컴퓨터 포렌식 분야에서 5년 동안 일해 왔고, 그 기간 동안 그의 조사결과물을 근거로 전문가 보고서를 작성하고, 이를 증언한 것이라면 전문가 증인으로서 인정할 수 있다는 것이다.

---

118) Galaxy Computer Services, Inc. v. Baker, 325 B.R.544 (E.D.Va.2005).

119) Id. at 562

한편 우리 판례는 전문조사관의 증언능력에 관하여 구체적인 기준을 제시하고 있지는 않지만 전문조사관의 증언능력을 인정하고 있다. 즉, 검증조서 등 서면의 증거에 대하여 독립적인 증거로서의 가치[120]는 물론 전문조사관의 사용도구와 엔케이스 프로그램 등에 관한 전문적인 증언능력과 증언에 대한 독립한 증거로서의 가치를 인정하였다는 점에 의의가 있다. 대법원 판례[121] 또한 이를 시인하고 있다.

〈검증과정에서 전문조사관의 증언능력〉[122]

| 판결요지 |

속칭 '일심회 국가보안법위반' 사건에서 변호인 측은,「법원의 검증절차에 참여하여 이를 주도적으로 진행한 증인 정○무의 전자적 정보 분석능력과 그 증언은 신뢰할 수 없으므로, 위 문건들은 독립적인 증거로 사용할 수 없다」고 주장하였다.

이에 대해 서울중앙지방법원은 「이 법원의 검증조서, 증인 정○무의 증언 및 기타 이사건 변론에 나타난 제반 사정을 종합하면, …피고인들 및 검사, 변호인들이 모두 참여한 가운데 이 법원의 전자법정시설 및 EnCase프로그램을 이용하여 법원의 검증절차가 이루어졌는바, 검증 당시 규격에 적합한 컴퓨터와 EnCase프로그램을 이용하여 적절한 방법으로 검증절차가 진행되었으므로, 컴퓨터의 기계적 정확성, 프로그램의 신뢰성, 입력, 처리, 출력의 각 단계에서의 컴퓨터 처리과정의 정확성, 조작자의 전문적 기술능력 등의 요건이 구비되었다고 보이고, 달리 그 요건의 흠결을 의심하거나 신뢰성을 배척할 만한 사정은 보이지 아니하며, 위와 같은 검증절차를 거쳐, 디지털 저장매체 원본을 이미징한 파일에 수록된 컴퓨터파일의 내용이 압수물인 디지털 저장매체로부터 수사기관이 출력하여 제출한 문건들에 기재된 것과 동일하다는 점이 확인되었으므로, 앞서 본 '증거의 요지'란에 거시된 문건들은 증거능력이 적법하게 부여되었다고 할 것이어서 변호인들의 이 부분 주장은 이유 없다」고 하였다.

- -

---

120) 여기서는 법관작성의 검증조서이외 전문조사관 작성의 분석보고서 그 자체에 대한 증거능력에 대해서는 언급이 없다.

121) 대법원 2007. 12. 13. 선고 2007도7257[공2008상,80] 판결

122) 서울중앙지방법원 2007. 4. 16. 선고 2006고합1365 판결 등

(5) 증언능력의 입증방법

전문조사관이 도구나 분석보고서의 내용을 증언할 능력이 있는지 여부는 소송법적 사실에 관한 증명이므로 엄격한 증명이 아닌 자유로운 증명의 대상이 된다. [123]

전문조사관은 보고서의 내용에 대해 증언을 함에 앞서 자신의 증언능력에 관해 입증을 하여야 한다.

자신의 증거수집과 분석에 관한 경험과 일정기간의 교육과정의 수료를 입증하기 위해 여러 가지 자료를 제출할 수 있고, 그에 관한 조사방법은 법관이 자유롭게 결정할 수 있다. 재직증명서를 제출하거나 그동안 분석한 자료의 내역, 교육수료증 등을 제출할 수 있다. 공인된 자격이 있으면 그 자격의 사본을 제출하면 된다. 특히 우리나라의 경우에는 현재 (사)한국포렌식협회에서 디지털포렌식 전문가시험을 실시하고 있고, 동 자격시험은 국가공인을 받은 상태이다. [124] 앞으로 이러한 자격을 취득한 조사관이라면 동 자격증 사본을 제시하면 증언능력을 객관적으로 입증하는데 도움이 될 것이다.

3. 전문조사관 증언의 증명력

(1) 증언의 증명력

전문가의 증언은 위와 같이 주요사실을 인정하는 직접증거라기보다는 자백의 신용성을 높이는 보조증거이거나 주요사실을 추인케 하는 간접사실을 증명하는 정황증거에 불과한 경우가 많다.

한편 전문조사관의 경우에는 처음부터 수사과정에 개입하면서 증거능력의 유무를 불문하고 수사과정에서 얻게 되는 정보와 자료들을 접하게 된다. 따라서 수사과정에서 획득한 다른 수사자료와의 상호관계를 무시할 수 없고, 그런 점에서 조사관의 증언의 신빙성은 크게 떨어진다고 하여야 한다.

특히 전문조사관이 수사기록 일체를 접하게 되면 ① 수사기록으로부터 영향을 받게 되어 부당한 예단을 갖게 될 수 있고, ② 반대로 피의자나 중요 참고인에게 영향을 주는 경우가 있을 수 있다.

---

123) 자백의 임의성에 관한 증명도 소송법적 사실에 관한 증명으로 '자유로운 증명'으로 족하다(대법원 2003. 5. 30, 선고 2003도705 판결).

124) http://www.forensickorea.org/

(2) 증명력을 강화하기 위한 방법

따라서 전문조사관의 증언의 신용성, 공정성을 높이기 위해서는 ① 일단 당해사건의 수사관과의 연락을 최소화하고, 특별한 예외적인 경우가 아닌 한 기록의 열람을 금지하는 것이 상당하다. 영장범죄사실이 무엇인지, 특히 압수·수색의 대상이 무엇인지를 확인하는 정도의 의사소통으로 한정되어야 한다. ② 나아가 자신이 압수·수색에 참여하고, 분석한 경우에 대한 자세한 기록과 보고서 작성에 참고한 자료가 무엇이었는지를 보고서에 자세히 기재하게 하고, 사전에 이를 상대방 측에게 열람할 수 있도록 하여야 한다. ③ 끝으로, 조사관은 자신의 조사일지를 작성·보관함으로써 추후 법정에서 기억을 재생하는데 도움을 받을 수 있을 것이다.

4. 전문가 증언에 의한 구체적 사례

미국에서 포렌식 조사관의 증언에 의하 사실인정 사례를 소개하기로 한다. 컴퓨터 전문조사관에 의한 '전문가적 증언'에 의해 인터넷을 통하여 포르노그래피를 주고받은 사실을 인정한 것이다.

〈전문가 증언에 의해 다운로드 받은 경과를 인정한 사례〉[125]

| 사건개요 |

검찰 측 증인인 막스는, 본건 범죄사실인 아동포르노 사진의 소지와 인터넷을 통한 유통혐의를 입증하는 자료로서, 다음의 두 가지 사실을 증언하였다.

첫째, 본건 아동 포르노 파일은 'MIRC'디렉토리(subdirectory)에서 발견되었으며, 이 디렉토리에는 인터넷 채팅방(IRC: Internet Relay Chat)에 참여하여 대화를 가능케 하는 소프트웨어(mIRC)가 들어 있다는 사실을 발견하였다. 따라서 막스 요원은 자신의 전문적 견해에 의하면「아동 포르노 파일은 인터넷을 통해 다운받았다는 것을 추정할 수 있다」는 증언을 하였다.

둘째,「각 아동포르노파일의 날짜와 시간 정보(time stamp)는 당해 파일이 모뎀을 통하여 전송되었음을 나타낸다」고 증언하였다.

피고인은「모뎀의 역할과 기능에 대해서 일반적으로 모르는 사실이고, 이를 증거로 이용한다는 사실에 대하여 사전 또는 사후에 당사자에게 알려 주지 않았고, 따라서 연방증거법 201조에 의해 ① 해당 사실이 일반적으로 알려졌거나, 또는 반박할 수 없는 근거에 의하여 간단히 증명될 수 있고, ② 사실 인정을 전후하여 각 당사자들이 그 사실 인정에 대하여 이의를 제기할 기회가 주어져야 한다는 규정을 근거로 본 건 모뎀과 관련된 사실인정은 부정되어야 한다」고 주장하였다. 또한, 막스의 '추상적인 증언(speculative testimony)'만으로는 '합리적 의심' 을 초월하는 증언에 이르지 못하였다고 주장하였다.

---

125) United States v. Hilton 257F.3d 50 (1stCir. 2001).

| 판결요지 |

이에 대해 법원은 「검찰은 모뎀 전송에 대한 '직접적'인 증거를 제시할 필요는 없고, 막스 전문조사관의 법정 증언은 그 파일들이 인터넷 또는 전화망을 통하여 전송되었음을 인정하기에 부족하지 않다[126]」고 하여 인터넷을 통하여 포르노그래피를 주고받은 사실에 대해 유죄를 인정하였다.
수사관의 증언 중 키포인트는 아동 포르노가 용의자의 컴퓨터에서 나왔고 포르노가 담긴 같은 폴더안의 IRC채팅프로그램이 깔려 있는 것으로 보아 인터넷(모뎀)을 통한 다운로드된 것으로 추정된다는 것이다. 아동포르노가 들어있는 같은 폴더 안에 채팅 프로그램이 들어있다 하여 인터넷을 통한 다운로드 되었다고 단정할 수는 없지만 가능성은 농후하다.
다만, 사용자는 다운로드 폴더를 얼마든지 바꿀 수 있으므로 인터넷 채팅을 하였다거나 또한 채팅 프로그램의 서브폴더를 사용했다고 하여 채팅 프로그램을 통해 파일을 다운로드 받았다고 단정하기 위해서는 좀 더 정밀하게 상황 분석할 필요가 있다.

이와 같이 음란파일을 다운로드 받은 것에 대해 부인하는 경우 이를 어떻게 입증할 것인가?

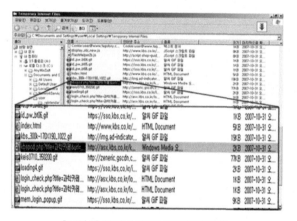

[그림 2] 인터넷 임시파일(캐시파일)

---

126) But the government was not required to provide "direct"evidence of interstate transmission, Blasini-Lluberas, 169 F.3dat 62, and we cannot say that Marx's unchallenged expert testimony was insufficient for a finding that the images weretransmitted over the Internet or telephone lines. United States v. Czubinski, 106 F.3d 1069, 1074 n. 5 (1st Cir.1997).

Date	Source	Destination	Src. Channel	Account Code	Dst. Channel	Status	Duration
2011-10-29 05:08:08	unknown	s	SIP/92.241.168.240-00000075			ANSWERED	13s
2011-10-29 05:08:09	unknown	s	SIP/92.241.168.240-00000076			ANSWERED	13s
2011-10-29 05:08:10	unknown	s	SIP/92.241.168.240-00000077			ANSWERED	13s
2011-10-29 05:08:11	unknown	s	SIP/92.241.168.240-00000078			ANSWERED	13s
2011-10-29 05:08:12	unknown	s	SIP/92.241.168.240-00000079			ANSWERED	13s
2011-10-29 05:08:13	unknown	s	SIP/92.241.168.240-0000007a			ANSWERED	13s
2011-10-29 05:08:14	unknown	s	SIP/92.241.168.240-0000007b			ANSWERED	13s
2011-10-29 05:08:15	unknown	s	SIP/92.241.168.240-0000007c			ANSWERED	13s
2011-10-29 05:08:16	unknown	s	SIP/92.241.168.240-0000007d			ANSWERED	13s
2011-10-29 05:08:17	unknown	s	SIP/92.241.168.240-0000007e			ANSWERED	13s
2011-10-29 05:08:18	unknown	s	SIP/92.241.168.240-0000007f			ANSWERED	13s
2011-10-29 05:08:19	unknown	s	SIP/92.241.168.240-00000080			ANSWERED	13s
2011-10-29 05:08:20	unknown	s	SIP/92.241.168.240-00000081			ANSWERED	13s
2011-10-29 05:08:21	unknown	s	SIP/92.241.168.240-00000082			ANSWERED	13s
2011-10-29 05:08:22	unknown	s	SIP/92.241.168.240-00000083			ANSWERED	13s
2011-10-29 05:08:23	unknown	s	SIP/92.241.168.240-00000084			ANSWERED	13s
2011-10-29 05:08:24	unknown	s	SIP/92.241.168.240-00000085			ANSWERED	13s
2011-10-29 05:08:25	unknown	s	SIP/92.241.168.240-00000086			ANSWERED	13s
2011-10-29 05:08:26	unknown	s	SIP/92.241.168.240-00000087			ANSWERED	13s
2011-10-29 05:08:27	unknown	s	SIP/92.241.168.240-00000088			ANSWERED	13s
2011-10-29 05:08:28	unknown	s	SIP/92.241.168.240-00000089			ANSWERED	13s
2011-10-29 05:08:29	unknown	s	SIP/92.241.168.240-0000008a			ANSWERED	13s
2011-10-29 05:08:30	unknown	s	SIP/92.241.168.240-0000008b			ANSWERED	13s
2011-10-29 05:08:31	unknown	s	SIP/92.241.168.240-0000008c			ANSWERED	13s
2011-10-29 05:08:32	unknown	s	SIP/92.241.168.240-0000008d			ANSWERED	13s
2011-10-29 05:08:33	unknown	s	SIP/92.241.168.240-0000008e			ANSWERED	13s
2011-10-29 05:08:34	unknown	s	SIP/92.241.168.240-0000008f			ANSWERED	13s
2011-10-29 05:08:35	unknown	s	SIP/92.241.168.240-00000090			ANSWERED	13s

[그림 3] 접속 로그파일

이 경우, 모뎀의 로그 파일 시간대의 용의자의 접속로그와 일치하는 다운로드 된 음란물파일과 채팅 프로그램을 사용한 시간대 증거파일, 그리고 가능하다면 로그인했을 당시에 채팅 프로그램에서 실시되고 있던 광고 파일이 있었다면 용의자 컴퓨터 캐쉬 프로그램 어딘가에 남아있을 광고를 다운받은 시간을 비교하여 용의자가 채팅 프로그램에 로그인한 시간과 일치한다는 분석 자료를 제시함으로써 채팅 프로그램의 사용 중 다운로드 받은 파일이라고 확고하게 입증할 수 있을 것이다.

또한 유포혐의는 이를 입증할만한 새로운 증거 즉, 접속로그의 비교분석을 통해 파일에 대한 Chain of Custody(연계성의 원칙)를 제시할 수 있어야 한다.

5. 전문가 증언의 구체적 예시

다음은 전문조사관이 법정에서 자신이 조사한 내용에 대해서 법정증언의 예시이다. 단계별로 적시하면 ① 자신의 전문능력을 입증하는 단계, ② 포렌식 개관을 설명하는 단계, ③ 증거의 수집과 복원을 설명하는 단계, ④ 증거의 동일성을 입증하는 단계, ⑤ 자신이 사용한 프로그램의 신뢰성을 인정하는 단계 등으로 나누어 볼 수 있다(관련 문헌을 참고하여 일부 번역·편집하고 수정한 것이다).

(1) 전문 조사관의 전문능력 입증 단계

Q 귀하는 컴퓨터 포렌식 조사요원이지요?
A 네, 그렇습니다.

Q 어떤 업무에 종사하고 있는가요?
A 저는 컴퓨터의 관련 자료를 압수하고, 압수된 컴퓨터 증거 복구 전문가(Seized Computer Evidence Recovery Specialist)로 자격을 가진 컴퓨터 증거 조사관으로 재직하고 있습니다.

Q 컴퓨터 증거 조사관으로 일한지는 얼마나 오래됐습니까?
A 저는 000에서 컴퓨터 증거복구전문가(Seized Computer Evidence Recovery Specialist)로 8년 동안 근무하였습니다.

Q 귀하의 전공은 무엇인가요?
A 저는 1980년도에 00대학에서 전자공학을 전공하고, 이학학사 학위를 수여 받았습니다.

Q 컴퓨터 증거를 취급하고 검사하는 교육경력에 대해 간단히 설명해 주십시오.
A 저는 2010년 3주 동안 집중적으로 000에서 실시하는 컴퓨터 증거 복구 전문가(Seized Computer Evidence Recovery Specialist) 과정을 수료하였습니다. 그리고 2013년에 2주 동안 디지털포렌식협회에서 실시하는 2주간의 집중적인 교육을 받은 후 한국포렌식학회의 디지털포렌식전문가 2급 자격증을 받았습니다. 그 다음 해에 저는 IACIS에서 2주동안 고급교육 코스를 밟고 고급코스 증명서를 수여 받았습니다. 또한, 저는 'SEARCH'(The National Consortium for Justice Information and

Statistics)에서 컴퓨터 포렌식 교육을 받았고 엔케이스 (EnCase) 컴퓨터 포렌식 응용 프로그램을 Guidance Software에서도 교육을 받았습니다.

[그림 4] IACIS 홈페이지

Q 귀하는 컴퓨터 전문직 협회의 회원입니까?

A 예. 디지털포렌식협회의 회원이고, 동 협회에서 개최하는 심포지엄에 년 2회이상 참여하고 있습니다.

(2) 컴퓨터 포렌식의 개관 단계

Q 귀하는 컴퓨터 포렌식이라는 주제에 대하여 언급하였습니다. 컴퓨터 포렌식에 대해서 개관적으로 설명해 주세요.

A 컴퓨터 포렌식은 하드 드라이브, 플로피 디스크, 또는 집(zip) 드라이브와 같은 컴퓨터 기억 매체에 저장되어있는 전자 정보들을 입수하고 인증한 다음 복원하는 일을 합니다. 컴퓨터 포렌식 기술자는 언제든지 컴퓨터에 증거가 저장되어있을 경우에 필요로 합니다.

Q 귀하와 같은 컴퓨터 포렌식 전문가가 실시하는 전형적 조사에 대하여 간단히 설명해 주시겠습니까?

A 우선, 무결성을 유지하며 모든 데이터를 완전히 복제하는 방식으로 컴퓨터 저장 기억매체에 들어있는 전자 정보들을 취득하여야 합니다. 그 다음, 입수한 전자정보가 조사원이 그 정보를 입수한 시기로부터 현재에 이르기까지 변경되지 않았음을 특별한 절차를 통해 입증하여야 합니다. 마지막으로, 조사원은 사용자로 인해 삭제된 파일에 있는 정보라도 특별한 소프트웨어와 절차로 그 정보들을 회복하고 복원해야 합니다.

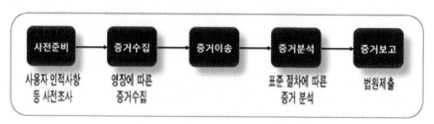

[그림 5] 디지털포렌식의 절차 개요도

(3) 증거수집과 복원 절차 단계

Q 귀하께서는 세 가지 기본적인 스텝(step)들을 설명하였는데, 증거수집 절차부터 한가지 씩 설명해 주시지요. 먼저, 디지털 정보는 컴퓨터 기억매체에서 제대로 된 포렌식 방식으로 복제됩니까?

A Encase와 같은 특수한 컴퓨터 포렌식 소프트웨어는 특수한 부팅 절차를 사용하여 문제의 컴퓨터에 있는 데이터들이 변하지 않을 것을 보증합니다. 부팅 절차를 시작하고 난 후에 조사관은 포렌식 소프트웨어를 사용하여 완전한 포렌식 이미지 복사본이나 하드드라이브, 아니면 플로피나 집(zip) 디스크 등의 외부 기억매체와 같은 문제의 컴퓨터 기억매체를 "정확한 스냅사진(exact snapshot)"으로 만들어 냅니다. 이 포렌식 이미지는 삭제된 파일에 있는 정보도 포함한 문제의 기억매체에 있는 모든 데이터의 완전한 섹터의 복사본입니다.

[그림 6] 디지털 저장매체 증거 수집 장비들

Q 복원 절차는 복잡하기 때문에 우선 기본적으로 컴퓨터가 어떻게 작동하는지에
대한 질문 몇 가지를 하겠습니다. 우선, 너무 전문적이지 않게, 하드 드라이브에
있는 정보가 어떻게 컴퓨터에 저장되는지 설명해주지요.

A 네. 기본적으로 컴퓨터 디스크는 저장 기억매체로 동심원(concentric circles)으로
이루어져 있고, 트랙(track)으로 나누어져 있습니다. 이것은 예전에 축음기로 듣던
78RPM 레코드 와 비슷하다고 보면 될 것 같습니다. 트랙은 섹터(sector)로 나누어져
있습니다. 각각의 섹터는 그 디스크 부분에서 특유한 숫자로 자신의 주소(address)를
가지고 있습니다. 운영체제는 특정한 섹터에 저장된 컴퓨터 파일을 구성하는 모든
정보를 사용자가 요구할 시에 회수할 수 있도록 주소를 지정하고 저장합니다.

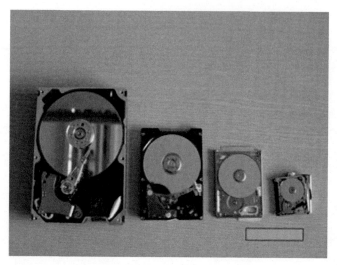

[그림 7] 하드디스크의 종류별 사진

Q 하드디스크에는 정보가 어떻게 기록 되나요?

A 디스크는 자성물질로 얇게 코팅 되어 있습니다. 디스크에 정보를 기록할 때에는 디스크 코팅의 특정한 부분을 자기화(magnetizing) 하면서 기록합니다. 그 정보는 겹쳐 쓰기 전까지는 그곳에 있습니다.

Q 기본적인 것은 이해됩니다. 다만, 삭제되거나 자동으로 제거된 전자 정보들을 컴퓨터 기술자가 어떻게 복구하는지 그 절차에 대해서 설명해주십시오.

A 컴퓨터 사용자가 전자 정보를 삭제할 때에는 종종 그 정보는 영원히 제거된 것으로 알고 있습니다. 하지만 꼭 그렇지는 않습니다. 그 정보는 계속 컴퓨터에 존재하지만 컴퓨터가 덮어쓰기(overwrite)를 허용하는 것입니다. 이것은 도서관 카드식 목록 시스템과 유사하여 책들이 파일을 상징하고 카드식 목록은 파일이 디스크 어디에 있는지를 나타내는 정보를 가지고 있는 파일 디렉터리를 상징합니다. 파일이 삭제되었을 경우, 그 파일이 있는 장소에 대한 정보는 카드식 목록에서 제거되지만 책들은 다른 책이 대체할 때까지 책장에 남아있습니다.

Q 삭제된 정보는 어느 정도까지 복구할 수 있습니까?

A 만일 그 정보에 다른 정보를 아직 덮어쓰기(overwrite)를 하지 않았으면 그 정보는 아직 존재하며 특수한 소프트웨어를 사용하여 복구할 수 있습니다.

(4) 동일성, 무결성 입증절차 단계

Q 다음, 입증절차에 대하여 언급하셨는데, 입수된 디지털 정보를 어떻게 인증하고 검증할 수 있는지 간단히 설명해 주시지요.

A 컴퓨터 포렌식 조사관들은 압수된 컴퓨터 기억매체에 포함된 정확한 정보의 내용을 수리적 값으로 만드는 소프트웨어에 의존하고 있습니다. 이 값은 MD5 해시 값이라고 알려져 있으며 이것은 종종 특별한 종류의 디지털 서명(digital signature)으로 언급됩니다.이러한 해시 값이 같다면, 이 값이 발생한 시기로부터 계속 변하지 않음을 검증합니다. 만일 포렌식 이미지 복사본의 한 부분의 데이터에 하나의 기호나 문자가 더해지거나 바뀌었다면, 이 값도 역시 바뀔 것 입니다. 그러므로 만일 압수된 기억 매체 정보의 해시 값이 변하지 않으면 전자정보가 어떠한 방법으로도 바뀌지 않았음을 입증하는 것입니다.

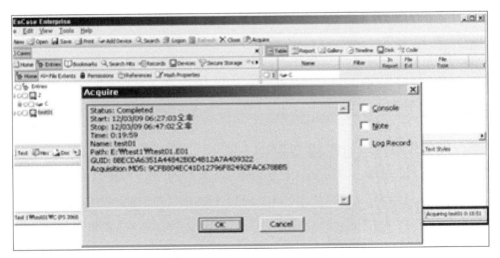

[그림 8] EnCase의 이미지 생성과 해시 값 생성

Q 다른 내용을 가진 두개의 포렌식 이미지 파일이 같은 해시 값을 가질 수 있는 확률은 어떻게 되나요?

A 포렌식적 이미지 파일을 포함한 다른 내용의 두개의 컴퓨터 파일이 같은 hash 값을 가질 수 있는 확률은 대략 10의 38승입니다. 만일 이 숫자를 적으려면 1에 0을 38개 붙여야 합니다. 대조적으로 1조는 1에 0이 12개밖에 붙지 않습니다.

Q 그 이후 무결성을 위해 어떤 조치를 취하였는가요.

A 봉인 과정에서 입회인의 서명날인을 받았고 그 과정에서 피압수자로 하여금 확인케 하였으나 확인해주지 않았습니다.

Q 피처분자가 왜 확인해주지 않던가요?

A 피처분자의 컴퓨터에서 압수하는 과정을 설명하면서 보여주었는데 고개를 돌리면서 자기는 본 것이 없다고 하기에 확인을 받지 못하였습니다.

Q 그럼 입회인은 어떤 자격을 가진 사람인가요.

A 포렌식 전문가 시험 2급 자격을 가지고 있는 포렌식연구소 연구원이나 학생들로 하여금 입회하게 하였습니다.

Q 봉인된 피압수물의 그 이후 보관방법에 대해서 설명하세요.

A 봉인된 피압수물에 대해서 자석의 영향을 받지 않도록 조치하는 등 전자적 기록이 훼손되지 않도록 하였습니다.

(5) 사용한 프로그램의 신빙성을 입증하는 단계

위에서 언급하였듯이 전문수사관은 통용되는 과학기술과 프로그램 등을 사용하는 것이 신뢰성을 입증하는데 용이할 것이다. 그러나 언제까지나 통용되는 프로그램을 사용할 수 없는 만큼 새로운 도구에 대해서는 위에서 언급한 Daubert 기준에 합당하다는 점을 입증하여야 할 것이다.

【Daubert 기준 합치성에 관한 증언】

Q 증인이 사용한 프로그램에 대해 간단히 설명해 주시오

A OO프로그램을 사용하였으며 동 프로그램은 일반적으로 널리 사용하는 프로그램으로 알고 있습니다.

Q 증인이 사용한 프로그램은 컴퓨터 포렌식 조사관 집단에서 대체적으로 인정을 받고 있다는 것인가요?

A 예, 컴퓨터 포렌식 분야에서는 인정을 받아 널리 사용되고 있습니다. 그리고 제 경험으로는 대부분의 조사기관에 관련된 컴퓨터 포렌식 조사관들이 선택하는 도구입니다. 제가 근무하는 OOO에서도 가장 중요한 컴퓨터 포렌식 도구로 사용되고 있으며 제가 알기로는 다른 수사기관에서도 주로 사용되는 가장 중요한 도구로 알고 있습니다.

또한 이 프로그램은 수사관 교육이나 한국포렌식학회에서 시행하는 '기초포렌식 과정'이나 '압수 컴퓨터 증거 복원전문가'(Seized Computer Evidence Recovery Specialist : 'SCERS')교육 등 고급 과정 중에서도 가장 중요한 도구로 사용되는데, 동 과정은 전문인 단체가 제공하는 컴퓨터 포렌식 교육 코스 중 가장 권위 있는 과정이기도 합니다. 동 학회에서 '디지털 범인을 찾아라'라는 슬로건 하에 실시되는 디지털 경연대회에서 공식 프로그램으로 사용하고 있습니다.

Q 컴퓨터 포렌식 소프트웨어는 어떻게 테스트 합니까?

A 컴퓨터 포렌식 소프트웨어는 세 가지 주요한 스텝들로 테스트 합니다.

– 첫 번째 스텝은 대상 컴퓨터 드라이브 이미지의 해시 값을 생성한 다음 다른 표준도구를 이용하여 같은 드라이브에서 동일한 방법으로 해시 값을 생성합니다. 두 가지 도구에서 생성된 해시 값은 같은 드라이브를 사용하였으므로 완전히 같아야 합니다.

– 두 번째 스텝은 증거를 구성하는 포렌식 이미지로 복구된 증거들이 표준 디스크 유틸리티(disk utility)로 독립적으로 확증되었음을 검증하는 것입니다. Encase로 예를 들면, 이 프로그램은 조사원이 복구한 원래의 드라이브에 있는 모든 데이터 조각들의 정확한 주소를 감정할 수 있습니다. 그 정보로 조사원은 노턴 디스크에디트 (Norton DiskEdit)와 같은 디스크 유틸리티를 사용해 그 데이터가 존재한다는 것을 확증하고 데이터의 정확한 주소를 알아낼 수 있습니다.

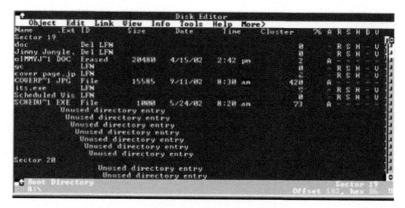

[그림 9] 노턴 디스크 에디터

– 세 번째 스텝은 조사과정 도중 포렌식 이미지의 내용들이 바뀌거나 변하지 않았다고
확인 하는 절차이며, 이는 데이터를 획득한 순간부터 해시 값이 바뀌지 않았다는 것
을 반복적으로 분석하여 확인합니다. 이런 시험들은 다른 컴퓨터 매체로 여러번 실
행해야 합니다.

Q 증인은 프로그램을 시험하였는가요?

A 소프트웨어를 대규모로 구입하기 전 컴퓨터 조사관들이 위에 설명하였던 세 가지 스
텝들을 이용하여 광범위한 소프트웨어 평가를 실행하였습니다. 제가 알기로는 00기
관에서도 비슷한 시험절차를 거친 것으로 알고 있습니다. 그리고 저희 기관도 이 소
프트웨어를 채택한 이후 거의 100명의 컴퓨터 조사관들이 이 프로그램을 매일 사용
하고 있습니다.

Q 그 시험들의 결과는 어떻게 나왔습니까?

A 위에 설명한 세 가지 규격을 모두 통과하였습니다.

Q 독립적인 제3자로부터 검증되었는가요?

A 네. 미국 정부에서도 컴퓨터 포렌식 도구들을 광범위하게 시험하였고 2003년 6월에
결과들을 발표하였습니다. 시험은 컴퓨터 포렌식 도구 테스트(CFTT) 프로젝트의 한
149) 부분으로 수행됐으며, 이는 National Institute of Justice, National Institute
of Standards and Technology(NIST), 미(美) 국방부, Technical Support Working

Group, 그리고, 다른 관련된 기관들이 협력한 테스트였습니다. Encase를 시험한 CFTT의149) Available at http://www.ncjrs.org/pdffiles1/nij/200031.pdf 시험절차는 대단히 포괄적이었으며 50개 별도의 IDE 와 SCSI 하드 드라이브 시험 시나리오를 포함하고 'FastBloc' 하드웨어 쓰기 방지장치도 사용하고 있습니다. 실행된 NIST 시험은 모두 리포트에 발표하였습니다.

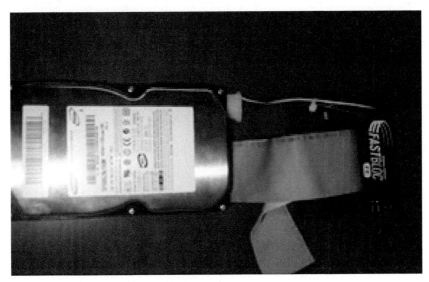

[그림 10] 쓰기 방지 장치인 FastBloc

Q 프로그램에 대한 CFTT 프로젝트 시험의 결과는 무엇이었나요?

A 결과는 모두 기준 이상이었습니다. 우선, Encase는 모든 부분들을 흠잡을 데 없이 이미지화 하였고 직접적인 디스크 엑세스 방법(Direct Disk Access Mode)을 사용하는 시험들의 결과들도 예상과 일치하였습니다. 또한 BIOS디스크 엑세스를 사용하는 시험들의 결과도 예상과 일치하였습니다. Legacy BIOS를 사용하는 오래된 컴퓨터로 IDE 드라이브를 액세스하면 한 가지 변칙적인 문제가 보고되었습니다. 이 변칙적 문제는 legacy BIOS의 결점을 반영하는 것입니다. CFTT 리포트에 적혀있듯이 Guidance 소프트웨어는 이전에 쉽게 ATAPI 인터페이스를 통하여 직접적 디스크 접근을 가능케 하여 Legacy BIOS에 대한 한계에 대응하였습니다. 두 번째로, Encase는 모든 시험 시나리오에 있는 이미지화된 매체를 제대로 확인하였습니다. 세 번째로 Encase는 모든 시험 시나리오에 있는 이미지 절차에 생기는 I/0오류를 정확히 보고

하고 기록하였습니다. 네 번째로, 이미지 파일들이 디스크 에디터로부터 고의적으로
변경 되었을 때에 Encase는 오류를 제대로 탐지하고 보고하였습니다.

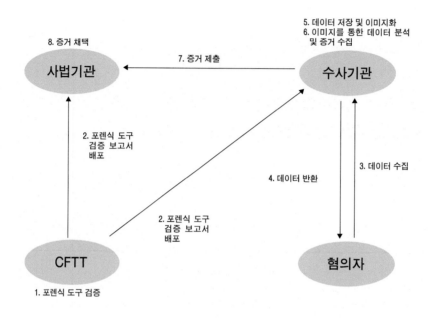

[그림 11] 미국의 CFTT와 컴퓨터 포렌식 활용 구조

Q 위 프로그램에 대해 관련 업계에서 발행한 출판물이 있나요?

A 네, information security에 출판된 여러 종류의 기사들을 읽어봤으며 첨단과학 범죄 조사업계(high-tech crime investigation industries)에서는 이 제품을 호의적으로 논 평하고 있습니다. SC 잡지에 2001년 4월에 발행된 기사에는 지금까지 가장 상세하게 기록된 시험결과를 연재하였습니다. 그 잡지는 Encase에게 가장 높은 평가를 하였고 그 잡지에서 Encase가 시험한 "다른 모든 도구들을 능가하였다."고 평하였습니다.

Q 이에 관한 자료를 제출하도록 하겠습니다.

재판장 : 잘 받았습니다.

A 감사합니다.

(6) 사례별 작성자 추정 등 입증방법

〈피의자의 자택에서 압수한 스마트폰의 소유자 추정 사례〉

Q 해당 스마트폰은 해당 피의자 명의로 개통된 것이 아니며 피의자도 자신의 것 이 아니라고 주장합니다. 해당 스마트폰의 소유자나 사용자가 피의자라고 하는 근거는 무엇입니까?

A 먼저 스마트폰에 로그인 되어있는 여러 이메일 계정 중에 피의자와 피의자의 배우자 의 계정이 있었습니다. 또한 기타 어플리케이션에 사용한 ID, 닉네임 등이 피의자가 주로 사용하는 ID 및 닉네임과 일치하는 점에서 피의자가 소유 또는 사용하는 것으 로 추정됩니다.

Q 로그인되어 있는 계정이 여러 개라고 하였는데 그렇다면 다른 사람의 소유이거 나 피의자가 잠깐 사용했을 가능성은 없습니까?

A 해당 스마트폰에 저장되어 있던 사진 중 피의자 본인사진이 있었습니다. 해당 기기 로 사진을 찍을 경우 사진을 생성한 기기의 정보와 위치정보 및 시간정보가 함께 저 장됩니다. 그리고 찍힌 사진이 자동으로 저장되는 폴더(../carmera)가 있습니다. 국 과수의 디지털포렌식 결과 이 사진은 다운로드 받거나 외부에서 삽입된 파일이 아니 며, 해당 스마트폰으로 생성되었고 자동으로 저장되는 경로에 저장되어 있어서 피의 자 소유이거나 피의자가 주로 사용하는 것으로 추정했습니다.

Q 그 외에 소유자 또는 주 사용자라고 할 만한 근거가 있습니까?

A 또한 해당 사진의 위치정보의 경우 피의자의 동선과 일치하였습니다. 이메일에 로 그인하거나 특정 포털 어플리케이션을 사용하는 경우 자동으로 시간정보와 위치정 보가 저장되는 '캐시정보'로 미루어볼 때 해당 스마트폰의 시간·위치정보와 피의자 의 동선과 일치하는 것을 발견하였습니다. 피의자는 201○년 ○월 ○일 프랑스에서 출국하여 201○년 ○월 △일 귀국하였습니다. 출국일에 공항에서 포털 어플리케이 션을 사용하였고 이때 저장된 캐시정보에 동일한 시간·위치정보가 저장되어 있었 으며, 영국 체류기간동안 해당 스마트폰은 영국의 위치정보가 기록되어 있었습니다. 그 외에 많은 시간·위치정보와 피의자의 동선을 대조해본 결과 대다수 일치하는 것 으로 확인되었습니다.

Q 스마트폰에 저장된 유출자료 문서의 경우 해당 스마트폰에서 작성된 것이 아니 고, 또 스마트폰의 주 사용자가 피의자라고 할지라도 사용한 사람이 여러 명이 라고 할 때 피의자가 아닌 다른 사람이 작성하였을 경우는 없습니까? 실제로 피 의자는 자신은 모르는 문건이고 왜 저장되어있는지 모른다고 진술하였습니다.

A 해당 유출자료 문서파일이 스마트폰에서 작성되고 생성된 것이 아님은 맞습니다. 국 과수의 디지털포렌식 결과 이 문서파일은 이메일을 통해 다운로드 받았는데 피의자 의 계정을 통해 다운로드 받은 사실이 확인되었으며, 보낸 이의 이메일 계정은 해당 스마트폰을 개통한 기업 내부직원의 ID로 확인되었습니다.

〈PC를 이용하여 영업 비밀을 누설한 사례〉

Q 피의자가 00시간대에 PC를 사용했다는 자료는 무엇인가요?

A PC가 부팅되어 일련의 작업들이 이뤄지고 종료되기까지의 다양한 기록은 이벤트 로 그에 저장됩니다. 그리고 이벤트 로그 중 하나인 시스템 이벤트에는 부팅 기록 정보(이 벤트 ID:6005)와 계정 로그인, 로그아웃(이벤트 ID: 6006, 6008) 정보가 존재합니다.

Q 본 건을 조사한 결과는 어떤가요?

A 본 건에 대한 디지털포렌식 분석 결과, 해당 PC는 00시 00분에 부팅되었고 관리자 계정의 로그온이 00시 00분에 이루어졌음을 확인했습니다. PC가 위치한 사무실의 내부 CCTV에 저장된 영상을 확인해서 PC의 부팅 시간과 일치하는 시간에 피의자가 PC를 사용한 정황이 포착됐습니다.

Q 피의자가 이메일을 통해 공모자에게 중요자료를 전달했는지 알 수 있나요?

A 이메일 클라이언트 프로그램을 사용해서 이메일을 주고 받으면 PC에 이메일 데이터
가 저장됩니다. 저장경로는 클라이언트 프로그램마다 다르지만 이메일 데이터를 분석
하면 송·수신자 메일 주소, 시간, 메일의 본문내용, 첨부 파일 등을 알 수 있습니다.

Q 본 건을 조사한 결과는 어떤가요?

A 본 건에 대한 디지털포렌식 분석 결과, 피의자가 사용한 PC의 C:\Users
\Administrator \AppData \Local \Microsoft \Outlook 경로에 ost, pst 확장자 파일
이 존재하는 것을 발견했습니다. 이 파일들은 Outlook Express 프로그램으로 이메
일을 송·수신할 때 저장되는 파일들이며 송·수신자 이메일 주소와 피의자, 공모자
의 이메일이 일치하였습니다. 그리고 첨부파일의 Hash값과 중요자료의 Hash 값이
동일했습니다. 따라서 피의자가 공모자에게 이메일로 중요자료를 전달했음을 알 수
있습니다.

〈아동포르노 사이트에 접속해서 아동 음란물 이미지를 다운로드한 사례〉

**Q 피의자가 특정 아동 포르노 사이트에 접속해서 아동 음란물 이미지를 다운로드
받아서 소지한 혐의를 부인하고 있습니다. 어떻게 피의자의 혐의를 입증할 수
있나요?**

A 브라우저로 웹사이트에 접속하면 웹 서버와 통신을 하면서 생성되는 흔적을 기록하
는 웹 아티펙트 파일이 PC에 저장됩니다. 그리고 웹 아티펙트의 히스토리 정보에 접
속한 웹사이트의 URL, 접속시간등을 볼 수 있습니다. 또한 디지털 파일은 생성되는
순간부터 생성시간, 수정시간, 접근시간을 가지고 있으며, 이를 통해서 언제 해당 이
미지 파일이 다운로드 되었는지 알 수 있습니다.

Q 본 건을 조사한 결과는 어떤가요?

A 본 건에 대한 디지털포렌식 분석 결과, 피의자가 사용한 PC의 C: \Users
\Administrator \AppData \Local \Google \Chrome \Defualt \Cache 경로에 웹 아
티펙트 파일이 존재했습니다. 그리고 히스토리 정보에서 피의자가 접속한 사실을 부
인한 웹사이트의 URL이 발견됐습니다. 접속시간도 피의자가 PC를 사용한 시간과 일
치하여 피의자가 웹 사이트에 접속을 한 사실을 알 수 있습니다. 또한, 일반적으로 다
운로드 한 파일이 저장되는 폴더인 C: \Users \Administrator \Downloads 경로에

서 위의 Cache폴더에 저장된 이미지 파일과 md5 해시 값이 동일한 아동 음란물 이미지 파일이 저장되어 있는 것을 확인할 수 있었습니다. 이를 통해 피의자가 아동 음란물을 소지할 의도를 가지고 적극적으로 해당 웹사이트에서 다운로드 받았다는 사실을 입증할 수 있습니다.

〈스마트폰을 이용해서 도찰한 사례〉

Q 피의자가 피해자를 도찰한 혐의를 부인하고 있습니다. 어떻게 피의자의 혐의를 입증할 수 있나요?

A 피의자가 사용한 안드로이드 기기의 경우 카메라로 사진을 촬영하면 Phone/DCIM/Camera 경로에 사진 파일이 저장됩니다. 그리고 사진 파일의 메타 데이터를 분석해서 기기정보, 촬영시간, 촬영 위치 등을 알 수 있습니다.

Q 본 건을 조사한 결과는 어떤가요?

A 본 건에 대한 디지털포렌식 분석 결과, 도찰 사진은 Phone/DCIM/Camera 경로에 존재했고 메타 데이터에 기록된 생성날짜가 피해자가 피의자를 현장에서 신고한 날짜와 일치하였습니다.

〈USB을 이용해서 영업비밀 등을 복사하여 유출한 사례〉

Q 피의자가 회사의 중요자료를 회사 공용 PC에서 자신의 USB를 거쳐서 자신의 개인 PC에 저장했다는 것을 부인하고 있습니다. 어떻게 입증할 수 있나요?

A 기본적으로 윈도우 운영체제에서 USB를 PC에 꽂을 경우 레지스트리에 제조사명, 제품명, 연결시간, 각 USB에 고유한 시리얼번호 등이 기록됩니다. 또한, PC에 저장되는 모든 파일은 고유의 Hash값을 가지고 있습니다. 이 Hash값은 파일의 정보가 조금이라도 변동될시 이전 값과 완전히 다른 값으로 변하게 되어 파일의 무결성을 보증합니다. 더불어 디지털 파일은 생성되는 순간부터 생성시간, 수정시간, 접근시간을 가지고 있으며, 파일을 복사할 때, 사본 파일은 복사한 시각이 생성시간으로 설정이 됩니다. 이를 통해서 언제 해당 파일이 복사를 통해 생성되었는지 알 수 있습니다.

Q 본 건을 조사한 결과는 어떤가요?

A 먼저, 본 건에 대한 디지털포렌식 분석 결과. 피의자가 사용한 회사 공용 PC의 HKLM HSYSTEM SControlSet00# eEnum nUSB v {Vendor ID & Product ID \ 레지스트리 경로에 연결된 USB의 시리얼번호가 기록되었습니다. 이 시리얼번호와 피의자가 보유한 USB의 시리얼번호를 비교하니 일치한 것을 확인했습니다. 이것으로 해당 시간에 피의자 USB 메모리가 회사 공용 PC에 접속했다는 것을 알 수 있습니다.

Q 해시 값도 확인했는가요?

A 회사에서 보유 중인 중요 자료의 MD5 해시 값은 D1B8847A2E7635DE7B4541 C168BEBADB였습니다. 디지털포렌식 도구인 EnCase를 사용해서 피의자의 USB 메모리에서 중요자료와 동일한 MD5 해시 값을 가진 파일을 발견했고 내용을 확인한 결과 회사의 중요 자료 파일의 내용과 일치하였습니다. 더불어, 피의자의 USB에 저장된 중요 자료 파일의 생성시간이 회사 PC의 레지스트리에 기록된 피의자의 USB 접속 시간대로부터 수분이 경과한 시간대인 것으로 보아 해당 파일이 회사 공용 PC로부터 복사된 파일이라는 것을 확인할 수 있습니다. 또한 피의자의 개인 PC를 EnCase를 사용해서 분석한 결과, USB메모리에서 발견한 중요자료 파일과 같은 내용이며 같은 해시 값을 갖는 파일을 발견했습니다. 그리고 피의자 PC의 레지스트리에 회사 공용 PC에 기록된 것과 동일한 시리얼번호를 갖는 USB메모리가 접속한 기록이 남아있었으며, 접속 시간 수분 후에 해당 중요 자료 파일이 생성된 것을 확인할 수 있었습니다. 위를 종합할 때, 회사 공용 PC에 저장된 회사의 중요 파일이 피의자의 USB 메모리를 거쳐 피의자의 PC에 저장되었다는 것을 입증할 수 있습니다 .

Q 피의자는 복사한 혐의를 부인하고 있는데 어떤가요?

A 디지털 파일은 생성되는 순간부터 생성시간, 수정시간, 접근시간을 가지게 됩니다. 해당 시간들은 파일이 이동·수정 등으로 변경될 때 같이 변경됩니다. 이 중 수정시간은 파일의 내용이 수정되면 그 순간 시간정보로 수정되지만 파일이 다른 기기로 복사되면 복사된 파일의 수정시간은 파일이 생성된 시간정보를 유지합니다.

Q 결국 조사한 결과 피의자의 혐의를 입증할 수 있다는 것인가요?

A 예. 피의자의 USB에 존재하는 증거파일의 수정시간은 00시 00분 00일이었고 디지털 영상매체의 생성시간과 일치하였습니다. 그리고 두 파일의 md5 해시 값이 일치하였으므로 피의자의 혐의를 입증할 수 있습니다.

〈하드디스크를 이용해서 유출한 사례〉

Q 피의자가 어느 기관의 비밀자료를 불법 유통한 정황이 포착되어 경찰이 피의자를 검거하기 직전 피의자가 비밀자료를 삭제하여 자신의 무죄를 주장하고 있습니다. 어떻게 피의자의 혐의를 입증할 수 있나요?

A 컴퓨터는 데이터가 입력되면 그 데이터를 하드디스크에 저장하기전 메모리에 기록합니다. 메모리는 휘발성이란 특징을 가지기 때문에 컴퓨터의 전원이 꺼지지 않으면 기록된 데이터를 보유하고 있습니다. 본건에 대한 디지털포렌식 분석 결과, 메모리 덤프의 오프셋에 기록된 파일명 중 피의자가 삭제한 비밀자료와 동일한 파일명이 존재했습니다. 이를 복구해서 내용을 확인하니 비밀자료와 일치하였습니다.

〈네트워크 등 원격접속을 통해서 유출한 사례〉

Q 피의자가 공모자의 컴퓨터에 원격접속 후 회사의 업무자료를 무단으로 업로드한 사실을 어떻게 알 수 있나요?

A 원격접속 프로그램들은 원격통신이 이뤄질 때 호스트명, 접속유지시간, 로그파일을 만들어 기록합니다.

Q 본 건을 조사한 결과는 어떤가요?

A 본 건에 대한 디지털포렌식 분석 결과, 공모자 PC의 C: \Program Files (x86) \ TeamViewer 경로로 TeamViewer 프로그램이 설치되어 있었고 Connections_incoming.txt 파일에 피의자가 사용한 기기의 호스트명과 일치하는 호스트명이 00시 00분 00초 ~ 00시 00분 00초동안 원격접속한 사실을 확인했습니다. 그리고 몇 분후 동일한 호스트명에서 공모자의 컴퓨터에 파일을 업로드한 기록이 존재했고 해당 파일의 md5 해시 값과 업무자료의 md5 해시 값이 일치하였습니다.

Q 피의자가 회사의 업무 PC로 회사가 운영 중인 웹사이트의 고위직 임원 계정에 무단으로 로그인 시도를 한 사실을 부인하고 있습니다. 어떻게 이 사실을 입증할 수 있나요?

A 웹서버는 사용자들이 HTTP 서비스를 이용할 때 실시간으로 이용 정보를 접근로그에 기록하고 관리합니다. 이 접근로그에는 접속시간, 접속페이지, 입력정보, HTTP 상태 코드 등이 기록됩니다.

Q 본 건을 조사한 결과는 어떤가요?

A 본 건에 대한 디지털포렌식 분석 결과, 피의자가 사용한 PC의 IP 주소와 일치하는 IP 가 웹로그에 존재했습니다. 해당 IP만 정렬하여 확인하니 웹사이트의 로그인 페이지 에 접속한 정황이 포착됐고 id 변수값에 고위직 임원 계정과 동일한 문자열이 존재했 습니다.

Q 이상 진술은 모두 사실대로입니다.

A 예 그렇습니다.

제2편
통신제한 조치와 개인정보보호

1. 범죄수사를 위한 통신제한조치와 감청
2. 범죄수사를 위한 통신사실 확인자료제공(제13조)
3. 개인정보보호와 수집제한

1. 범죄수사를 위한 통신제한조치와 감청

(1) 의 의

통신비밀보호법 상 통신은 우편물 및 전기통신을 말하며(법 제2조 제1호), 통신제한조치는 우편물의 검열 및 전기통신의 감청을 말한다(제2조 제1호~제2호, 제3조 제2항).

우편물의 검열이란 우편물에 대하여 당사자의 동의 없이 이를 개봉하거나 기타의 방법으로 그 내용을 지득 또는 채록하거나 유치하는 것을 말한다(제2조 제4호).

전기통신의 감청이라 함은 전기통신에 대하여 당사자의 동의 없이 전기장치, 기계장치 등을 사용하여 통신의 음향, 문언, 부호, 영상을 청취, 공독하여 그 내용을 지득 또는 채록하거나 전기통신의 송·수신을 방해하는 것을 말한다(동 제7호).

(2) 통신 및 대화비밀의 보호

누구든지 이 법과 형사소송법 또는 군사법원법의 규정에 의하지 아니하고는 우편물의 검열·전기통신의 감청 또는 통신사실확인자료의 제공을 하거나 공개되지 아니한 타인 간의 대화를 녹음 또는 청취하지 못한다(제3조 제1항).

다만, ① 환부우편물등의 처리, ② 수출입우편물에 대한 검사, ③ 구속 또는 복역중인 사람에 대한 통신, ④ 파산선고를 받은 자에 대한 통신, ⑤ 혼신제거등을 위한 전파감시의 경우는 각 해당법률에 따른다.

통신제한조치는 범죄수사 또는 국가안전보장을 위하여 보충적인 수단으로 이용되어야 하며, 국민의 통신비밀에 대한 침해가 최소한에 그치도록 노력하여야 한다(제2항).

위 제3조 규정에 위반하여 우편물의 검열 또는 전기통신의 감청을 하거나 공개되지 아니한 타인간의 대화를 녹음 또는 청취한 자는 1년 이상 10년 이하의 징역과 5년 이하의 자격정지에 처한다(제16조 제1항 제1호).

여기서 감청이라 함은 이미 수신이 완료된 전기통신의 내용을 지득하는 등의 행위는 포함되지 않는다.

〈이미 수신이 완료된 전기통신 내용의 감청〉[127]

| 판결요지 |

통신비밀보호법 제2조 제3호 및 제7호에 의하면 같은 법상 '감청'은 전자적 방식에 의하여 모든 종류의 음향·문언·부호 또는 영상을 송신하거나 수신하는 전기통신에 대하여 당사자의 동의 없이 전자장치·기계장치 등을 사용하여 통신의 음향·문언·부호·영상을 청취·공독하여 그 내용을 지득 또는 채록하거나 전기통신의 송·수신을 방해하는 것을 말한다. 그런데 해당 규정의 문언이 송신하거나 수신하는 전기통신 행위를 감청의 대상으로 규정하고 있을 뿐 송·수신이 완료되어 보관 중인 전기통신 내용은 대상으로 규정하지 않은 점, 일반적으로 감청은 다른 사람의 대화나 통신 내용을 몰래 엿듣는 행위를 의미하는 점 등을 고려하여 보면, 통신비밀 보호법상 '감청'이란 대상이 되는 전기통신의 송·수신과 동시에 이루어지는 경우만을 의미하고, 이미 수신이 완료된 전기통신의 내용을 지득하는 등의 행위는 포함되지 않는다.

따라서 피고인이 회사 컴퓨터 서버를 통해 고객들의 휴대폰으로 문자메시지 등을 전달하거나 전달받는 영업을 하던 중 컴퓨터 서버에 저장되어 있던 문자메시지 28,811건에 대한 파일을 열람하여 내용을 지득한 행위에 대해서 이미 통신비밀보호법상 송·수신이 완료된 전기통신에 해당하므로 감청의 대상이 아니어서 통신비밀보호법 제3조 제1항, 제2조 제7호에서 정한 불법감청으로 처벌할 수 없다.[128]

나아가 타인간의 대화내용을 녹음 또는 청취하지 못한다. 제3자가 대화자 일방의 동의를 받아 녹음한 경우에도 불법감청에 해당한다.

---

127) 대법원 2012. 10. 25. 선고 2012도4644 판결
128) 서울중앙지방법원 2012. 4. 5. 선고 2011노3910 판결

(대화내용이 아닌 비명소리나 탄식을 청취한 경우)[129]

| 판결요지 |

상대방에게 의사를 전달하는 말이 아닌 단순한 비명소리나 탄식 등은 타인과 의사소통을 하기 위한 것이 아니라면 특별한 사정이 없는 한 타인 간의 '대화'에 해당한다고 볼 수 없으므로, 일정한 한도를 벗어난 것이 아니라면 위와 같은 목소리를 들었다는 진술을 형사절차에서 증거로 사용할 수 있다.

전화통화의 일방이 상대방의 동의를 받지 않고 몰래 녹음하는 경우에는 불법감청에 해당하지 않는다.[130] 3인간의 대화내용에 대해 그 중 대화자 1명이 녹음한 경우에도 마찬가지이다.[131] 대화 당사자 일방의 동의를 받고 녹음하였더라도 상대방의 동의를 받지 않은 한 불법전기통신의 감청에 해당한다.[132]

(수사기관의 요구에 의한 대화 당사자의 녹음)[133]

| 판결요지 |

수사기관이 甲으로부터 피고인의 마약류관리에 관한 법률 위반(향정) 범행에 대한 진술을 듣고 추가적인 증거를 확보할 목적으로, 구속 수감되어 있던 甲에게 그의 압수된 휴대전화를 제공하여 피고인과 통화하고 위 범행에 관한 통화 내용을 녹음하게 한 행위는 불법감청에 해당하므로, 그 녹음자체는 물론 이를 근거로 작성된 녹취록 첨부 수사보고는 피고인의 증거동의에 상관없이 그 증거능력이 없다.

(예약전용 전화선을 녹음하는 경우 감청에 해당여부(소극))[134]

| 판결요지 |

골프장 운영업체가 예약전용 전화선에 녹취시스템을 설치하여 예약담당직원과 고객 간의 골프장 예약에 관한 통화내용을 녹취한 행위는 통신비밀보호법 제3조 제1항 위반죄에 해당하지 않는다.

---

129) 대법원 2017. 3. 15. 선고2016도19843 판결

130) 대법원 2002. 10. 8. 선고 2001도123 판결

131) 대법원 2015. 5. 16. 선고 2013도16404 판결; 대법원 2006. 10. 12. 선고 2006도4981 판결

132) 대법원 2010. 10. 14. 선고 2010도9016 판결

133) 대법원 2010. 10. 14. 선고 2010도9016 판결

134) 대법원 2008. 10. 23. 선고 2008도1237 판결

전기통신에 해당하는 전화통화의 당사자 일방이 상대방과의 통화내용을 녹음하는 것은 위 법조에 정한 '감청' 자체에 해당하지 아니한다는 것이 일관된 법원의 입장이다.

〈무전기를 이용한 무선전화 통화의 불법감청〉[135]

| 판결요지 |

렉카 회사가 무전기를 이용하여 한국도로공사의 상황실과 순찰차간의 <u>무선전화통화를 청취한 경우</u> 무전기를 설치함에 있어 한국도로공사의 정당한 계통을 밟은 결재가 있었던 것이 아닌 이상 전기통신의 당사자인 한국도로공사의 동의가 있었다고는 볼 수 없으므로 통신비밀보호법상의 감청에 해당한다.

제3조의 규정에 위반하여, 불법검열에 의하여 취득한 우편물이나 그 내용 및 불법감청에 의하여 지득 또는 채록된 전기통신의 내용은 재판 또는 징계절차에서 증거로 사용할 수 없다(제4조). 이 경우 피고인의 동의에 의한 경우에도 증거로 사용할 수 없다는 것이 판례의 입장이다.

〈불법 감청·녹음 등에 관여하지 아니한 언론기관의 통신 또는 대화내용의 공개〉[136]

| 판결요지 |

불법 감청·녹음 등에 관여하지 아니한 언론기관이, 그 통신 또는 대화의 내용이 불법 감청·녹음 등에 의하여 수집된 것이라는 사정을 알면서도 이를 보도하여 공개하는 행위가 형법 제20조의 정당행위로서 위법성이 조각된다고 하기 위해서는, 첫째 보도의 목적이 불법 감청·녹음 등의 범죄가 저질러졌다는 사실 자체를 고발하기 위한 것으로 그 과정에서 불가피하게 통신 또는 대화의 내용을 공개할 수밖에 없는 경우이거나, 불법 감청·녹음 등에 의하여 수집된 통신 또는 대화의 내용이 이를 공개하지 아니하면 공중의 생명·신체·재산 기타 공익에 대한 중대한 침해가 발생할 가능성이 현저한 경우 등과 같이 <u>비상한 공적 관심의 대상이 되는 경우</u>에 해당하여야 하고, 둘째 언론기관이 불법 감청·녹음 등의 결과물을 취득할 때 <u>위법한 방법을 사용하거나 적극적·주도적으로 관여하여서는 아니 되며</u>, 셋째 보도가 불법 감청·녹음 등의 사실을 고발하거나 <u>비상한 공적 관심사항을 알리기 위한 목적을 달성하는 데 필요한 부분에 한정되는 등 통신비밀의 침해를 최소화하는 방법</u>으로 이루어져야 하고, 넷째 언론이 그 내용을 보도함으로써 얻어지는 이익 및 가치가 <u>통신비밀의 보호에 의하여 달성되는 이익 및 가치를 초과하여야</u> 한다. 여기서 이익의 비교·형량은, 불법 감청·녹음된 타인 간의 통신 또는 대화가 이루어진 경위와 목적, 통신 또

---

135) 대법원 2003. 11. 13. 선고 2001도6213 판결
136) 대법원 2011. 3. 17. 선고 2006도8839 전원합의체 판결

는 대화의 내용, 통신 또는 대화 당사자의 지위 내지 공적 인물로서의 성격, 불법 감청·녹음 등의 주체와 그러한 행위의 동기 및 경위, 언론기관이 불법 감청·녹음 등의 결과물을 취득하게 된 경위와 보도의 목적, 보도의 내용 및 보도로 인하여 침해되는 이익 등 제반 사정을 종합적으로 고려하여 정하여야 한다.

(3) 통신제한 조치와 사법적 통제

통신제한 조치로서는 ① 범죄수사를 위한 통신제한 조치(제5조 제1항 본문), ② 국가안보를 위한 통신제한 조치(제7조), ③ 긴급통신제한 조치(제8조 제1항) 등이 있다. 누구든지 공개되지 아니한 타인간의 대화를 녹음하거나 전자장치 또는 기계적 수단을 이용하여 청취할 수 없다(제14조 제2항, 제4조 ~ 제8조).

전기통신이라 함은 전화·전자우편·회원제정보서비스·모사전송·무선호출 등과 같이 유선·무선·광선 및 기타의 전자적 방식에 의하여 모든 종류의 음향·문언·부호 또는 영상을 송신하거나 수신하는 것을 말한다(제2조 제3호).

〈패킷 감청의 허용〉[137]

| 판결요지 |

인터넷 통신망을 통한 송·수신은 통신비밀보호법 제2조 제3호에서 정한 '전기통신'에 해당하므로 인터넷 통신망을 통하여 흐르는 전기신호 형태의 패킷(Packet)을 중간에 확보하여 그 내용을 지득하는 이른바 '패킷 감청'도 같은 법 제5조 제1항에서 정한 요건을 갖추는 경우 다른 특별한 사정이 없는 한 허용된다고 할 것이고, 이는 패킷 감청의 특성상 수사목적과 무관한 통신내용이나 제3자의 통신내용도 감청될 우려가 있다는 것만으로 달리 볼 것이 아니다.

전화통화의 일방이 상대방의 동의를 받지 않고 몰래 녹음하는 경우에는 여기에 해당하지 않는다. 따라서 이런 경우 당해 녹음테이프는 증거로 사용할 수 없게 된다. 대화 당사자이외 제3자가 당사자 일방의 동의를 받고 녹음하였더라도 다른 일방의 동의가 없는 한 불법전기통신의 감청에 해당한다.[138]

---

137) 대법원 2012. 10. 11. 선고 2012도7455 판결
138) 대법원 2010. 10. 14. 선고 2010도9016 판결

검사는 제5조 제1항의 요건이 구비된 경우에는 법원에 대하여 각 피의자별 또는 각 피내사자별로 통신제한조치를 허가하여 줄 것을 청구할 수 있다(제6조 제1항).

통신제한 조치청구는 필요한 통신제한 조치의 종류·그 목적·대상·범위·기간·집행장소·방법 및 당해 통신제한 조치가 제5조 제1항의 허가요건을 충족하는 사유 등의 청구이유를 기재한 서면으로 하여야 하며, 청구이유에 대한 소명자료를 첨부하여야 한다(제6조 제4항).

〈통신기관의 영장집행방법〉[139]

| 판결요지 |

전기통신의 감청의 경우 수사기관은 허가서에 기재된 허가의 내용과 범위 및 집행방법 등을 준수하여 통신제한조치를 집행하여야 하고, 집행의 위탁을 받은 통신기관 등의 경우에도 허가서에 기재된 집행방법 등을 준수하여야 한다.

위 사건에서 카카오는 통신제한조치허가서에 기재된 기간 동안, 이미 수신이 완료되어 전자정보의 형태로 서버에 저장되어 있던 것을 3~7일마다 정기적으로 추출하여 수사기관에 제공하는 방식으로 통신제한조치를 집행하였는바, 이러한 카카오의 집행은 동시성 또는 현재성 요건을 충족하지 못해 통신비밀보호법이 정한 감청이라고 볼 수 없으므로 이 사건 통신제한조치허가서에 기재된 방식을 따르지 않은 것으로서 위법하다. 따라서 이 사건 카카오톡 대화내용은 적법절차의 실질적 내용을 침해하는 것으로 위법하게 수집된 증거라 할 것이므로 유죄 인정의 증거로 삼을 수 없다는 것이다.

통신제한 조치의 기간은 2월을 초과하지 못하고, 그 기간 중 통신제한 조치의 목적이 달성되었을 경우에는 즉시 종료하여야 한다. 다만, 허가요건이 존속하는 경우에 소명자료를 첨부하여 2월의 범위 안에서 통신제한 조치기간의 연장을 청구할 수 있다(동 제7항).

---

139) 대법원 2016. 10. 13. 선고 2016도8137 판결

2. 범죄수사를 위한 통신사실 확인자료제공(제13조)

(1) 의 의

통신사실 확인자료라 함은, 통신비밀보호법에 정하는 전기통신사실에 관한 자료를 말하며, 동법 제2조 제11호는 ㈎ 가입자의 전기통신일시, ㈏ 전기통신개시·종료시간, ㈐ 발·착신 통신번호 등 상대방의 가입자번호, ㈑ 사용도수, ㈒ 컴퓨터통신 또는 인터넷의 사용자가 전기통신역무를 이용한 사실에 관한 컴퓨터통신 또는 인터넷의 로그기록자료, ㈓ 정보통신망에 접속된 정보통신기기의 위치를 확인할 수 있는 발신기지국의 위치추적자료, ㈔ 컴퓨터통신 또는 인터넷의 사용자가 정보통신망에 접속하기 위하여 사용하는 정보통신기기의 위치를 확인할 수 있는 접속지의 추적자료를 말한다.

(2) 요청절차

검사 또는 사법경찰관은 수사 또는 형의 집행을 위하여 필요한 경우 전기통신사업법에 의한 전기통신사업자에게 통신사실 확인자료의 열람이나 제출을 요청할 수 있다. 이 경우에는 요청사유, 해당 가입자와의 연관성 및 필요한 자료의 범위를 기록한 서면으로 관할 지방법원 또는 지원의 허가를 받아야 한다.

〈통신비밀보호법상 통신사실 확인자료의 열람이나 제출 요청의 위헌성〉[140]

| 판결요지 |

이동전화의 이용과 관련하여 필연적으로 발생하는 통신사실 확인자료는 비록 비 내용적 정보이지만 여러 정보의 결합과 분석을 통해 정보주체에 관한 정보를 유추해낼 수 있는 민감한 정보인 점, 수사기관의 통신사실 확인자료 제공요청에 대해 법원의 허가를 거치도록 규정하고 있으나 수사의 필요성만을 그 요건으로 하고 있어 제대로 된 통제가 이루어지기 어려운 점, 기지국수사의 허용과 관련하여서는 유괴·납치·성폭력범죄 등 강력범죄나 국가안보를 위협하는 각종 범죄와 같이 피의자나 피해자의 통신사실 확인자료가 반드시 필요한 범죄로 그 대상을 한정하는 방안 또는 다른 방법으로는 범죄수사가 어려운 경우(보충성)를 요건으로 추가하는 방안 등을 검토함으로써 수사에 지장을 초래하지 않으면서도 불특정 다수의 기본권을 덜 침해하는 수단이 존재하는 점을 고려할 때, 이 사건 요청조항은 과잉금지원칙에 반하여 청구인의 개인정보자기결정권과 통신의 자유를 침해한다.

---

140) 헌재 2018. 6. 28. 2012헌마191, 2012헌마538 등

따라서 위 (가)~(라)목, (사)목과 (바)목은 2020. 3. 31.을 시한으로 개정될 때까지 계속 적용하지만 차후 피해자의 통신사실 확인자료가 반드시 필요한 범죄로 그 대상을 한정하거나 다른 방법으로는 범죄수사가 어려운 경우(보충성)를 요건으로 추가하는 등으로 개정을 요한다.

〈통신사실확인자료요청과 관련성〉[141]

| 판결요지 |

통신사실확인자료 제공요청에 의하여 취득한 통화내역 등 통신사실확인자료를 범죄의 수사·소추를 위하여 사용하는 경우 대상 범죄는 통신사실확인자료 제공요청의 목적이 된 범죄 및 이와 관련된 범죄에 한정되어야 한다. 여기서 통신사실확인자료 제공요청의 목적이 된 범죄와 관련된 범죄란 통신사실 확인자료제공요청 허가서에 기재한 혐의사실과 객관적 관련성이 있고 자료 제공 요청대상자와 피의자 사이에 인적 관련성이 있는 범죄를 의미한다. 그리고 피의자와 사이의 인적 관련성은 허가서에 기재된 대상자의 공동정범이나 교사범 등 공범이나 간접정범은 물론 필요적 공범 등에 대한 피고사건에 대해서도 인정될 수 있다.

관련성은 통신사실 확인자료제공요청 허가서에 기재된 혐의사실의 내용과 수사의 대상 및 수사 경위 등을 종합하여 구체적·개별적 연관관계가 있는 경우에만 인정되고, 혐의사실과 단순히 동종 또는 유사 범행이라는 사유만으로 관련성이 있는 것은 아니다.

3. 개인정보보호와 수집제한

2013. 8. 6. 정부는 현행법은 법령에 근거가 있는 경우나 정보주체 본인의 동의가 있는 경우에만 제한적으로 주민등록번호 등 고유식별정보의 처리를 허용하였으나 대량의 주민등록번호 유출 및 악용이 빈번하게 발생하고 있고, 유출로 인한 2차 피해의 확산이 우려되고 있어서 모든 개인정보처리자에 대하여 원칙적으로 주민등록번호의 처리를 금지하도록 하였다. 동 개정 법률은 2014. 8. 7.부터 시행되고 있다.

(1) 용어정의

개인정보보호법상 '개인정보'란 살아 있는 개인에 관한 정보로서 성명, 주민등록번호 및 영상 등을 통하여 개인을 알아볼 수 있는 정보(해당 정보만으로는 특정 개인을 알아볼

---

141) 대법원 2017. 1. 25. 선고 2016도13489 판결

수 없더라도 다른 정보와 쉽게 결합하여 알아볼 수 있는 것을 포함한다)를 말한다고 한다(개인정보보호법 제2조 제1항). 개인정보에는 민감정보와 고유식별 정보가 있다.

1) 민감정보

사상·신념, 노동조합·정당의 가입·탈퇴, 정치적 견해, 건강, 성생활 등에 관한 정보, 그 밖에 정보주체의 사생활을 현저히 침해할 우려가 있는 개인정보로서 유전자검사 등의 결과로 얻어진 유전정보, 「형의 실효 등에 관한 법률」 제2조 제5호에 따른 범죄경력 자료에 해당하는 정보를 말한다(제23조, 시행령 제18조).

2) 고유식별정보

「주민등록법」 제7조 제3항에 따른 주민등록번호, 「여권법」 제7조 제1항 제1호에 따른 여권번호, 「도로교통법」 제80조에 따른 운전면허의 면허번호, 「출입국관리법」 제31조 제4항에 따른 외국인등록번호를 말한다(제24조, 시행령 제19조).

특히, 개인정보처리자는 다음 각 호의 어느 하나에 해당하는 경우를 제외하고는 주민 등록번호를 처리할 수 없다.

① 법령에서 구체적으로 주민등록번호의 처리를 요구하거나 허용한 경우

② 정보주체 또는 제3자의 급박한 생명·신체·재산의 이익을 위하여 명백히 필요하다고 인정되는 경우

③ 제1호 및 제2호에 준하여 주민등록번호 처리가 불가피한 경우로서 안전행정부령으로 정하는 경우

3) 개인정보처리자의 개인정보보호

개인정보처리자는 개인정보의 처리 목적을 명확하게 하여야 하고 그 목적에 필요한 범위에서 최소한의 개인정보만을 적법하고 정당하게 수집하여야 한다(제3조 제1항). 여기서 '개인정보처리자'란 업무를 목적으로 개인정보파일을 운용하기 위하여 스스로 또는 다른 사람을 통하여 개인정보를 처리하는 공공기관, 법인, 단체 및 개인 등을 말한다(제2조 제5호).

| 판결요지 |

개인정보 보호법 제71조 제5호의 적용대상자인 제59조 제2호 소정의 의무주체인 '개인정보를 처리하거나 처리하였던 자'는 제2조 제5호 소정의 '개인정보처리자' 즉 업무를 목적으로 개인 정보파일을 운용하기 위하여 스스로 또는 다른 사람을 통하여 개인정보를 처리하는 공공기관, 법인, 단체 및 개인 등에 한정되지 않고, 업무상 알게 된 제2조 제1호 소정의 '개인정보'를 제2조 제2호 소정의 방법으로 '처리'하거나 '처리'하였던 자를 포함한다고 보아야 할 것이다.

---

(2) 개인정보 수집·제한 규정

1) 개인정보 수집·이용 방법

개인정보처리자는 ① 정보주체의 동의를 받은 경우, ② 법률에 특별한 규정이 있거나 법령상 의무를 준수하기 위하여 불가피한 경우, ③ 공공기관이 법령 등에서 정하는 소관 업무의 수행을 위하여 불가피한 경우, ④ 정보주체와의 계약의 체결 및 이행을 위하여 불가피하게 필요한 경우, ⑤ 정보주체 또는 그 법정대리인이 의사표시를 할 수 없는 상태에 있거나 주소불명 등으로 사전 동의를 받을 수 없는 경우로서 명백히 정보주체 또는 제3자의 급박한 생명·신체·재산의 이익을 위하여 필요하다고 인정되는 경우 등에 해당하면 개인정보처리자의 정당한 이익을 달성하기 위하여 필요한 경우로서 명백하게 정보주체의 권리보다 우선하는 경우 개인정보를 수집할 수 있으며 그 수집 목적의 범위에서 이용할 수 있다.

개인정보처리자는 정보주체의 동의를 받을 때에는 개인정보의 수집·이용 목적, 수집하려는 개인정보의 항목, 개인정보의 보유 및 이용 기간, 동의를 거부할 권리가 있다는 사실 및 동의 거부에 따른 불이익이 있는 경우에는 그 불이익의 내용을 정보주체에게 알려야 한다. 정보주체에게 알리는 사항 중 어느 하나를 변경하는 경우에도 이를 알리고 동의를 받아야 한다(제15조).

---

142) 대법원 2016. 3. 10. 선고 2015도8766 판결

2) 개인정보 수집 제한

개인정보처리자가 개인정보를 수집하는 경우에는 그 목적에 필요한 최소한의 개인정보를 수집하여야 한다. 이 경우 최소한의 개인정보 수집이라는 입증책임은 개인정보 처리자가 부담한다.

개인정보처리자는 정보주체가 필요한 최소한의 정보 외의 개인정보 수집에 동의하지 아니한다는 이유로 정보주체에게 재화 또는 서비스의 제공을 거부하여서는 아니 된다(제16조).

나아가 개인정보처리자는 정보주체의 동의를 받아 개인정보를 수집하는 경우 필요한 최소한의 정보 외의 개인정보 수집에는 동의하지 아니할 수 있다는 사실을 구체적으로 알리고 개인정보를 수집하여야 한다(제16조 제2항, 신설).

〈이미 공개된 개인정보를 유료로 제공한 경우〉[143]

| 판결요지 |

법률정보제공 사이트를 운영하는 甲 주식회사가 공립대학교인 乙 대학교 법과대학 법학과 교수로 재직 중인 丙의 사진, 성명, 성별, 출생연도, 직업, 직장, 학력, 경력 등의 개인정보를 위 법학과 홈페이지 등을 통해 수집하여 위 사이트 내 '법조인' 항목에서 유료로 제공한 사안에서, 甲 회사가 영리 목적으로 丙의 개인정보를 수집하여 제3자에게 제공하였더라도 그에 의하여 얻을 수 있는 법적 이익이 정보처리를 막음으로써 얻을 수 있는 정보주체의 인격적 법익에 비하여 우월하므로, 甲 회사의 행위를 병의 개인정보자기결정권을 침해하는 위법한 행위로 평가할 수 없고, 甲 회사가 丙의 개인정보를 수집하여 제3자에게 제공한 행위는 丙의 동의가 있었다고 객관적으로 인정되는 범위 내이고, 甲 회사에 영리 목적이 있었다고 하여 달리 볼 수 없으므로, 甲 회사가 丙의 별도의 동의를 받지 아니하였다고 하여 개인정보 보호법 제15조나 제17조를 위반하였다고 볼 수 없다.

---

143) 대법원 2016. 8. 17. 선고 2014다235080 판결

판례는 이미 공개된 자료의 경우 이를 수집하여 유로로 제공하였더라도 개인정보에 관한 인격권 보호에 의하여 얻을 수 있는 이익과 정보처리 행위로 얻을 수 있는 이익 즉 정보처리자의 '알 권리'와 이를 기반으로 한 정보수용자의 '알 권리' 및 표현의 자유, 정보처리자의 영업의 자유, 사회 전체의 경제적 효율성 등의 가치를 구체적으로 비교·형량하여 어느 쪽 이익이 더 우월한 것으로 평가할 수 있는지에 따라 정보처리 행위의 최종적인 위법성 여부를 판단하여야 하고, 단지 정보처리자에게 영리 목적이 있었다는 사정만으로 곧바로 정보처리 행위를 위법하다고 할 수는 없다고 한다.

〈본인확인제의 위헌여부〉[144]

| 판결요지 |

청구인은 2009. 12. 30.과 2010. 1. 17. 인터넷 사이트인 '유튜브', '오마이뉴스', '와이티엔'의 게시판에 익명으로 댓글 등을 게시하려고 하였으나, 위 게시판의 운영자가 게시자 본인임을 확인하는 절차를 거쳐야만 게시판에 댓글 등을 게시 수 있도록 하는 본인확인제의 위헌을 주장하였다. 본인확인제를 규율하는 이 사건 법령조항들은 과잉금지원칙에 위배하여 인터넷게시판 이용자의 표현의 자유, 개인정보자기결정권 및 인터넷게시판을 운영하는 정보통신서비스 제공자의 언론의 자유를 침해를 침해한다.

---

3) 제3자에 대한 개인정보 제공 방법

개인정보처리자는 정보주체의 동의를 받은 경우 정보주체의 개인정보를 제3자에게 제공할 수 있다. 개인정보처리자는 정보주체의 동의를 받을 때에는 개인정보를 제공받는 자, 개인정보를 제공받는 자의 개인정보 이용 목적, 제공하는 개인정보의 항목, 개인정보를 제공받는 자의 개인정보 보유 및 이용 기간, 동의를 거부할 권리가 있다는 사실 및 동의 거부에 따른 불이익이 있는 경우에는 그 불이익의 내용을 정보주체에게 알려야 한다. 정보주체에게 알리는 사항 중 어느 하나를 변경하는 경우에도 이를 알리고 동의를 받아야 한다.

---

144) 헌재 2012. 8. 23. 2010헌마47

| 〈개인정보를 취득하거나 그 처리에 관한 동의를 받았는지 판단하는 방법〉[145] |

| 판결요지 |

개인정보처리자가 개인정보를 취득하거나 처리에 관한 동의를 받게 된 전 과정을 살펴보아 거기에서 드러난 개인정보 수집 등의 동기와 목적, 수집 목적과 수집 대상인 개인정보의 관련성, 수집 등을 위하여 사용한 구체적인 방법, 개인정보 보호법 등 관련 법령을 준수하였는지 및 취득한 개인정보의 내용과 규모, 특히 민감정보·고유식별정보 등의 포함 여부 등을 종합적으로 고려하여 사회통념에 따라 판단하여야 한다.

개인정보처리자는 법률에 특별한 규정이 있거나 법령상 의무를 준수하기 위하여 불가피한 경우·공공기관이 법령 등에서 정하는 소관 업무의 수행을 위하여 불가피한 경우, 정보주체 또는 그 법정대리인이 의사표시를 할 수 없는 상태에 있거나 주소불명 등으로 사전 동의를 받을 수 없는 경우로서 명백히 정보주체 또는 제3자의 급박한 생명·신체·재산의 이익을 위하여 필요하다고 인정되는 경우 등에 해당하여 개인정보를 수집한 목적 범위에서 개인정보를 제공하는 경우 정보주체의 개인정보를 제3자에게 제공할 수 있다.

개인정보처리자가 개인정보를 국외의 제3자에게 제공할 때에는 개인정보를 제공받는 자, 개인정보를 제공받는 자의 개인정보 이용 목적, 제공하는 개인정보의 항목, 개인 정보를 제공받는 자의 개인정보 보유 및 이용 기간, 동의를 거부할 권리가 있다는 사실 및 동의 거부에 따른 불이익이 있는 경우에는 그 불이익의 내용을 정보주체에게 알리고 동의를 받아야 하며, 개인정보 보호법을 위반하는 내용으로 개인정보의 국외 이전에 관한 계약을 체결하여서는 아니 된다(제17조).

4) 개인정보의 목적외 이용·제공 제한

개인정보처리자는 개인정보를 수집 목적의 범위를 초과하여 이용하여서는 아니된다. 또한 개인정보처리자는 정보주체의 동의 없이, 또는 수집 목적의 범위를 초과하여 제3자에게 제공하여서는 아니된다.

---

145) 대법원 2017. 4. 7. 선고 2016도13263 판결

예외적으로 개인정보처리자는 정보주체로부터 별도의 동의를 받은 경우, 다른 법률에 특별한 규정이 있는 경우, 정보주체 또는 그 법정대리인이 의사표시를 할 수 없는 상태에 있거나 주소불명 등으로 사전 동의를 받을 수 없는 경우로서 명백히 정보주체 또는 제3자의 급박한 생명·신체·재산의 이익을 위하여 필요하다고 인정되는 경우, 통계작성 및 학술연구 등의 목적을 위하여 필요한 경우로서 특정 개인을 알아볼 수 없는 형태로 개인정보를 제공하는 경우, 개인정보를 목적 외의 용도로 이용하거나 이를 제3자에게 제공하지 아니하면 다른 법률에서 정하는 소관 업무를 수행할 수 없는 경우로서 보호위원회의 심의·의결을 거친 경우, 조약, 그 밖의 국제협정의 이행을 위하여 외국정부 또는 국제기구에 제공하기 위하여 필요한 경우, 죄의 수사와 공소의 제기 및 유지를 위하여 필요한 경우, 법원의 재판업무 수행을 위하여 필요한 경우, 형(刑) 및 감호, 보호처분의 집행을 위하여 필요한 경우 중 하나에 해당하는 경우에는 정보주체 또는 제3자의 이익을 부당하게 침해할 우려가 있을 때를 제외하고는 개인정보를 목적 외의 용도로 이용하거나 이를 제3자에게 제공할 수 있다.

개인정보처리자는 개인정보를 제3자에게 제공하기 위한 정보주체의 동의를 받을 때에는 개인정보를 제공받는 자, 개인정보의 이용 목적·이용 또는 제공하는 개인정보의 항목, 개인정보의 보유 및 이용 기간, 동의를 거부할 권리가 있다는 사실 및 동의 거부에 따른 불이익이 있는 경우에는 그 불이익의 내용을 정보주체에게 알려야 한다. 정보주체에게 알리는 사항 중 어느 하나를 변경하는 경우에도 이를 알리고 동의를 받아야 한다.

공공기관은 정보주체로부터 별도의 동의를 받은 경우, 범죄의 수사와 공소의 제기 및 유지를 위하여 필요한 경우 외에 개인정보를 목적 외의 용도로 이용하거나 이를 제3자에게 제공하는 경우에는 그 이용 또는 제공의 법적 근거, 목적 및 범위 등에 관하여 필요한 사항을 행정안전부령으로 정하는 바에 따라 관보 또는 인터넷 홈페이지 등에 게재하여야 한다.

개인정보처리자는 개인정보를 목적 외의 용도로 제3자에게 제공하는 경우에는 개인정보를 제공받는 자에게 이용 목적·이용 방법, 그 밖에 필요한 사항에 대하여 제한을 하거나, 개인정보의 안전성 확보를 위하여 필요한 조치를 마련하도록 요청하여야 한다. 이 경우 요청을 받은 자는 개인정보의 안전성 확보를 위하여 필요한 조치를 하여야 한다(제18조).

개인정보처리자로부터 개인정보를 제공받은 자는 정보주체로부터 별도의 동의를 받은 경우, 다른 법률에 특별한 규정이 있는 경우 중 어느 하나에 해당하는 경우를 제외하고는 개인정보를 제공받은 목적 외의 용도로 이용하거나 이를 제3자에게 제공하여서는 아니 된다(제19조).

(3) 수사기관의 직접적인 증거수집

수사기관은 필요한 개인정보를 정보주체의 동의를 얻고 정보주체로부터 직접 수집하는 것이 원칙이다. 포렌식에 의한 개인정보 수집도 이와 동일하다. 그러나 법률규정이 있거나 법령상 의무준수를 위해 불가피한 경우, 수사기관이 소관업무 수행을 위해 불가피한 경우, 공개된 매체 또는 장소에서 개인정보를 수집하는 경우 등은 예외로 한다.

1) 정보 주체의 동의를 얻은 경우

수사기관은 정보주체의 동의를 받은 경우에 개인정보를 수집할 수 있는데, '동의'는 개인정보처리자가 개인정보를 수집·이용하는 것에 대한 정보주체의 자발적인 승낙의 의사표시로서(서명날인, 구두, 홈페이지 동의 등) 동의 여부를 명확하게 확인할 수 있어야 한다.

수사기관이 정보주체의 동의를 받을 때에는 정보주체가 동의의 내용과 의미를 명확히 알 수 있도록 미리 개인정보의 수집·이용목적, 수집하고자 하는 개인정보의 항목, 개인정보의 보유 및 이용기간, 동의를 거부할 권리가 있다는 사실 및 동의 거부에 따른 불이익이 있는 경우 그 불이익의 내용을 알려야 한다. 이는 정보주체가 자유의지에 따라 동의 여부를 판단·결정할 수 있도록 보장하기 위한 것이다(제19조).

2) 수사기관이 소관업무 수행을 위해 불가피한 경우

수사기관은 개인정보를 수집할 수 있도록 명시적으로 허용하는 법률 규정이 없더라도 법령 등에서 소관 업무를 정하고 있고 그 소관 업무의 수행을 위하여 불가피하게 개인정보를 수집할 수밖에 없는 경우에는 정보주체의 동의없이 개인정보 수집이 허용된다. 사실 '법령 등에서 정하는 소관업무 수행'은 제15조 제2호에서 규정하고 있는 '법령상 의무준수'에 포함된다고 볼 수도 있으나, 법령상 의무준수와 소관업무 수행의 차이를 좀 더 명확하게 하기 위하여 별도로 규정한 것이다. '법령 등에서 정하는 소관업무'란 정부조직법 및 각 기관별 직제령·직제규칙, 개별 조직법 등에서 정하고 있는 소관 사무이외에, 주민등록법, 국세기본법, 의료법, 국민건강보험법 등 소관법령에 의해서 부여된 권한과 의무, 지방자치단체의 경우 조례에서 정하고 있는 업무 등을 의미한다.

이에 해당하는 대표적인 경우는 검찰청법 제4조,[146] 경찰법 제3조[147]를 들 수 있다. 주어진 권한을 남용하여서는 아니 된다. 이러한 직무에 필요한 경우로서 불가피한 경우 수사기관은 정보주체의 동의가 없어도 포렌식에 의한 개인정보 수집이 가능하다고 할 수 있다. '불가피한 경우'란 개인정보를 수집하지 아니하고는 법령 등에서 해당 공공기관에 부여하고 있는 권한의 행사나 의무의 이행이 불가능하거나 다른 방법을 사용하여 소관 업무를 수행하는 것이 현저히 곤란한 경우를 의미한다.[148]

3) 급박한 생명·신체·재산상 이익을 위하여 필요한 경우

정보주체 또는 제3자의 급박한 생명·신체·재산상의 이익을 위하여 필요하다고 인정되는 경우에도 정보주체의 동의 없이 개인정보를 수집할 수 있다. 다만, 정보주체 또는 그 법정대리인이 의사표시를 할 수 없는 상태에 있거나 주소불명 등으로 사전 동의를 받을 수 없는 경우에 해당된다. 이를테면 납치·감금 등 범죄자들의 수중에 구금되어 있어 정보주체의 의사를 물어볼 수 없는 경우를 말한다. 그러한 경우 포렌식에 의한 개인정보 처리가 필요한 상황이 있을 수 있으며, 이 경우 수사기관은 정보주체의 동의없이 개인정보를 수집할 수 있다.

4) 공개된 매체 또는 장소에서 개인정보를 수집하는 경우

인터넷 홈페이지 등 공개된 매체, 장소 등에 정보주체가 자신의 개인정보를 수집 이용해도 된다는 명시적인 동의의사를 표시하거나, 홈페이지의 성격, 게시물 내용에 비추어 동의의사가 있었다고 인정되면, 해당 정보주체의 개인정보는 동의 없이 수집·이용 할 수 있다.

---

146) 제4조(검사의 직무) ① 검사는 공익의 대표자로서 다음 각 호의 직무와 권한이 있다. 1. 범죄수사, 공소의 제기 및 그 유지에 필요한 사항 2. 범죄수사에 관한 사법경찰관리 지휘·감독 3. 법원에 대한 법령의 정당한 적용 청구 4. 재판 집행 지휘·감독 5. 국가를 당사자 또는 참가인으로 하는 소송과 행정소송 수행 또는 그 수행에 관한 지휘·감독 6. 다른 법령에 따라 그 권한에 속하는 사항

147) 제3조(국가경찰의 임무) 국가경찰의 임무는 다음 각 호와 같다. 1. 국민의 생명·신체 및 재산의 보호 2. 범죄의 예방·진압 및 수사 3. 경비·요인경호 및 대간첩작전수행 4. 치안정보의 수집·작성 및 배포 5. 교통의 단속과 위해의 방지 6. 그 밖의 공공의 안녕과 질서유지

148) 행정안전부, 개인정보 보호법령 및 지침·고시 해설, 2011, 77면

따라서 수사기관이 공개된 매체 또는 장소를 대상으로 포렌식에 의하여 개인정보를 수집하는 것은 정당하다고 할 수 있다.

(4) 수사기관에 대한 목적 외 이용·제공

개인정보처리자는 정보주체에게 이용·제공의 목적을 고지하고 동의를 받거나 이 법 또는 다른 법령에 의하여 이용·제공이 허용된 범위를 벗어나서 개인정보를 이용하거나 제공해서는 안 된다. 이는 수사기관에 대해서도 마찬가지이다. 그러나 일정한 경우에는 예외적인 경우가 있다. 그러한 예외사유로는 정보주체의 별도의 동의가 있는 경우, 다른 법률에 특별한 규정이 있는 경우, 범죄 수사와 공소의 제기 및 유지를 위한 경우 등이 있다.

1) 정보주체의 별도의 동의가 있는 경우

개인정보처리자는 보유하고 있는 개인정보를 수집·이용 목적 이외의 용도로 제공하기 위해서는 다른 법률의 특별한 규정이 있거나 정보주체의 동의를 받아야 한다. 즉 공공기관 외의 개인정보처리자에 대해서는 비록 범죄 수사 목적이라 하더라도 형사소송법 등의 규정에 따라서만 개인정보 제공을 요구할 수 있다.

2) 다른 법률에 특별한 규정이 있는 경우

다른 법률에 개인정보의 목적외 이용·제공에 대한 특별한 규정이 있는 경우에는 그에 따른 목적 외 이용·제공이 허용된다. 이는 개인정보처리자가 공공기관이 아닌 경우에 특히 큰 의미가 있다. 개인정보처리자가 공공기관인 경우에는 다른 법률에 특별한규정이 없더라도 개인정보의 목적 외 제공이 가능하지만, 그렇지 않은 경우는 법률상의 근거를 요한다.

허용되는 요건이 '법률'로 한정되어 있으므로 시행령·시행규칙에만 관련 규정이 있는 경우에는 목적외 이용·제공이 허용되지 않는다. 다만 법률에 위임근거가 있고 이에따라 시행령·시행규칙에 제공 관련 규정이 있는 경우는 허용된다. 또한 목적외 이용·제공과 관련하여 '특별한 규정이 있는 경우'에 한하므로, '법령상 의무이행'과 같이 포괄적으로 규정된 경우도 역시 허용되지 않는다.[149]

---

149) 행정안전부, 개인정보 보호법령 및 지침·고시 해설, 2011, 106면

3) 범죄 수사와 공소의 제기 및 유지

공공기관의 경우 수사기관이 범죄수사, 공소제기 및 유지를 위해서 필요하다고 요청하는 경우 해당 개인정보를 정보주체의 별도의 동의 없이 제공할 수 있다. 이는 범죄수사편의를 위해 공공기관이 보유하고 있는 개인정보에 대해서는 정보주체의 동의 없이 목적외로 이용 또는 제공할 수 있게 하기 위한 것이다.

수사란 범죄의 혐의 유무를 명백히 하여 공소의 제기와 유지 여부를 결정하기 위하여 범인을 발견·확보하고 증거를 수집·보전하는 수사기관(검사, 사법경찰관리)의 활동을 말한다. 수사는 주로 공소제기 전에 하는 것이 일반적이나 공소제기 후에도 공소유지를 위하여 또는 공소유지여부를 결정하기 위한 수사도 허용된다.

형사소송법 제195조에 의하면 검사는 범죄의 혐의가 있다고 사료되는 때에는 범인, 범죄사실과 증거를 수사하여야 하고, 제196조에 의하면 검사의 지휘를 받아 사법경찰 관리는 범죄의 혐의가 있다고 인식하는 때에는 범인, 범죄사실과 증거에 관하여 수사를 개시·진행한다. 수사는 수사기관의 주관적 혐의에 의해 개시되는데, 수사개시의 원인인 수사의 단서는 고소, 고발, 자수, 진정, 범죄신고, 현행범인의 체포, 변사자의 검시, 불심검문, 기사, 소문 등이 있다.

특히 임의수사를 위해 공무소 등에 조회를 하거나 공공기관에게 요청하는 자료에 개인정보가 포함되어 있다면 '범죄수사에 필요한 때'를 더욱 엄격히 해석함으로써 가능한 개인정보자기결정권에 대한 침해가 되지 않도록 해야 한다. [150]

이와 관련하여 신용정보의 이용 및 보호에 관한 법률 제32조는 신용개인정보 제공의 근거를 법원이 발부한 영장에 두고 있으며, 영장을 발부받을 시간적 여유가 없는 급박한 경우에 검사는 개인정보를 제공받은 이후 영장을 청구하고, 36시간 안에 영장을 받지 못한 경우에는 제공받은 개인정보를 폐기하도록 하고 있다.

---

150) 행정안전부, 개인정보 보호법령 및 지침·고시 해설, 2011, 111면

(5) 목적 외 이용·제공에 따른 기타 조치

공공기관이 개인정보를 목적 외로 이용하거나 제3자에게 제공하는 경우에는 1개월 이내에 목적외 이용·제공의 법적 근거, 이용 또는 제공 일자·목적·항목에 관하여 관보 또는 인터넷 홈페이지에 게재하여 공고하는 것이 원칙이다. 다만, 정보주체의 동의를 받거나 범죄수사와 공소제기 및 유지를 위해 개인정보를 목적외로 이용하거나 제공하는 경우에는 그러하지 아니하도록 하여 예외를 두고 있다. 따라서 포렌식에 의한 개인정보 처리는 문제없다.

개인정보를 목적 외의 용도로 제3자에게 제공하는 경우에는 개인정보를 제공하는 자와 개인정보를 제공받는 자는 개인정보의 안전성에 관한 책임관계를 명확히 하여야 한다.

개인정보처리자가 개인정보를 목적 외로 제3자에게 제공할 때에는 개인정보를 제공받는 자가 개인정보를 안전하게 처리하도록 이용목적, 이용방법 등에 일정한 제한을 가하거나 제29조에 따른 안전성 확보조치를 강구하도록 요청하여야 한다. 개인정보처리자는 제공과 동시에 또는 필요한 경우 제공한 이후에 개인정보를 제공받는 자에게 이용목적, 이용 방법, 이용 기간, 이용 형태 등을 제한하거나, 개인정보의 안전성 확보를 위하여 필요한 구체적인 조치를 마련하도록 문서(전자문서를 포함한다. 이하 같다)로 요청하여야 한다. 이 경우 요청을 받은 자는 그에 따른 조치를 취하고 그 사실을 개인정보를 제공한 개인정보처리자에게 문서로 알려야 한다.

민감정보 및 고유식별정보를 처리하는 경우에는 민감정보 및 고유식별정보의 처리에 대한 별도의 동의 또는 법령의 명시적인 근거가 필요하다.

(6) 관련판례

〈실질주주 명부의 열람 등사〉[151]

| 판결요지 |

실질주주가 실질주주명부의 열람 또는 등사를 청구하는 경우에도 상법 제396조 제2항이 유추적용된다. 열람 또는 등사청구가 허용되는 범위도 위와 같은 유추적용에 따라 '실질주주명부상의 기재사항 전부'가 아니라 그중 실질주주의 성명 및 주소, 실질주주별 주식의 종류 및 수와 같이 '주주명부의 기재사항'에 해당하는 것에 한정된다. 이러한 범위 내에서 행해지는 실질주주명부의 열람 또는 등사가 개인정보의 수집 또는 제3자 제공을 제한하고 있는 개인정보 보호법에 위반된다고 볼 수 없다.

〈개인정보를 제공받은 자의 의미〉[152]

| 판결요지 |

개인정보를 처리하거나 처리하였던 자가 업무상 알게 된 개인정보를 누설하거나 권한 없이 다른 사람이 이용하도록 제공한 것이라는 사정을 알면서도 영리 또는 부정한 목적으로 개인정보를 제공받은 자라면, 개인정보를 처리하거나 처리하였던 자로부터 직접 개인정보를 제공받지 아니하더라도 개인정보 보호법 제71조 제5호의 '개인정보를 제공받은 자'에 해당한다.

---

151) 대법원 2017. 11. 9. 선고 2015다235841 판결
152) 대법원 2018. 1. 24. 선고 2015도16508 판결

〈개인정보에 관한 개인정보보호법과 정보통신망법간 차이〉

구 분	개인정보보호법	정보통신망법
개인정보 무단변경· 말소	공공기관에서 처리하고 있는 개인정보를 변경하거나 말소하여 심각한 장애를 초래한 자(제71조제1항제1호) 10년이하 징역, 1억원이하 벌금	없음
부정한 개인정보 제공·수집	거짓이나 부정한 방법으로 개인정보를 취득한 후 이를 영리 또는 부정한 목적으로 제3자에게 제공한 자와 이를 교사·알선한 자(동 제2호) 10년이하 징역, 1억원이하 벌금	이용자의 동의를 받지 아니하고 개인정보를 수집한 자(제71조제1항제1호) 5년 이하의 징역 또는 5천만원 이하의 벌금
	개인정보처리자가 동의 없이 정보를 제공하거나 이를 제공 받은 자(제71조제1호) 5년 이하 징역, 5,000만원이하 벌금	이용자의 동의를 받지 아니하고 개인의 권리·이익이나 사생활을 뚜렷하게 침해할 우려가 있는 개인정보를 수집한 자(제71조제1항제2호) 5년 이하의 징역 또는 5천만원 이하의 벌금
	목적 외 이용, 제3자에게 제공 받은 자(제71조제2호) 5년 이하 징역, 5,000만원이하 벌금	목적이외 개인정보를 이용하거나 제3자에게 제공한 자 및 그 사정을 알면서도 영리 또는 부정한 목적으로 개인정보를 제공받은 자(제71조제1항제3호) 5년 이하 징역, 5,000만원이하 벌금
개인정보 처리	민감정보, 고유식별정보 처리자(제71조제3, 4호) 5년 이하 징역, 5,000만원이하 벌금	없음

		이용자의 개인정보를 훼손·침해 또는 누설한 자(제71조제1항제5호) 5년 이하의 징역 또는 5천만원 이하의 벌금
개인정보의 훼손, 침해, 누설	업무상 알게 된 개인정보를 누설하거나 권한 없이 다른 사람이 이용하도록 제공한 자 및 그 사정을 알면서도 영리 또는 부정한 목적으로 개인정보를 제공받은 자(제71조제5호) 5년 이하 징역, 5,000만원이하 벌금	개인정보가 누설된 사정을 알면서도 영리 또는 부정한 목적으로 개인정보를 제공받은 자(제71조제1항제6호) 5년 이하의 징역 또는 5천만원 이하의 벌금
		직무상 알게 된 비밀을 타인에게 누설하거나 직무 외의 목적으로 사용한 자(제72조제1항제2호) 3년이하의 징역, 3,000만원이하 벌금
	정당한 권한 없이 또는 허용된 권한을 초과하여 다른 사람의 개인정보를 훼손, 멸실, 변경, 위조 또는 유출하는 행위(제71조제6호) 5년 이하 징역, 5,000만원이하 벌금	타인의 정보를 훼손하거나 타인의 비밀을 침해·도용 또는 누설한 자(제71조제1항제11호) 5년 이하 징역, 5,000만원이하 벌금
	거짓이나 그 밖의 부정한 수단이나 방법으로 개인정보를 취득하거나 개인정보 처리에 관한 동의를 받는 행위를 한 자 및 그 사정을 알면서도 영리 또는 부정한 목적으로 개인정보를 제공받은 자(제72조제2호) 3년이하 징역, 3,000만원 이하 벌금	정보통신망을 통하여 속이는 행위로 다른 사람의 정보를 수집(제72조제1항제2호) 3년이하 징역, 3,000만원 이하 벌금
		법정대리인의 동의를 받지 아니하고 만 14세 미만인 아동의 개인정보를 수집한 자(제71조제1항제8호) 5년 이하의 징역 또는 5천만원 이하의 벌금

필요한 조치 미이행	안전성 확보에 필요한 조치를 하지 아니하여 개인정보를 분실·도난·유출·위조·변조 또는 훼손당한 자(제73조제1호) 2년이하 징역, 2,000만원이하 벌금	필요한 조치를 하지 아니하고 개인정보를 제공하거나 이용한 자(제71조제1항제7호) 5년 이하의 징역 또는 5천만원 이하의 벌금
		기술적·관리적 조치를 하지 아니하여 이용자의 개인정보를 분실·도난·유출·위조·변조 또는 훼손한 자(제73조제1호) 2년이하 징역, 2,000만원이하 벌금
	정정·삭제 등 필요한 조치를 하지 아니하고 개인정보를 계속 이용하거나 이를 제3자에게 제공한 자(제73조제2호) 2년이하 징역, 2,000만원이하 벌금	개인정보를 파기하지 아니한 자(제73조제1의2) 2년이하 징역, 2,000만원이하 벌금
	개인정보의 처리를 정지하지 아니하고 계속 이용하거나 제3자에게 제공한 자(제73조제3호) 2년이하 징역, 2,000만원이하 벌금	
양벌규정, 몰수규정	제74조, 제74조의2	제75조, 제75조의2

제3편
민사소송절차상 전자적 증거

증거라 함은 사실관계를 확정하기 위한 자료를 말하며, 일반적으로 형사소송절차에서의 증거에 관한 설명을 원용한다. 다만 형사소송절차와 다른 몇 가지 점에서 설명을 부연하는 정도로 그친다.

증거능력은 증거조사의 대상이 되는 자격을 말하며 형사소송과 달리 자유심증주의를 채택하고 있어서 원칙적으로 증거능력의 제한은 없다. 당해 소송에 사용하기 위하여 작성한 서류, 전문증거, 미확정판결서 등도 증거능력이 있고, 위법하게 수집한 증거에 대해서는 학설의 대립이 있다. 형사소송에서는 원칙적으로 증거능력이 없으나 민사소송에서는 법원의 재량이라고 한다.[153]

1. 증명의 대상

증명의 대상에는 사실과 경험법칙, 법규가 있다. 당사자 간에 소송상 다툼이 없는 사실, 현저한 사실 및 법률상 추정이 있는 경우 등은 증명을 요하지 않는다. 이를 불요증사실이라 한다(제288조).

재판상의 자백은 소송당사자가 자기에게 불리한 사실을 인정하는 진술을 의미한다. 재판상 자백의 요건으로는 ① 구체적인 사실(주요사실)을 대상으로 할 것, ② 자기에게 불리한 사실상의 진술일 것, ③ 상대방의 주장사실과 일치하는 사실상 진술일 것을 요한다. 다만, 진실에 어긋나는 자백은 그것이 착오로 말미암은 것임을 증명한 때에는 취소할 수 있다.

자백의 효과로 재판상 자백에 대하여는 증명을 요하지 아니하며, 법원은 이를 기초로 하여 판단하게 되며(이를 법원에 대한 구속력이라 한다), 당사자는 자유롭게 철회할 수 없고(철회의 제한), 자백의 구속력은 상급심에도 미치게 된다.

자백간주로 되는 경우가 있다. 당사자가 상대방의 주장사실을 자진하여 자백하지 않거나, 명백히 다투지 않는 경우(제150조 제1항), 당사자 한쪽이 기일에 불출석한 경우(제150조 제3항), 피고가 답변서를 불제출한 경우(제256조, 제257조)에는 자백한 것으로 본다. 자백간주가 성립되면 재판상 자백과 마찬가지로 법원에 대한 구속력이 있다. 자백간주의 요건이 갖추어지면 그 뒤 공시송달로 진행되는 등의 사정이 생기더라도 그 효과

---

153) 대법원 1998. 12. 23. 선고 97다38435 판결

가 상실되지 않는다. 다만 자백간주는 재판상 자백과 달리 당사자에 대한 구속력이 없기 때문에 당사자는 사실심에서 그 사실을 다퉈 그 효과를 번복할 수 있다. 1심 뿐만 아니라 항소심에서도 자백간주가 가능하다.

다음으로 현저한 사실이 있다. 이는 증거에 의하여 그 존부를 인정할 필요가 없을 정도로 객관성이 담보되어있고, 법관이 명확히 인식하고 있는 사실을 말한다.

〈현저한 사실의 판단기준〉[154]

| 판결요지 |

민사소송법 제261조 소정의 '법원에 현저한 사실'이라 함은 법관이 직무상 경험으로 알고 있는 사실로서 그 사실의 존재에 관하여 명확한 기억을 하고 있거나 또는 기록 등을 조사하여 곧바로 그 내용을 알 수 있는 사실을 말한다.

- -

법률상 추정규정이 있는 경우 증명책임 있는 자가 추정사실보다 증명이 용이한 전제사실을 증명하여 이에 갈음할 수 있어 불요증사실로 본다.

법규의 경우 일반적 법규의 존재사실은 증명의 대상이 되지 않으나, 외국법, 지방의 조례 관습법등을 법원이 알지 못하는 때에는 증명의 대상이 된다.

2. 증인신문

증인신문은 변론준비절차를 거친 경우 변론기일에 집중적으로 한다(제293조). 증인은 과거 경험한 사실을 법원에 보고 할 것을 명령받은 사람으로서 당사자, 법정대리인 이외의 제3자를 말한다. 감정증인도 포함된다.

---

154) 대법원 1996. 7. 18. 선고 94다20051 전원합의체 판결(반대의견은, 일반적으로 법원에 현저한 사실이라 함은 민사소송법상 불요증사실의 하나로서(제261조) 판결을 하여야 할 법원의 법관이 직무상 경험으로 그 사실의 존재에 관하여 명확한 기억을 하고 있는 사실을 말하므로, 법관이 직무상 안 사실이라고 하더라도 명확한 기억을 하고 있지 아니하면 법원에 현저한 사실에 속한다고 할 수 없다)

증인의 조사절차는 증인신문절차에 의한다. 증인의 경우 증인능력이 있는 경우에 한하여 증인이 될 수 있는데, 공동소송인도 자기의 소송과 무관할 경우 증인이 될 수 있다. 다만 공동이해관계가 있는 사항에 대해서만큼은 당사자신문을 하여야 한다.[155]

증인은 출석의무(규칙 제81조, 제83조), 선서의무(제320조 내지 제324조), 진술의무(제314조 내지 제315조)를 갖는다.

증인에 대한 신문절차는 구술신문과 격리신문으로 나뉘는데 증인의 진술은 말로함을 원칙으로 하고 재판장의 허가가 있을 때에만 서류에 의하여 진술할 수 있다(제331조).

같은 기일에 2명 이상의 증인을 신문할 때에는 재판장은 뒤에 신문하는 증인을 법정에서 일단 퇴정시키고 개별적으로 신문한다(제328조). 법원이 효율적 증인신문을 위해 필요하다고 인정하는 경우 증인을 신청한 당사자에게 증인진술서를 제출하게 할 수 있다(규칙 제79조 제1항).

3. 서류의 증명력

서류의 증명력은 그 서류(문서)가 요증사실의 증명에 기여하는 효과를 말한다. 서류의 증명력에는 그 서류의 진정성립을 의미하는 서류의 형식적 증거력(증명력)과 문서의 증거가치를 의미하는 문서의 실질적 증거력(증명력)이 있다. 형식적 증거력의 경우 공문서와 사문서의 진정성립이 문제되는데 공문서의 경우 문서의 방식과 취지에 의해 공문서로 인정되는 때에는 진정한 공문서로 추정한다(제356조 제1항).

〈공문서〉[156]

| 판결요지 |

공문서는 그 진정성립이 추정됨과 아울러 그 기재내용의 증명력 역시 진실에 반한다는 등의 특별한 사정이 없는 한 함부로 배척할 수 없으며 이러한 추정을 뒤집을만한 특별한 사정이 증거에 의하여 밝혀지지 않는 한 그 성립의 진정은 부인될 수 없다[157]고 한다.

---

155) 김홍엽, 민사소송법, 506면
156) 대법원 2003. 11. 28. 선고 2003다14652 판결
157) 대법원 1985. 5. 14. 선고 84누786 판결

실질적 증거력의 경우 공문서의 증명력은 특별한 사정이 없는 한 쉽게 배척할 수 없다. 이는 민·형사관결에서 확정된 사실역시 마찬가지이다.

〈사문서〉[158]

| 판결요지 |

사문서의 경우 그 진정성립의 증명 방법에 관하여 특별한 제한이 없으나 그 증명방법은 신빙성이 있어야 하고, 증인에 의하여 진정성립을 인정하여야 할 경우 증인의 증언태도, 증인의 사건에 대한 이해관계, 당사자와의 관계 등을 종합적으로 검토하여야 한다.

〈처분문서〉

| 판결요지 |

① 처분문서 역시 그 성립의 진정이 인정되는 한 법원은 그 기재내용을 부인할 만한 분명하고도 명백한 반증이 없는 한 그 처분문서에 기재되어 있는 문언대로의 의사표시의 존재와 내용을 인정하여야 한다.[159] ② 공동수급체의 구성원들 사이에 작성된 공동수급협정서 등 처분문서에 상계적상 여부나 상계의 의사표시와 관계없이 당연히 이익분배금에서 미지급 출자금 등을 공제할 수 있도록 기재하고 있고 그 처분문서의 진정성립이 인정된다면, 특별한 사정이 없는 한 처분문서에 기재되어 있는 문언대로 공제 약정이 있었던 것으로 보아야 한다.[160] ③ 다만 처분문서라 할지라도 그 기재 내용과 다른 명시적·묵시적 약정이 있는 사실이 인정될 경우에는 그 기재 내용과 다른 사실을 인정할 수 있고, 작성자의 법률행위를 해석함에 있어서도 경험법칙과 논리법칙에 어긋나지 않는 범위 내에서 자유로운 심증으로 판단할 수 있다.[161] ④ 처분문서의 기재 내용을 믿지 아니하고 이를 배척하는 경우 판결서에 합리적인 이유 설시가 필요하다.[162]

---

158) 대법원 1999. 4. 9. 선고 98다57198 판결

159) 대법원 2005. 5. 13. 선고 2004다67264,67271 판결

160) 대법원 2018. 1. 24. 선고 2015다69990 판결

161) 대법원 2006. 4. 13. 선고 2005다34643 판결

162) 대법원 2000. 1. 21. 선고 97다1013 판결

4. 서증제출의 절차

(1) 문서의 직접제출

신청자가 가지고 있는 문서에 대하여 서증신청을 함에 있어서는 이를 법원에 직접 제출하여야 하고(제343조) 원본, 정본 또는 인증등본의 제출이 원칙이다(제355조 제1항). 단순한 사본만의 제출은 정확성의 보증이 없기 때문에 원칙적으로 부적법하다.[163]

다만 사본을 원본에 갈음할 경우 상대방이 원본의 존재나 성립을 인정하고 사본으로써 원본에 갈음하는 것에 대하여 이의가 없거나 증거에 의하여 사본과 같은 원본이 존재하고 또 그 원본이 진정하게 성립되었음이 인정되어야 한다.

(2) 제출명령(전자문서)

문서제출명령에 의한 제출의무가 있는 문서는 인용문서, 인도·열람문서, 이익문서·법률관계문서, 일반문서·전자문서 등이 있다. 특히 민사소송법 제374조는 전자문서에 관한 증거조사나 절차에 대하여 서증조사절차를 준용할 수 있도록 규정하고 있으므로 전자문서에 대한 제출신청을 할 수 있게 한 것으로 보인다.

전자문서의 경우 그 자체를 제출하는 것이 원칙이고, 프로그램과 출력문서도 함께 제출하여야 한다. 그러나 이를 제출하기 어려운 사정이 있는 경우에는 전자문서 자체를 제출하지 않고 이에 갈음할 출력문서만을 법원에 제출할 수도 있다. 이 경우 법원이 명하거나 상대방이 요구한 때에는 전자문서에 입력한 사람과 입력한 일시, 출력한 사람과 출력한 일시 등을 밝혀야 한다(규칙 제120조 제2항).

---

163) 대법원 2009. 3. 12. 선고 2007다56524 판결

〈전자문서〉[164]

| 판결요지 |

전자문서에 의한 거래에서 공인인증기관이 발급한 공인인증서에 의하여 본인임이 확인된 자에 의하여 송신된 전자문서는, 설령 본인의 의사에 반하여 작성·송신되었다고 하더라도, 특별한 사정이 없는 한 전자문서법 제7조 제2항 제2호에 규정된 '수신된 전자문서가 작성자 또는 그 대리인과의 관계에 의하여 수신자가 그것이 작성자 또는 그 대리인의 의사에 기한 것이라고 믿을 만한 정당한 이유가 있는 자에 의하여 송신된 경우'에 해당한다고 봄이 타당하다. 따라서 이러한 경우 <u>전자문서의 수신자는 전화 통화나 면담 등의 추가적인 본인확인절차 없이도 전자문서에 포함된 의사표시를 작성자의 것으로 보아 법률행위를 할 수 있다.</u>

〈녹음테이프에 대한 증거조사〉[165]

| 판결요지 |

자유심증주의를 채택하고 있는 우리 민사소송법 하에서 상대방 부지 중 비밀리에 상대방과의 대화를 녹음하였다는 이유만으로 그 녹음테이프가 증거능력이 없다고 단정할 수 없고, 그 채증 여부는 사실심 법원의 재량에 속하는 것이며, 녹음테이프에 대한 증거조사는 검증의 방법에 의하여야 한다.

당사자 일방이 녹음테이프를 증거로 제출하지 않고 이를 속기사에 의하여 녹취한 녹취문을 증거로 제출하고 이에 대하여 상대방이 부지로 인부한 경우, 법원은 녹음테이프의 검증을 통하여 대화자가 진술한 대로 녹취되었는지 확인하여야 할 것이나, 그 녹취문이 오히려 상대방에게 유리한 내용으로 되어 있다면 그 녹취 자체는 정확하게 이루어진 것으로 보이므로 녹음테이프 검증 없이 녹취문의 진정성립을 인정할 수 있다.

---

164) 대법원 2018. 3. 29. 선고 2017다257395 판결
165) 대법원 1999. 5. 25. 선고 99다1789 판결

| 판결요지 |

파일 등과 사진의 제출명령신청에 대하여, 동영상 파일은 검증의 방법으로 증거조사를 하여야 하므로 문서제출명령의 대상이 될 수는 없고, 사진의 경우에는 그 형태, 담겨진 내용 등을 종합하여 감정·서증·검증의 방법 중 가장 적절한 증거조사 방법을 택하여 이를 준용하여야 함에도, 제1심법원이 사진에 관한 구체적인 심리 없이 곧바로 문서제출명령을 하고 검증의 대상인 동영상 파일을 문서제출명령에 포함시킨 것이 정당하다고 판단한 원심의 조치에는 문서제출명령의 대상에 관한 법리를 오해한 잘못이 있다.

법원실무는 특수매체의 경우 내용이 무엇이든 불문하고 매체자체에 대한 검증방법으로 증거조사하는 것이 원칙이다. 다만 출력문서에 대한 증거조사를 같이하게 하고 있다. 이 경우에도 서증조서가 아닌 검증의 일환으로 이루어지고 있다. 따라서 문서제출명령의 대상이 검증의 대상이 아니고 동영상파일이나 사진에 대한 문서제출 명령신청은 부적법하다 한 것은 정당하다.

---

5. 자유심증주의

자유심증주의는 민사소송법 제202조에 의해 정의 되는데 "법원은 변론 전체의 취지와 증거 조사의 결과를 참작하여 자유로운 심증으로 사회정의와 형평의 이념에 입각하여 논리와 경험의 법칙에 따라 사실주장이 진실한지 아닌지를 판단한다."고 규정하고 있다. 이는 형사소송법 제307조 제1항의 사실의 인정은 증거에 의하여야 함과 배치되는 규정이라 하겠다. 즉 자유심증주의는 법관이 재판의 기초를 이루는 사실을 인정함에는 소송절차에서 제출된 모든 자료를 자유롭게 판단하여 심증을 형성할 수 있음을 의미한다.

자유심증주의는 증거방법이나 증거능력으로부터의 제한을 받지 않는다. 또한 증거력의 평가는 법관의 자유로운 판단에 일임되어있다. 단 그 판단은 사회정의와 형평의 이념에 입각한 경험칙과 논리칙에 따라야 하며[167) 어느 당사자의 제출 또는 상대방의 원용 여부를 불문하고 이를 당사자 어느 쪽의 유리한 사실인정 증거로 할 수 있다는 증거공통의 원칙을 말한다.

---

166) 대법원 2010. 7. 14. 자 2009마2105 결정

167) 대법원 2008. 2. 14. 선고 2007다57619 판결

그러나 이는 공동소송인 사이에 이해관계가 서로 상반되는 경우까지 확장되는 것은 아니라고 본다. 자유심증주의는 객관적 증명의 개연성과 주관적으로 법관의 확신이 있을 것을 요한다.

(증명의 정도-고도의 개연성)

| 판결요지 |

민사소송에 있어 인과관계의 증명은 경험칙에 비추어 모든 증거를 종합 검토하여 어떠한 사실이 어떠한 결과발생을 초래하였다고 시인할 수 있는 <u>고도의 개연성</u>을 증명하는 것이며 그 판정은 통상인이라면 의심을 품지 않을 정도로 진실성의 확신을 가질 수 있는 것이면 족하다고 보고 있다.[168]

(증명의 정도- 상당한 개연성)[169]

| 판결요지 |

장래의 얻을 수 있었을 이익에 관한 입증에 있어서는 그 증명도를 과거사실에 대한 입증에 있어서의 증명도보다 경감하여 채권자가 현실적으로 얻을 수 있을 구체적이고 확실한 이익의 증명이 아니라 합리성과 객관성을 잃지 않는 범위 내에서의 상당한 개연성이 있는 이익의 증명으로서 족하다고 보아야 할 것이다.

---

6. 자유심증주의에 대한 예외

증거방법이나 증거력에 대하여 규정이 있는 경우 자유심증주의를 제한하고 있다. 증거방법의 제한으로 절차의 명확하고 획일적이며 신속한 처리의 요청에 의하여 대리권의 존재에 대한 증명은 서면으로 하도록 하였고(제58조 제1항, 제89조 제1항), 소명방법은 즉시 조사할 수 있는 것에만 한정하였다(제299조 제1항).

---

168) 대법원 1990. 6. 26. 선고 89다카7730 판결
169) 대법원 1992. 4. 28. 선고 91다29972 판결

| 판결요지 |

당사자 일방이 입증을 방해하는 행위를 하였더라도 법원으로서는 이를 하나의 자료로 삼아 자유로운 심증에 따라 방해자 측에게 불리한 평가를 할 수 있음에 그칠 뿐 증명책임이 전환되거나 곧바로 상대방의 주장 사실이 증명된 것으로 보아야 하는 것은 아니라고 하였다.

- -

증거계약 역시 자유심증주의의 예외를 인정하는 것으로 자백계약과 증거제한계약, 중재감정계약, 증거력계약 등이 있다.

---

170) 대법원 1999. 4. 13. 선고 98다9915 판결; 대법원 1995. 3. 10. 94다39567 판결